高等职业教育系列教材

交换机与路由器配置

主　编　邱　洋　王　华

副主编　蔡军英　朱　冰

参　编　鲁家皓　范培英

机械工业出版社

本书以华为交换机和路由器调试配置为主线，基于华为 eNSP 模拟器，从实用、易学的角度介绍了交换机和路由器两大网络设备配置与管理的基础知识和配置方法，内容涵盖了构建局域网所需的计算机网络基础知识、交换机的配置、虚拟局域网技术应用、生成树协议、链路聚合技术、路由器的配置、静态路由、RIP 和 OSPF 动态路由协议、访问控制列表、网络地址转换、网络设备管理等。

本书适合作为高职高专计算机网络技术、计算机应用、通信、物联网等相关专业的教材，也可以作为计算机类培训机构的网络课程培训教材或辅助教材，并适合从事网络管理和系统管理的专业人员及网络爱好者阅读。

本书配有授课电子课件，需要的教师可登录 www.cmpedu.com 免费注册、审核通过后下载，或联系编辑索取（QQ：1239258369，电话：010-88379739）。

图书在版编目（CIP）数据

交换机与路由器配置 / 邱洋，王华主编. —北京：机械工业出版社，2020.6（2025.3 重印）
高等职业教育系列教材
ISBN 978-7-111-65108-6

Ⅰ. ①交… Ⅱ. ①邱… ②王… Ⅲ. ①计算机网络-信息交换机-高等职业教育-教材 ②计算机网络-路由选择－高等职业教育-教材 Ⅳ. ①TN915.05

中国版本图书馆 CIP 数据核字（2020）第 044202 号

机械工业出版社（北京市百万庄大街 22 号　邮政编码 100037）
策划编辑：王海霞　　责任编辑：王海霞
责任校对：张艳霞　　责任印制：邓　博

北京盛通印刷股份有限公司印刷

2025 年 3 月・第 1 版・第 14 次印刷
184mm×260mm・13.75 印张・339 千字
标准书号：ISBN 978-7-111-65108-6
定价：55.00 元

电话服务
客服电话：010-88361066
010-88379833
010-68326294

网络服务
机　工　官　网：www.cmpbook.com
机　工　官　博：weibo.com/cmp1952
金　　书　　网：www.golden-book.com
机工教育服务网：www.cmpedu.com

前　言

本书以国内数据通信领域占主导地位的华为公司交换机和路由器为载体编写。本书主要介绍了中小型局域网组建过程中常用的关键技术，共分为 10 章进行阐述。本书主要内容包括计算机网络基础知识、交换机的配置、虚拟局域网技术应用、生成树协议、链路聚合技术、路由器的配置、静态路由、RIP 和 OSPF 动态路由协议、访问控制列表、网络地址转换、网络设备管理等。

本书是为高职院校学生量身定做的一本教材，内容全面，讲解精练，图文并茂，结构清晰，突出了实用性和可操作性。编写角度新颖，体现应用技术的特点，在编写风格上尽量避免枯燥、空洞的理论堆砌，语言尽量做到通俗易懂，使读者容易上手，于不知不觉之中掌握网络设备的管理与网络应用的方法和技巧。

本书在各章中均设置了具体操作任务和课后实验，教师可引导学生进行实际操作，力求减少实用性不强、晦涩枯燥的理论讲解，能够让学生体验形象直观、生动有趣的知识学习过程。

针对初学者的特点，本书在编排上遵循由简到繁、由浅入深、循序渐进的原则，力求通俗易懂、简洁实用。本书所有操作都依据实际命令操作的回显一步一步地讲述，读者可以边看书边上机操作，通过范例的具体操作，理解基本概念并学会操作方法。本书所有操作基于版本为 V100R002C00B510 的华为 eNSP 模拟器。

本书可作为高职高专院校计算机网络技术、计算机应用、通信物联网等相关专业的教材，也可以作为计算机类培训机构的网络课程培训教材或辅助教材，并适合从事网络管理和系统管理的专业人员及网络爱好者阅读。

本书共有 10 章，由邱洋和王华担任主编和统稿，蔡军英、朱冰担任副主编，鲁家皓和范培英参与编写。其中第 1～3 章由王华编写，第 4～6 章由邱洋编写，第 7 章由蔡军英编写，第 8 章由朱冰编写，第 9 章由鲁家皓编写，第 10 章由范培英编写。

由于编者水平所限，书中难免存在缺点和错误，恳请广大读者批评指正。

编　者

目　录

第 1 章　认识计算机网络

本章要点

- TCP/IP 分层模型
- 计算机网络的构成
- 常见网络设备
- eNSP 软件安装及使用方法

1.1　计算机网络基础知识

现代社会，计算机网络被广泛应用于各个方面，并成为人们工作和生活中不可或缺的一部分。从企业、学校到家庭等场所都在应用计算机网络，从固定终端设备到可移动、便携的移动终端设备，再到家用电器、汽车、飞行器等都需要计算机网络。

计算机网络以实现资源共享和数据通信为目的。计算机网络是利用通信设备和传输介质，把地理位置分散的、具有独立功能的多个计算机系统相互连接起来，通过网络协议和网络软件来运行的计算机系统的集合。

1.1.1　TCP/IP 分层模型

在网络中，各种网络设备之间需要通过事先达成的一种详细的“约定”来实现通信，这种“约定”就是通常说的协议。不同厂家生产的网络设备、CPU 及具有不同操作系统的网络设备之间，只有遵循相同的协议才能够实现通信。不同的协议制定了不同的网络通信行为的规范，只有相互通信的设备使用相同的协议，并遵循协议规范才能实现通信。

TCP/IP 是计算机网络中广泛使用的协议。图 1-1 所示为 TCP/IP 分层模型。图中不仅给出了 TCP/IP 分层模型与 OSI 模型分层之间的对应关系，也列举了 TCP/IP 各层的常用协议及实现各层协议的主体。

TCP/IP 的第一层是网络接入层（Network Access Layer），对应于 OSI 模型的物理层和数据链路层。网络接入层提供连接网络中物理设备的接口，形成传输介质所需的数据帧格式，基于物理地址进行寻址，提供物理设备间传输数据的差错控制。网络接入层通常遵循 IEEE 的标准，如 IEEE 802.3 是 Ethernet 标准，IEEE 802.11 是 Wireless LAN 的标准。物理层遵循的标准有 EIA/TIA-232、V.35、V.21 等。

TCP/IP 的第二层是互联网层（Internet Layer），也称为网络层。互联网层提供与硬件无关的基于逻辑地址的寻址，选择到达目标主机的最佳路径，使数据能够在不同物理结构的子网中通过。在计算机网络中实现互联网层功能的协议是 IP。

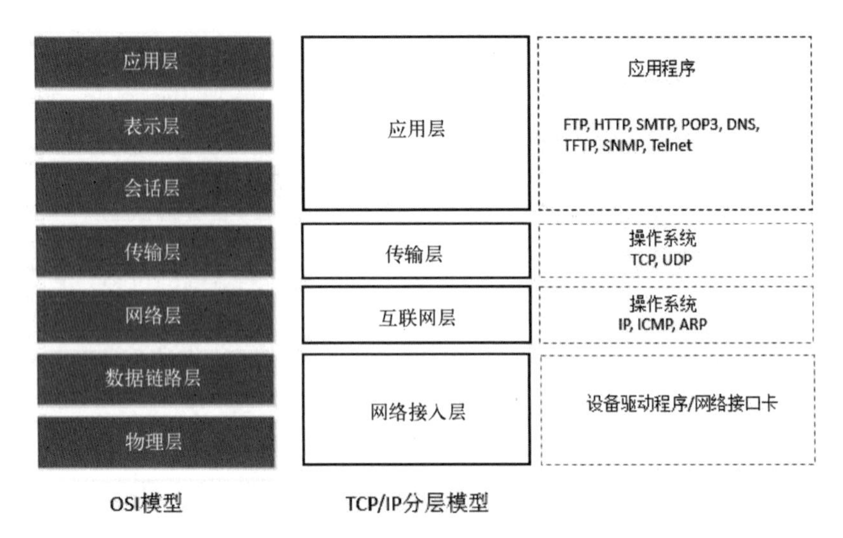

图 1-1　TCP/IP 分层模型

TCP/IP 的第三层是传输层（Transport Layer）。传输层的主要功能是保证应用程序之间的逻辑通信，如建立连接，处理流量控制和差错控制。传输层的常用协议是 TCP 和 UDP。这两种协议可以分别为应用层提供面向连接的服务和无连接的服务，即能提供可靠和不可靠的数据传输。在网络终端设备上通常同时运行着多个程序，为了识别不同的应用程序采用了端口号。

TCP/IP 的第四层是应用层（Application Layer），对应于 OSI 参考模型中的会话层、表示层和应用层。应用层为操作系统或网络应用程序提供访问网络服务的接口。表示层提供数据格式的转换服务。会话层建立端到端的连接并提供访问验证和会话管理。常见应用层协议有 HTTP、FTP、DNS、Telnet 等。

1.1.2　计算机网络的构成

随着我国国民经济的迅速发展，高速公路已经成为交通网络的“主干”道路，城市与城市之间的道路主要由高速公路连接。如果从甲城市到乙城市的某个地方，需要先通过甲城市的城市街道到达城市间的高速公路入口，经高速公路到乙城市的高速公路出口，再进入乙城市的城市道路，从而到达终点。计算机网络的结构和交通网络结构相似，计算机网络是分层的结构，其中与高速公路类似的部分，称之为“骨干”或者“核心”。计算机网络分为三层，分别是核心层、分布层和接入层，如图 1-2 所示。企业网络、校园网等都采用这种网络结构。

接入层中连接着计算机网络的各种终端设备，这些设备具备低成本、高密度、即插即用的特点。接入层所使用的网络设备通常是二层或者三层交换机，称为接入层交换机。

分布层也称为汇聚层，提供路由、策略控制及 QOS 策略的管理。大量具有相同行为的用户发出的数据通过接入层交换进入分布层，分布层设备转发数据给核心层设备，并对核心层进行保护与协助，完成这项任务的交换机称为分布层交换机。分布层交换机需要配置高性能、高可用性和高冗余性的设备。分布层至少配置两台交换机，接入层和分布层交换机之间的链路采取冗余的连接方式，如图 1-2 所示。

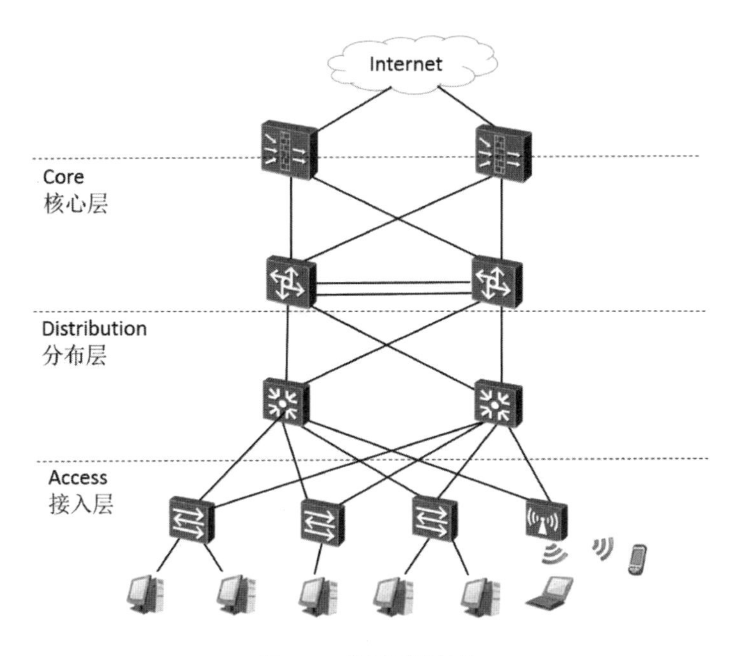

图 1-2　分层网络结构

核心层设备是网络内的核心，所有的数据都通过核心层设备在骨干网络中进行高速交换，之后再从分布层到接入层，完成整体的数据交换。因此，核心层设备必须具有高冗余能力、高可靠性、高转发速率的特点。核心层设备也需要做到冗余配置。而对于网络控制策略则尽量放在接入层或分布层，以便降低网络控制对核心设备能力的影响。

1.1.3　常见网络设备

在构建计算机网络环境时，会涉及各种各样的电缆和网络设备。本节忽略电缆，只介绍搭建计算机网络时用到的主要硬件设备及其作用。网络设备可能工作在某个协议层上，也可能工作在多个协议层上，如图 1-3 所示。这里将对常见的网络设备进行简单介绍，后续章节中将对交换机和路由器做重点介绍。

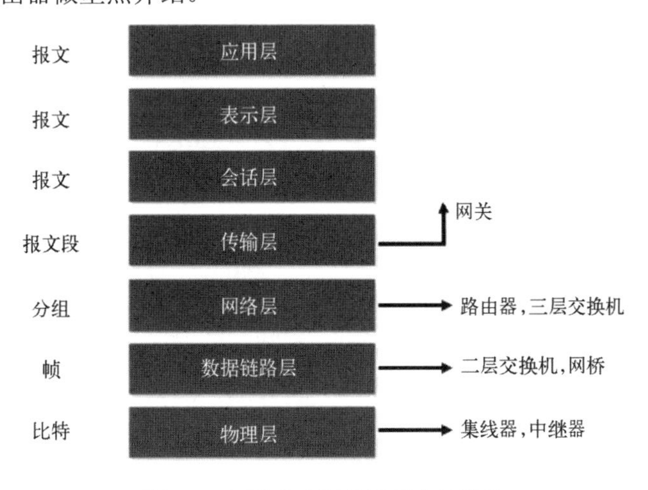

图 1-3　工作在不同协议层上的设备

1．网络接口卡（NIC）

网络接口卡又称为网络适配器，简称网卡。网卡能处理物理层和数据链路层的协议，可以使各种硬件终端连接到网络。网卡有多种分类方法，比如可分为内置网卡和外置网卡，或者有线网卡和无线网卡等，如图 1-4 所示。

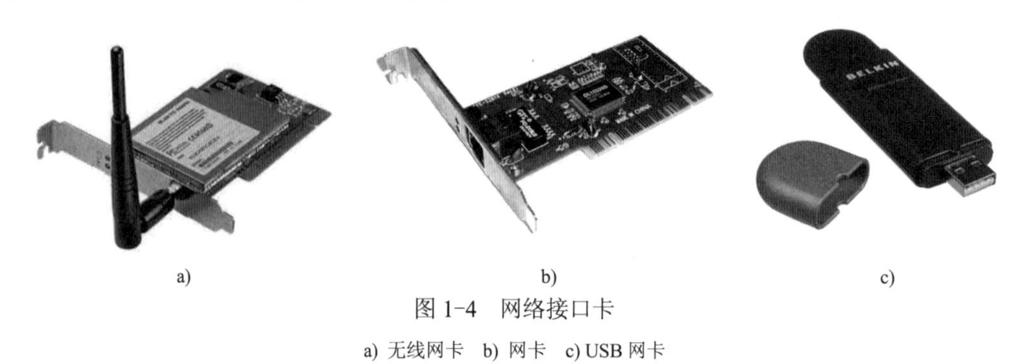

a)　　b)　　c)

图 1-4　网络接口卡

a) 无线网卡　b) 网卡　c) USB 网卡

2．集线器（Hub）和中继器（Repeater）

中继器和集线器是物理层设备，如图 1-5 所示。两者的相似之处在于均可以延长数据传输距离，但放大距离有限。不同之处在于中继器能进行信号的重新发送或转发，数据的传输距离比集线器更远。

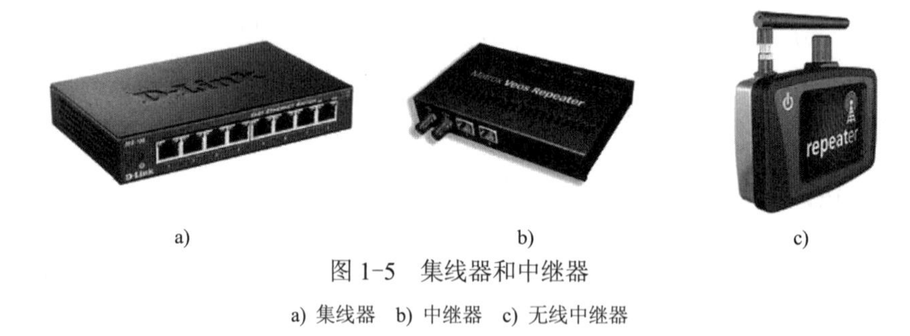

a)　　b)　　c)

图 1-5　集线器和中继器

a) 集线器　b) 中继器　c) 无线中继器

3．二层交换机（Layer 2 Switch）/ 网桥（Bridge）

二层交换机通常简称为交换机，交换机和网桥具有相同的工作机制。网桥仅支持两个端口，相比之下，交换机的端口密度更高，交换机是多端口的网桥。另外，在数据转发速率上，交换机比网桥快。交换机和网桥可以处理物理层及数据链路层的协议，这两个设备可以在数据链路层上扩展网络，并根据物理地址（即 MAC 地址）进行数据帧的转发。因此，交换机和网桥也被称为二层设备。随着硬件技术的提升，交换机的安全性和效率更高，因此交换机应用更加广泛。图 1-6 所示是不同厂商生产的二层交换机。

a)　　b)

图 1-6　二层交换机

a) 思科 Catalyst 2950 系列交换机　b) 华为 S2700 系列交换机

4．路由器（Router）/三层交换机（Layer 3 Switch）

路由器和三层交换机是通过网络层实现网络之间的连接，并对分组数据进行转发的设备。与二层设备不同的是，路由器和三层交换机是根据逻辑地址（IP 地址）进行数据包的转发。路由器可以用于连接不同介质的数据链路，同时路由器具备一定的网络安全功能。图 1-7 所示为不同厂商生产的路由器和三层交换机。

a)

b)

图 1-7　路由器及三层交换机

a) 华为 S3700 系列交换机　b) 思科 1800 系列路由器

5．网关（Gateway）

通俗地讲，网关是从一个网络到另一个网络的“关口”。网关可以运行在较高的协议层次上，所以网关有多种类型。网关把使用不同通信协议的两个网络连接在一起，并负责协议转换，以使不同网络之间可以相互转发数据。如家庭用于接入电信网络用的 Modem 就是一种网关。因此，网关也被称为协议转换器。图 1-8 所示为思科和华为的多媒体网关。代理服务器和防火墙可以作为应用网关，并具有过滤和安全功能。网关的内容在本书中不做详细阐述。

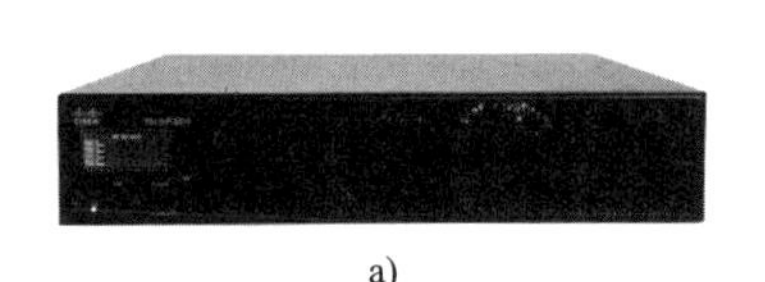

a)

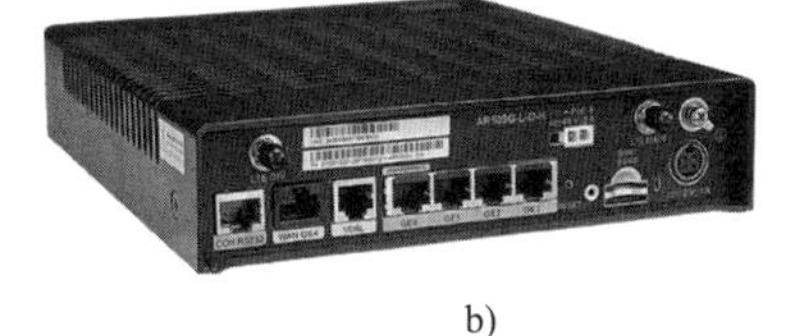

b)

图 1-8　多媒体网关

a) 思科媒体网关　b) 华为 AR500 系列敏捷网关

在互联网早期，路由器被称为“网关”，即通常所说的默认网关（Default Gateway），这是因为路由器可以为局域网和其他网络提供链接，在不同网络之间实现数据包的转发。局域网中的各种终端设备需要知道路由器在本网络中的 IP 地址（即网关地址），并定义指向该路由，以实现与其他网络之间的互通。本书后续章节将会涉及路由器。

6．防火墙（Firewalls）

防火墙是内部网络和外部网络之间的网络安全系统，根据预设的安全策略监控进出网络的数据流。防火墙有网络层防火墙、应用层防火墙、数据库防火墙，防火墙可以通过在常规硬件上运行软件实现，也可以基于硬件实现。图 1-9 为防火墙设备，本书不对防火墙做详细介绍。

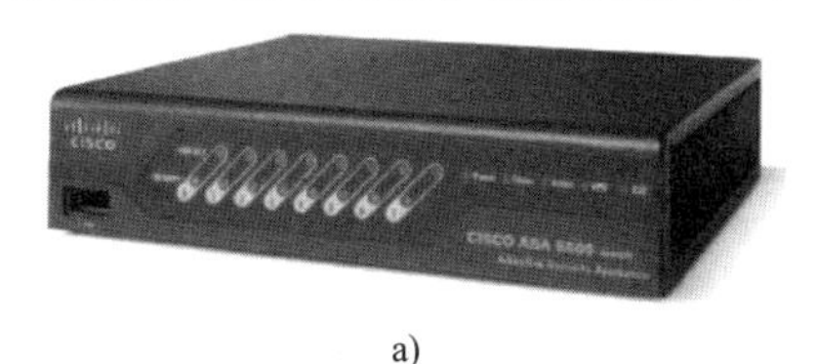

a)

b)

图 1-9　防火墙设备

a) 思科 ASA5505 防火墙　b) 瞻博 SSG5 防火墙

1.2 eNSP 简介

eNSP（Enterprise Network Simulation Platform）是一款由华为技术有限公司发布的辅助学习工具，为学习网络知识、模拟组网和熟悉华为数通产品的人员提供了一个免费的、可扩展的、图形化操作的网络仿真工具平台。利用 eNSP 可以模拟华为企业网路由器和交换机的大部分特性，还可以模拟各种终端设备、网络云、帧中继交换机等。eNSP 支持模拟大型网络，使用户在没有真实设备的情况下也能够进行网络技术的实验、测试及故障排查。

eNSP 的图形化界面，使初学者更容易掌握使用方法。eNSP 支持拓扑的创建、修改、删除、保存等操作，使用不同颜色反映设备与接口的运行状态。eNSP 提供高度仿真环境，模拟环境中可以运行产品，仿真采集报文可以直观地展现数据包的流动，便于学习网络特性和网络协议的原理。eNSP 预置了大量工程案例，可直接打开学习。在缺乏网络设备条件下，eNSP 提供了等同于操作实际网络设备的体验，非常适合从事网络技术工作的人员使用。

通过 eNSP 平台，可以方便地组建虚拟网络，模拟现网环境。eNSP 不仅提供单机模拟，同时能够提供网络设备的分布式部署，支持复杂的大型网络的模拟。此外，eNSP 还能实现虚拟设备与真实设备的对接。

本节内容将以 eNSP 的 V100R002C00B510 版本为例讲解该软件的安装和使用方法。

1.2.1 eNSP 软件安装要求

在华为技术有限公司官方网站上可以下载 eNSP 软件最新版本的安装包。eNSP 只能运行在 Windows 系统上。本书只讨论单机版。首先，在华为官网上注册，然后登录网站下载所需版本的 eNSP 安装软件、补丁软件及相应版本说明，如图 1-10 所示。

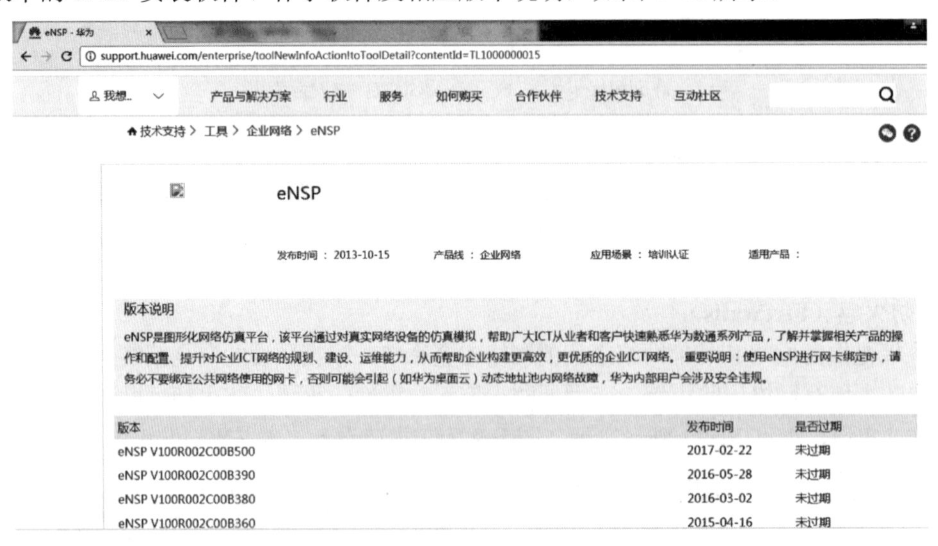

图 1-10 选择 eNSP 版本

eNSP 上每台虚拟设备都要占用一定的内存资源，每台计算机支持的虚拟设备数会因配置不同而有所差别。因此，eNSP 对运行环境的配置有要求，只有达到最低配置标准才能正常运行，如表 1-1 所示。

表 1-1　系统配置要求

项目	CPU	内存/GB	空闲磁盘空间/GB	操作系统	最大组网设备数/台
最低配置	双核 2.0GHz 或以上	2	2	Windows XP、Windows Server 2003、Windows 7	10
推荐配置	双核 2.0GHz 或以上	4	4	Windows XP、Windows Server 2003、Windows 7	24

1.2.2　eNSP 软件安装

eNSP 中的虚拟设备需要安装 VirtualBox 虚拟机软件才可以使用，而软件的报文采集功能需要安装 Wireshark 抓包软件实现。eNSP 的安装可以按照下面的操作步骤完成。

1）双击 eNSP 安装程序文件，根据如图 1-11 所示的提示，选择安装语言，并单击“确定”按钮，进入安装向导，如图 1-12 所示。

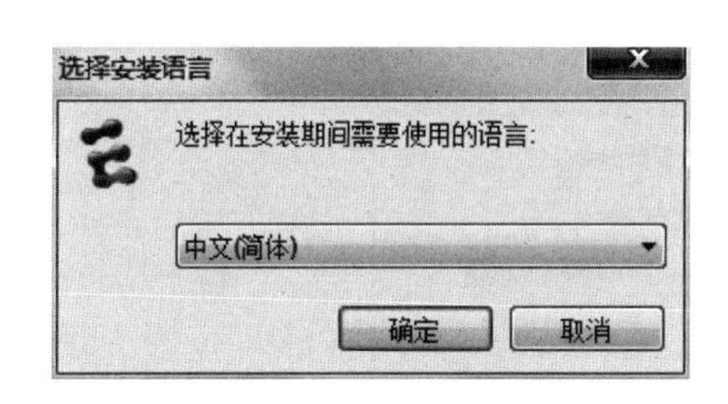

图 1-11　选择安装语言

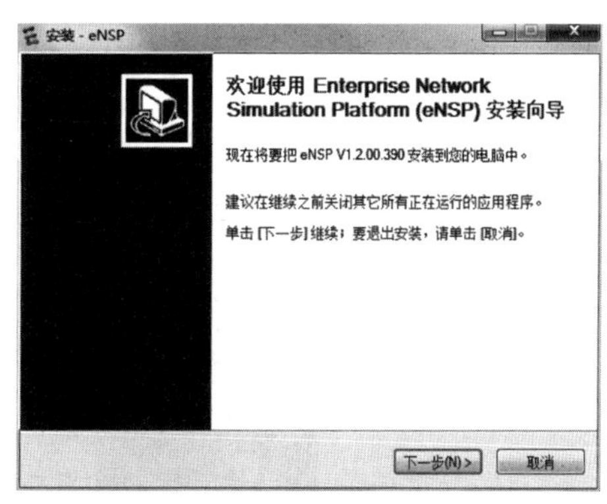

图 1-12　eNSP 安装向导

2）单击“下一步”按钮，进入许可协议界面。

3）接受协议许可，并设置 eNSP 的安装目录，单击“下一步”按钮，如图 1-13 所示。

4）设置 eNSP 程序快捷方式在“开始“菜单中显示的名称，单击“下一步”按钮，如图 1-14 所示。

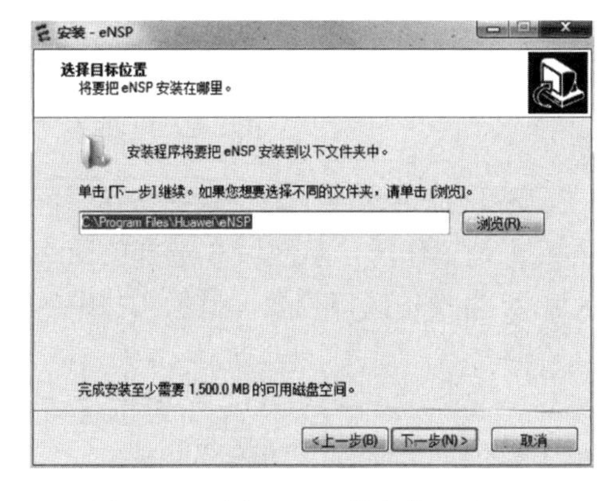

图 1-13　选择 eNSP 的安装目录

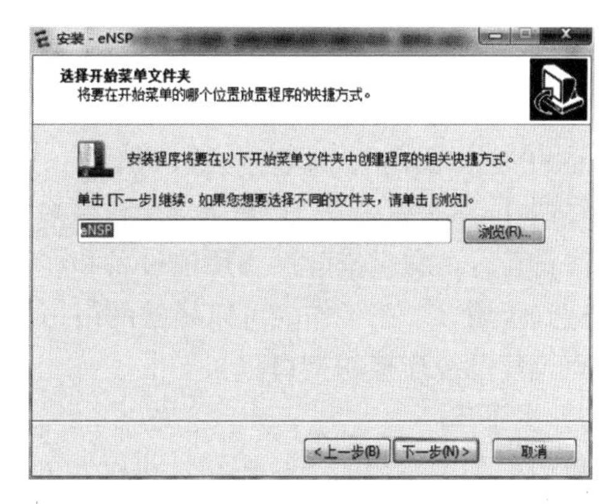

图 1-14　设置 eNSP 程序快捷方式名称

5）选择需要安装的软件。如果是首次安装，选择安装图 1-15 所示的全部软件，单击“下一步”按钮。

6）确认安装信息后，单击“安装”按钮开始安装，如图 1-16 所示。

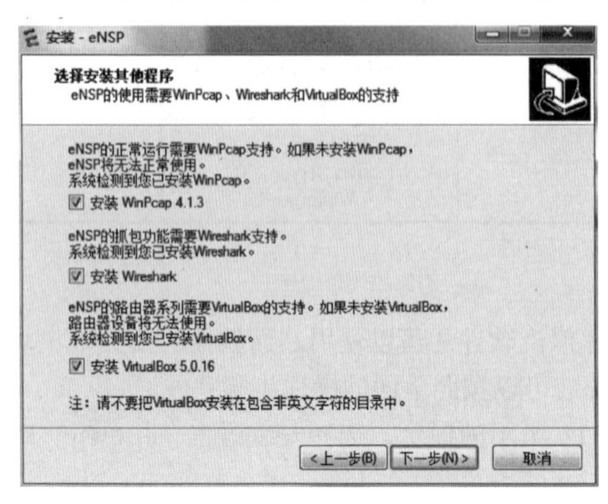

图 1-15　选择安装其他程序

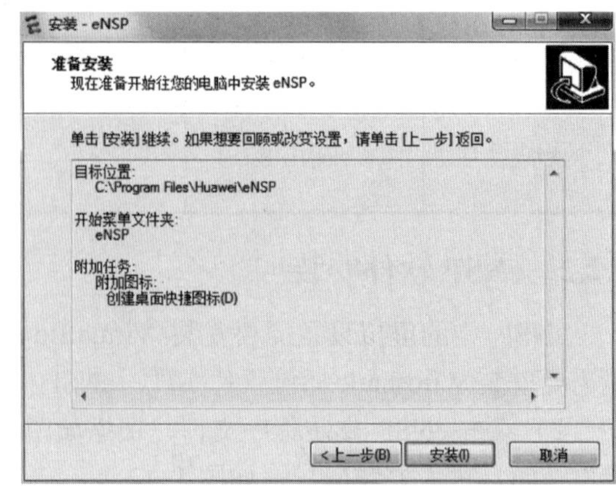

图 1-16　准备安装

7）根据提示信息进行软件安装。安装完成后，可以选择是否马上运行 eNSP 程序。单击“完成”按钮结束安装，如图 1-17 所示。

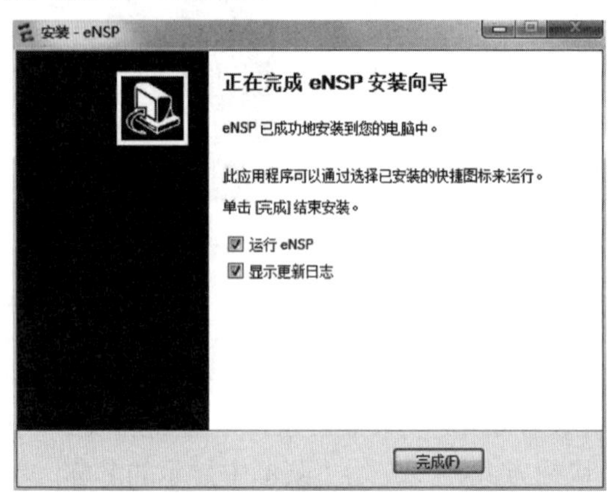

图 1-17　安装结束

1.2.3　eNSP 主界面

eNSP 主界面由五个区域构成，如图 1-18 所示。

在图 1-18 中，区域 1 是主菜单，区域 2 是工具栏，提供常用工具的快捷按钮。区域 3 是网络设备区，提供搭建网络所需设备和线缆。区域 4 是工作区，从区域 3 选择的网络设备可以拖到区域 4。在工作区可以搭建网络拓扑。区域 5 为设备接口列表，显示拓扑中各个网络节点及其已经连接的接口。

1. 主菜单

单击主菜单右边的下拉按钮，可以看到主菜单中提供了“文件”“编辑”“视图”“工具”“考试”和“帮助”子菜单，如图 1-19 所示。

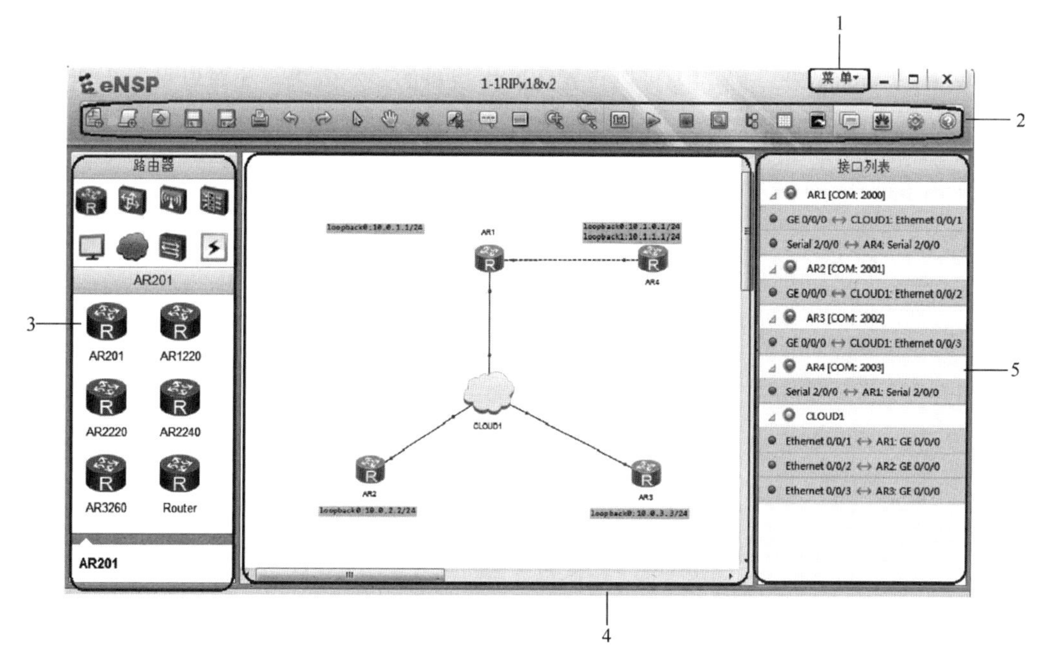

图 1-18　eNSP 主界面

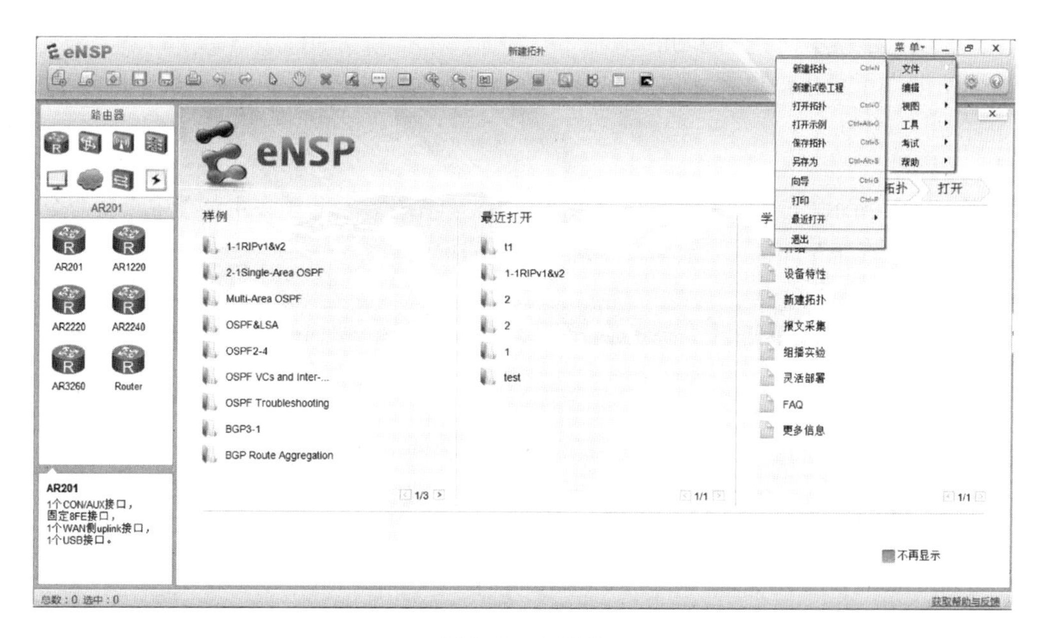

图 1-19　主菜单

- “文件”子菜单用于执行拓扑文件的打开、新建、保存、打印等操作。
- “编辑”子菜单用于执行撤销、恢复、复制、粘贴等操作。
- “视图”子菜单用于对拓扑图进行缩放和控制左右两侧工具栏的显示。
- “工具”子菜单用于打开调色板工具、添加图形、启动或停止设备、进行数据报文采集和各选项的设置。在“工具”子菜单中选择“选项”命令，或单击 eNSP 主页面工具栏中的按钮，可以打开“选项”对话框，如图 1-20 所示。其中“选项”对话框提供了“界面设置”“CLI 设置”“字体设置”“服务器设置”和“工具设置”5 个选项卡。“界面设置”选项卡可以设置拓扑中设备的显示效果，还可以设置工作区的长度和宽度。“CLI 设置”选项卡中是关于日志和 CLI 界面的配置。

图 1-20 “选项”对话框

- “考试”子菜单提供阅卷功能。
- “帮助”子菜单提供帮助信息，用于检测是否有可用的更新，查看软件版本和版权信息。

2．工具栏

如图 1-21 所示，eNSP 的工具栏提供了常用工具图标，节省了在主菜单中查找命令的时间。把鼠标悬停在某个图标上，就会显示这个工具的说明。

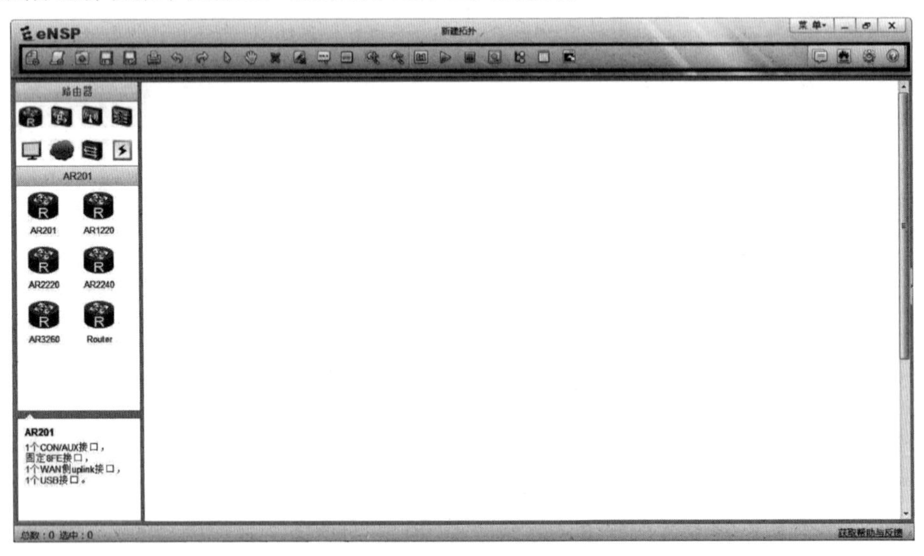

图 1-21 工具栏图标

工具栏中各工具的图标及说明如表 1-2 所示。

表 1-2　工具图标说明

工具	简要说明	工具	简要说明
	新建拓扑		打开拓扑
	保存拓扑		打印拓扑
	撤销上次操作		重复上次操作
	启动设备		停止设备
	采集数据报文		显示/隐藏所有接口名称
	删除所有连线		选定工作区，便于移动
	添加描述框		删除对象
	添加图形		放大
	恢复原大小		缩小
	显示网格		打开拓扑中设备的 CLI
	新建试卷		恢复鼠标
	论坛		华为官网
	选项设置		帮助文档

3. 网络设备区

网络设备区由三个部分组成，最上面一栏是“设备类别”区域，中间一栏是“设备型号”区域，最下面一栏是“设备说明”区域，如图 1-22 所示。eNSP 所支持的设备类别和设备连接线都在“设备类别”区域中，每种设备都有不同的型号，可以在中间的“设备型号”区域内看到。在“设备类别”区域中进行设备选择，“设备型号”区域中的设备将会跟着变化，“设备说明”区域中的说明文字也将随着变化。将设备从“设备类别”区域直接拖至工作区，系统默认将“设备型号”区域中该类别的第一种型号的设备添加至工作区中。

“设备类别”区域提供 8 种不同的设备，单击选中了某种类型的设备后，这种设备的名称会显示在“设备类别”区域的标题栏中，如图 1-22 和图 1-23 所示显示的“路由器”和“设备连线”就和所选设备的图标一致。各种设备类别及相应图标参见表 1-3。

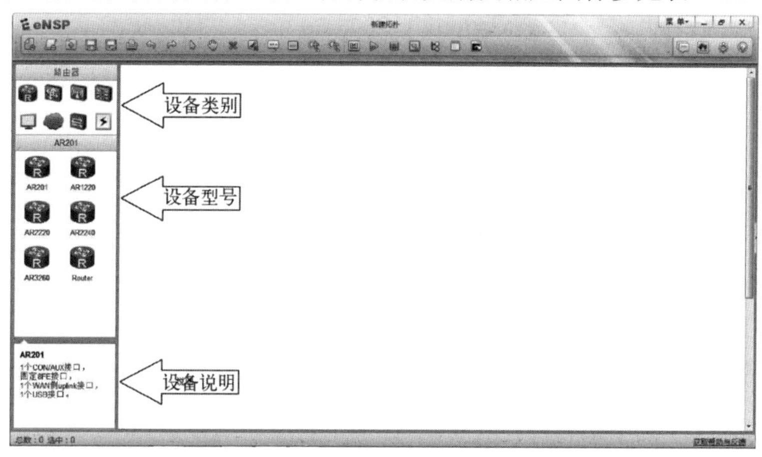

图 1-22　设备选择

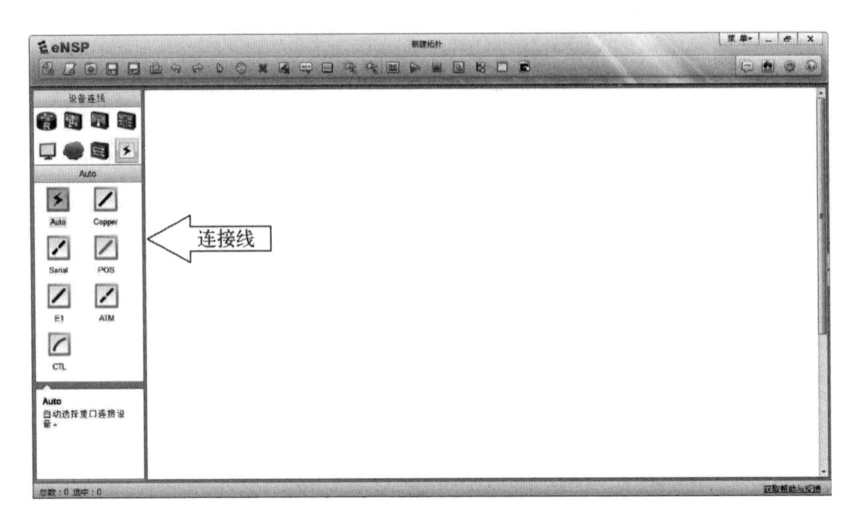

图 1-23　连接线选择

表 1-3　设备类别及其图标

图标	说明	图标	说明
	路由器		无线局域网
	交换机		防火墙
	终端设备		其他设备
	连接线		自定义设备类型

利用网络设备区的设备和连接线，可以在工作区中方便灵活地搭建所需的网络拓扑图。

在设备接口列表中，可以通过指示灯显示拓扑中的设备和设备在用接口的运行状态。在图 1-24 的设备接口列表中，左侧的灯为红色表示设备未启动或接口处于物理 DOWN 状态；灯为绿色则表示设备已经启动或接口处于物理 UP 状态；灯为蓝色表示接口正在采集报文。右击设备名或接口，可以启动/停止设备或接口的报文采集。

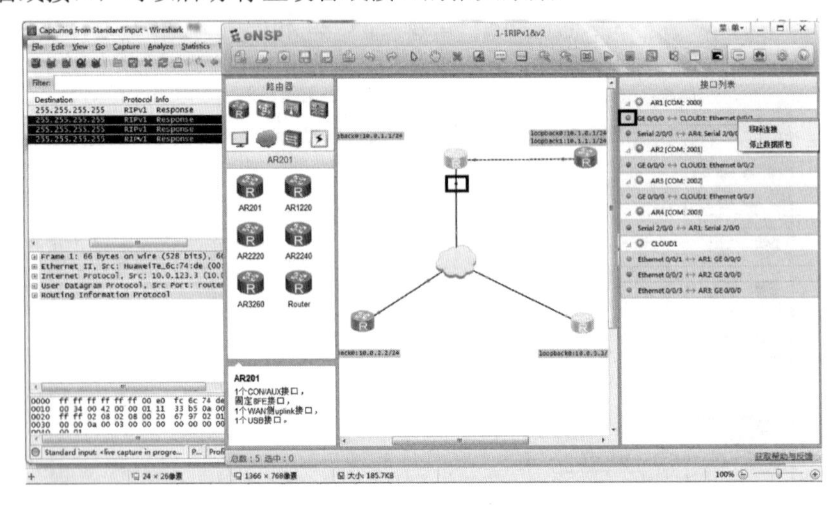

图 1-24　设备接口列表

1.3 利用 eNSP 搭建网络拓扑

在 eNSP 的图形化界面中搭建所需拓扑，具体步骤如下。

1）选择设备。在工具栏中单击“新建拓扑”按钮，从网络设备区将需要的设备直接拖至工作区，如图 1-25 所示。

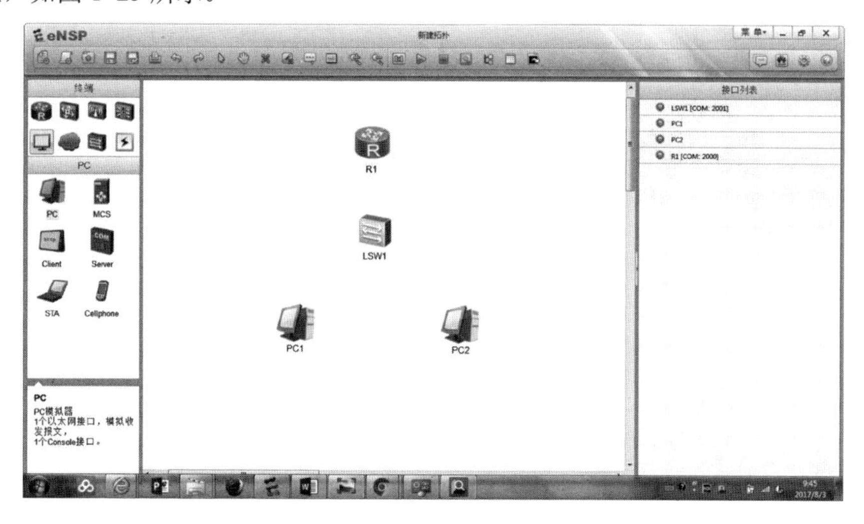

图 1-25　选择设备

图 1-25 中每个设备图标下方是设备名称，默认的名称格式为“设备型号-设备标签”，如路由器“R1”，单击设备名称可以对其进行修改。在主菜单的“工具”子菜单中，利用“选项”→“界面配置”命令可以定义是否在工作区中显示设备型号及标签。还可以使用工具栏中的按钮和按钮，在工作区中任意位置添加描述或图形标识。选中所有设备，单击工具栏中的按钮将所有设备的电源打开。

2）硬件配置。通过右击设备图标，在弹出的快捷菜单中选择“设置”命令，可以对拓扑中的交换机、路由器及 PC 终端等设备的硬件或者相关参数进行设置，如图 1-26 所示。

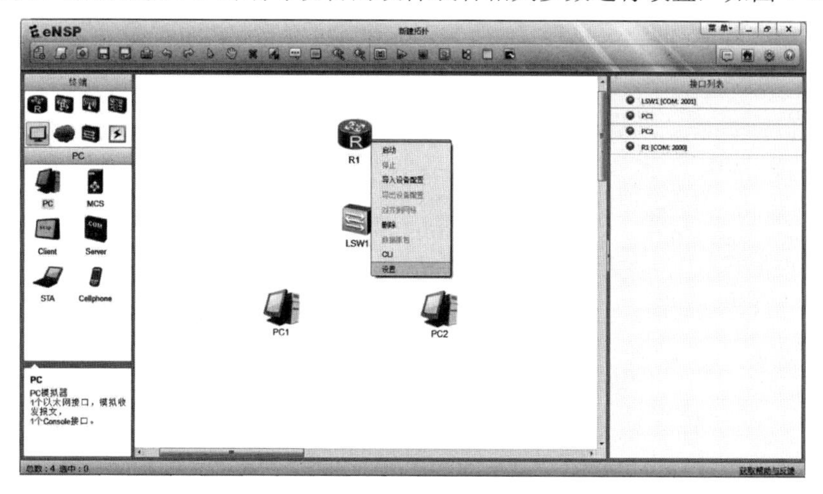

图 1-26　选择“设置”命令

以 AR1220 路由器为例，其配置界面有“视图”和“配置”两个选项卡，如图 1-27 所示。“视图”选项卡中呈现了设备的外观。同时，对于“eNSP 支持的接口卡”中提供的接口卡，通过在设备面板上的相应槽位上拖动接口卡，可以为设备增加、删除、更换接口卡。要注意的是，上述操作需要先关闭设备的电源才能进行。

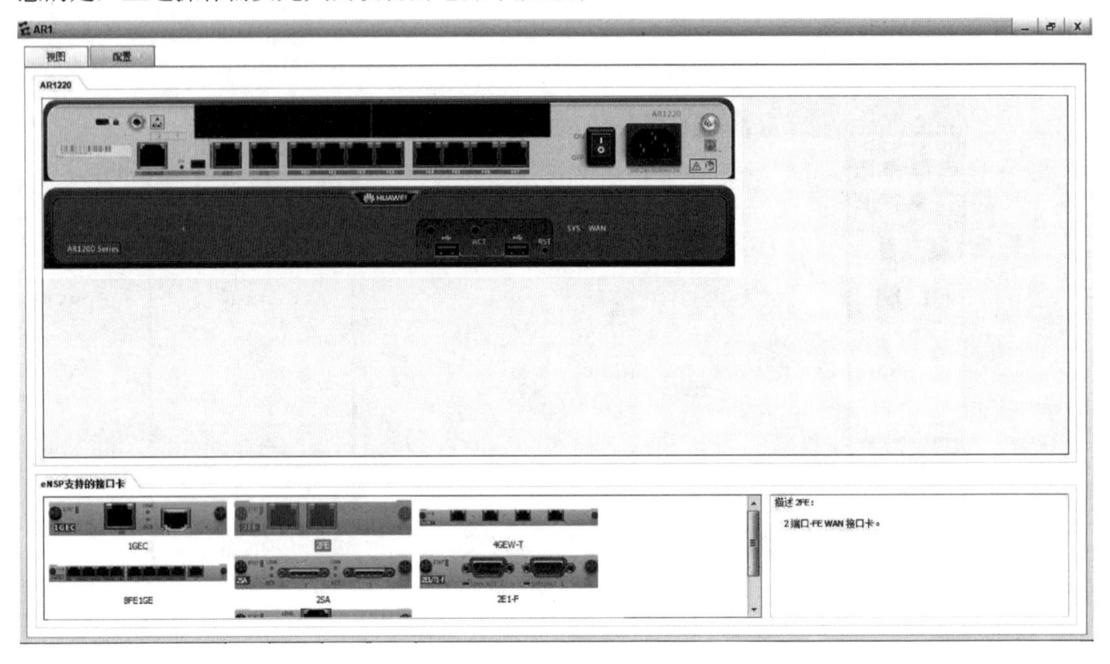

图 1-27　AR1220 路由器配置界面

如图 1-28 所示，在“配置”选项卡中，可以设置设备的串口号。串口号的范围为 2000～65535，默认情况从 2000 开始使用。修改串口号后，单击“应用”按钮后修改生效。

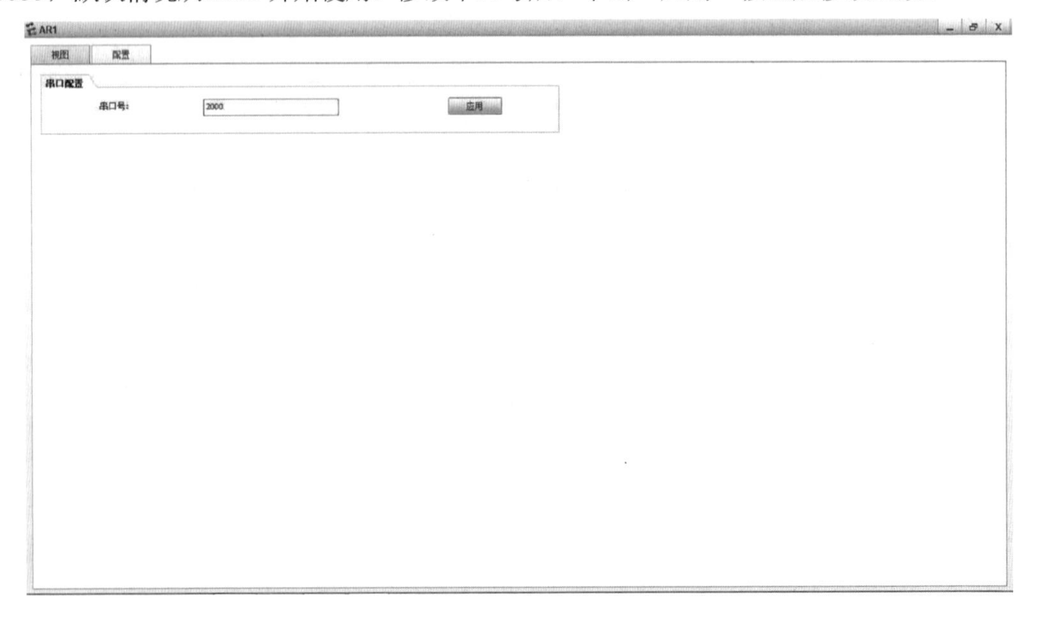

图 1-28　串口配置

PC1 的配置界面，有 5 个选项卡，如图 1-29 所示。在“基础配置”选项卡中可以配置 PC 的基础参数，如 IP 地址、子网掩码和 MAC 地址等。将 PC1 的 IP 地址按照图 1-29 所示配置，将 PC2 的 IP 地址配置为 192.168.1.11/24，网关设为 192.168.1.1/24。在“命令行”选项卡中可以进行人机命令操作，如图 1-30 所示。在“串口”选项卡中，通过 PC 连接的 Console 线可以进入所连接设备的控制台界面进行命令行操作，如图 1-31 所示。

图 1-29 PC 设置界面

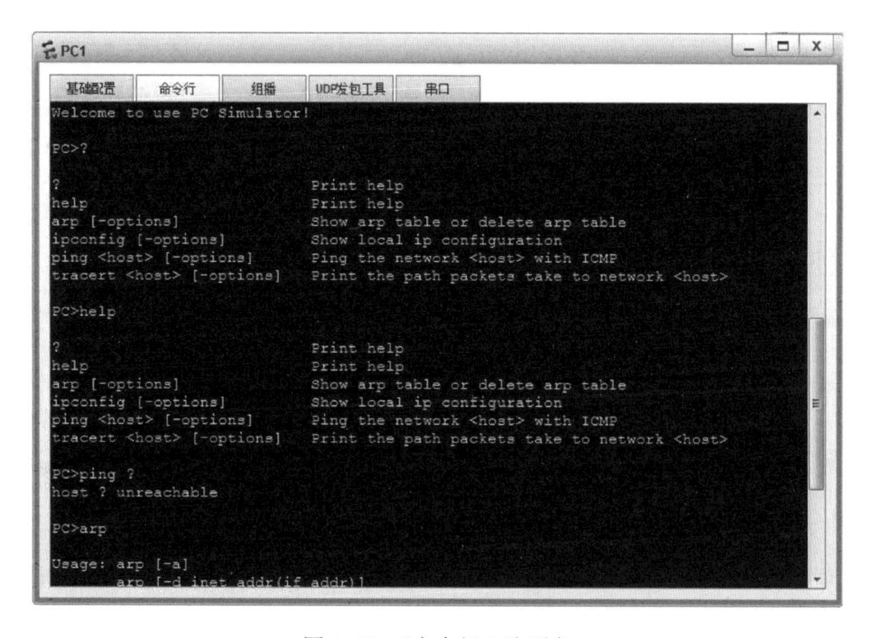

图 1-30 “命令行”选项卡

3）连接设备。单击网络设备区的“设备连线”图标，根据网络配置需要选择类型合适的线缆连接各个网络设备，如图 1-32 所示。

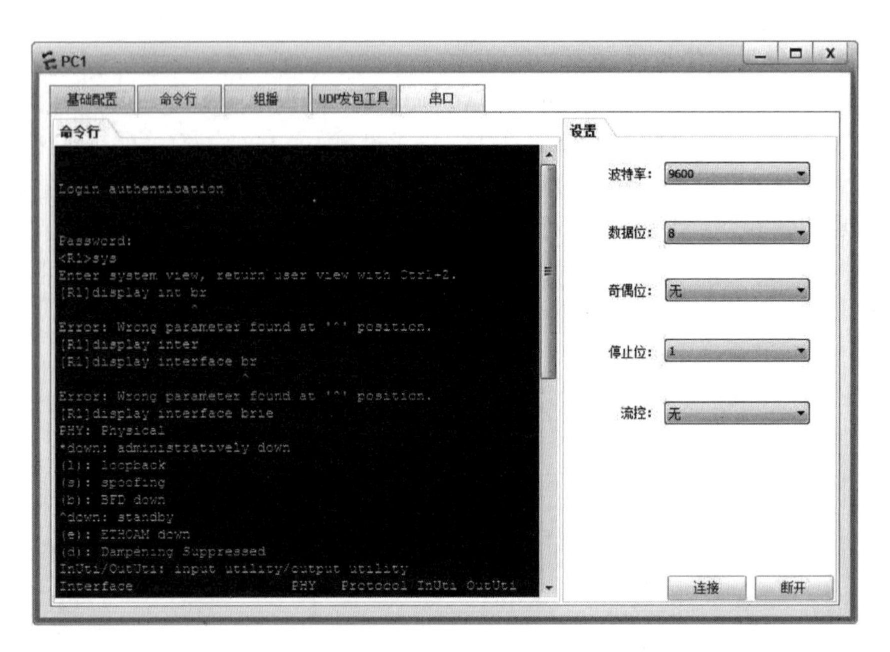

图 1-31 “串口”选项卡

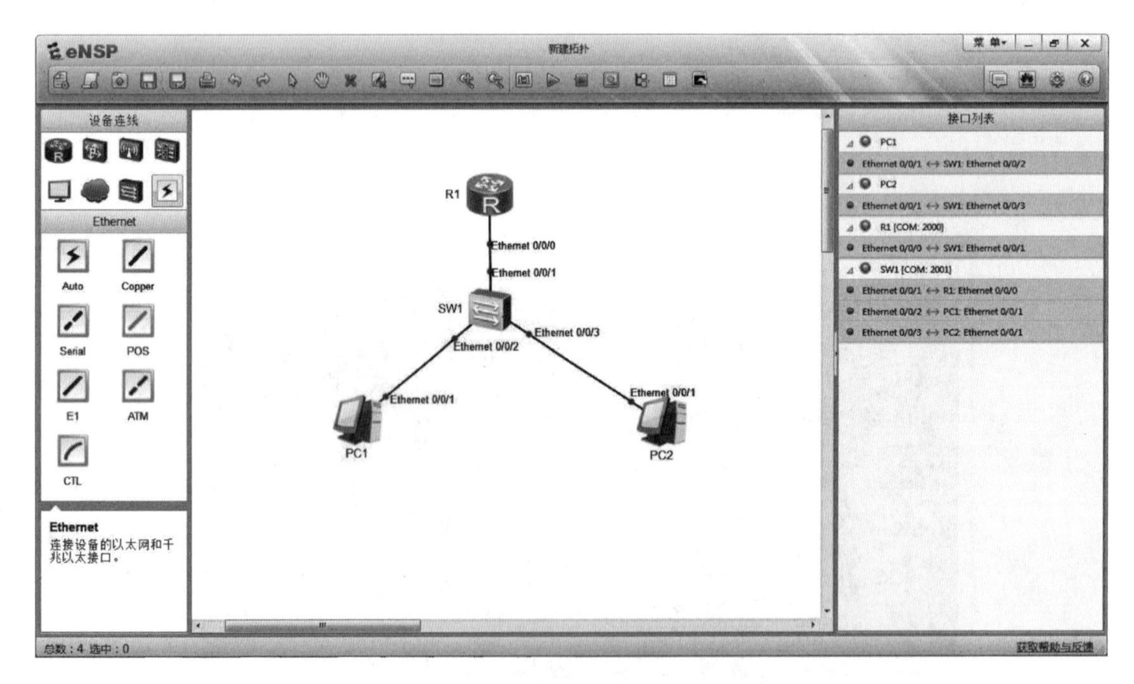

图 1-32 连接设备

通过主菜单的“工具”子菜单打开“选项”对话框，在“界面设置”选项卡中可以控制接口标签显示与否。

4）启动设备。添加到拓扑图中的设备默认尚未加电。因此在配置设备之前需要先启动设备。拓扑中的设备可以同时启动，也可以单独启动。启动设备有两种方法，一种是通过工具栏启动设备，选择需要启动的设备，然后单击工具栏中的“开启设备”按钮，如图 1-33

所示。另一种是通过快捷菜单启动设备，选中拓扑中的设备，然后单击鼠标右键，在弹出的快捷菜单中选择“启动”命令，如图 1-34 所示。

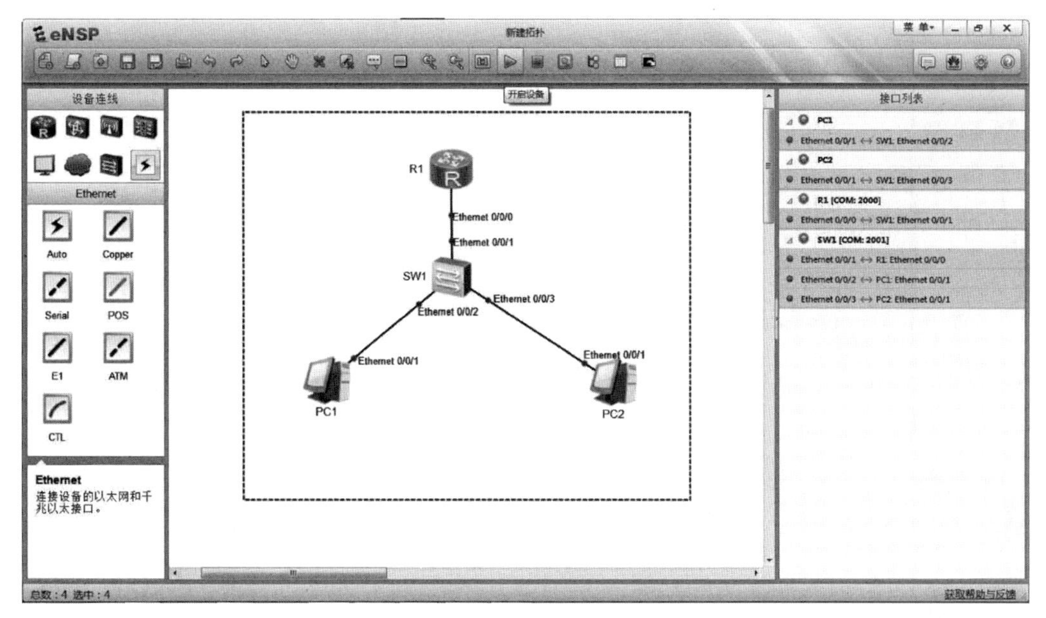

图 1-33　通过工具栏启动设备

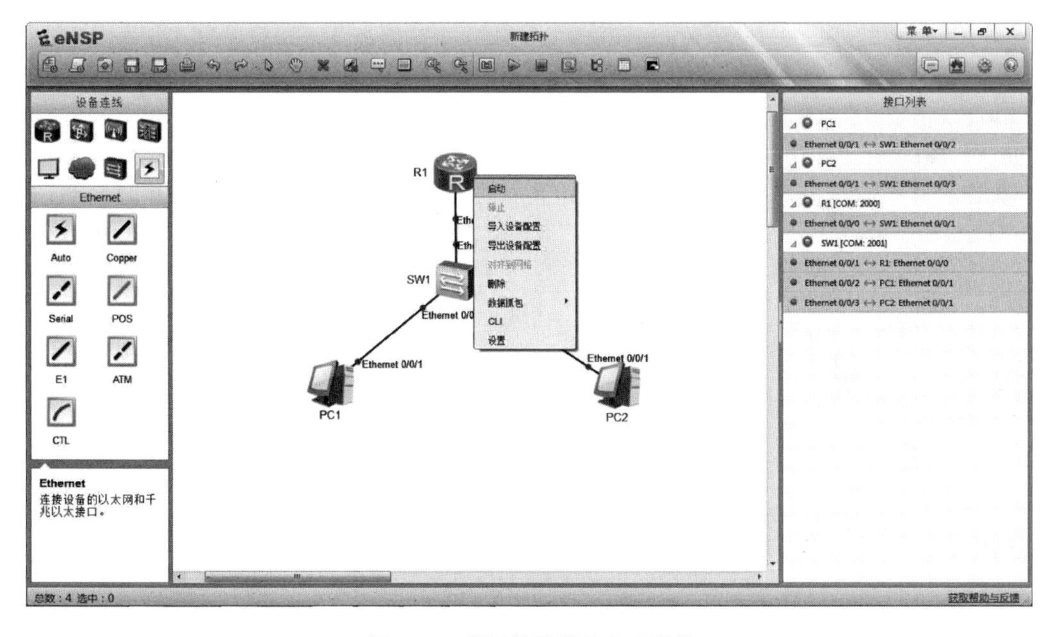

图 1-34　通过快捷菜单启动设备

5）配置设备。在工作区中双击设备的图标，即可打开命令行界面（Command Line Interface，CLI）；或者在设备图标上单击鼠标右键，在快捷菜单中选择“CLI”命令，也可打开命令行界面，如图 1-35 所示；同样，用工具栏中的按钮可以同时开启多个设备的命令行界面，从而完成对设备的数据配置，如图 1-36 所示。在设备的命令行界面中，需要将路由器和交换机的主机名分别设置为 R1 和 SW1，并在路由器的 Ethernet0/0/0 端口上设置 IP 地址为 192.168.1.1/24。

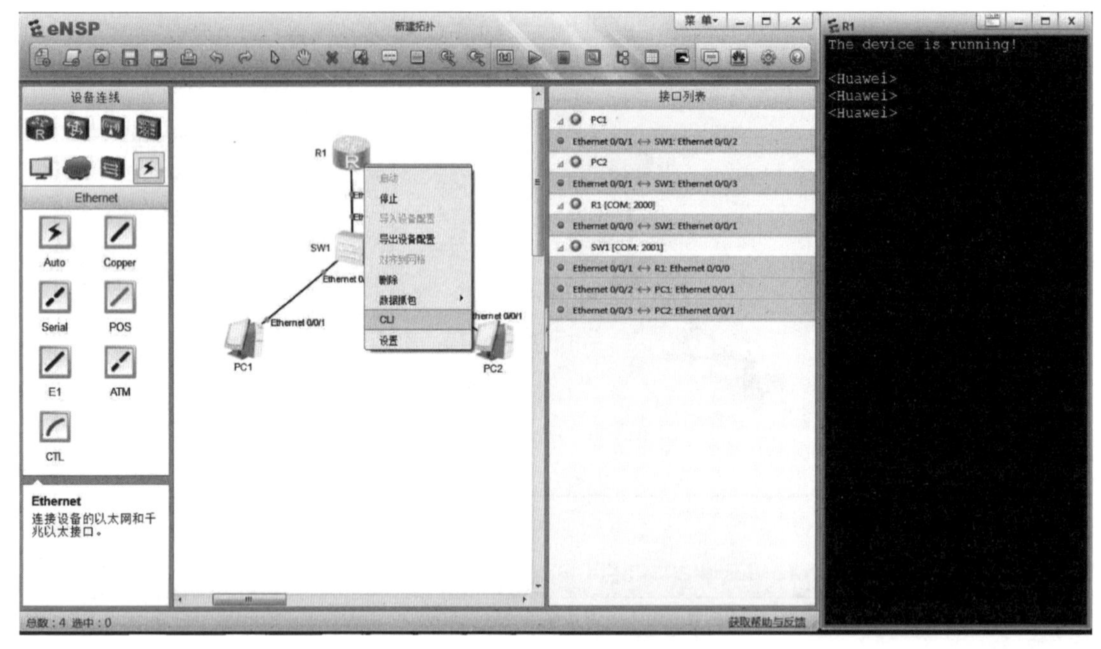

图 1-35　命令行界面

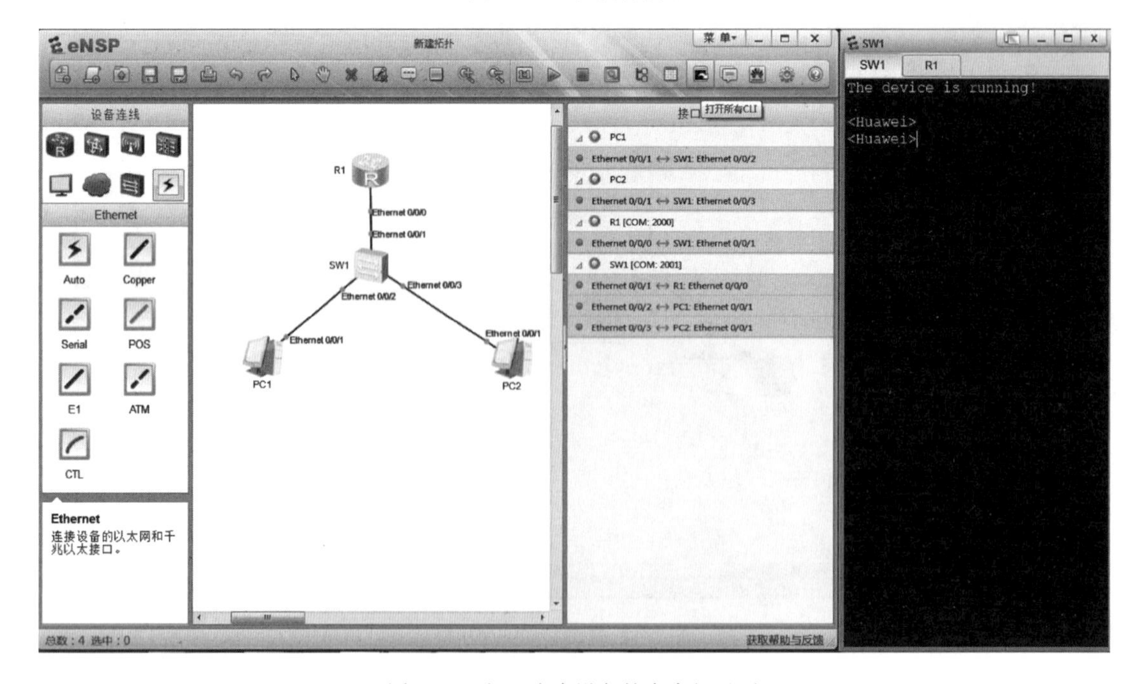

图 1-36　打开多个设备的命令行界面

如果工作区中的设备并未启动，可以在设备上单击鼠标右键，在弹出的快捷菜单中选择“导入设备配置”命令，在“打开”窗口中指明路径，把准备好的.cfg 或者.zip 格式的配置文件导入到设备中，如图 1-37 所示。

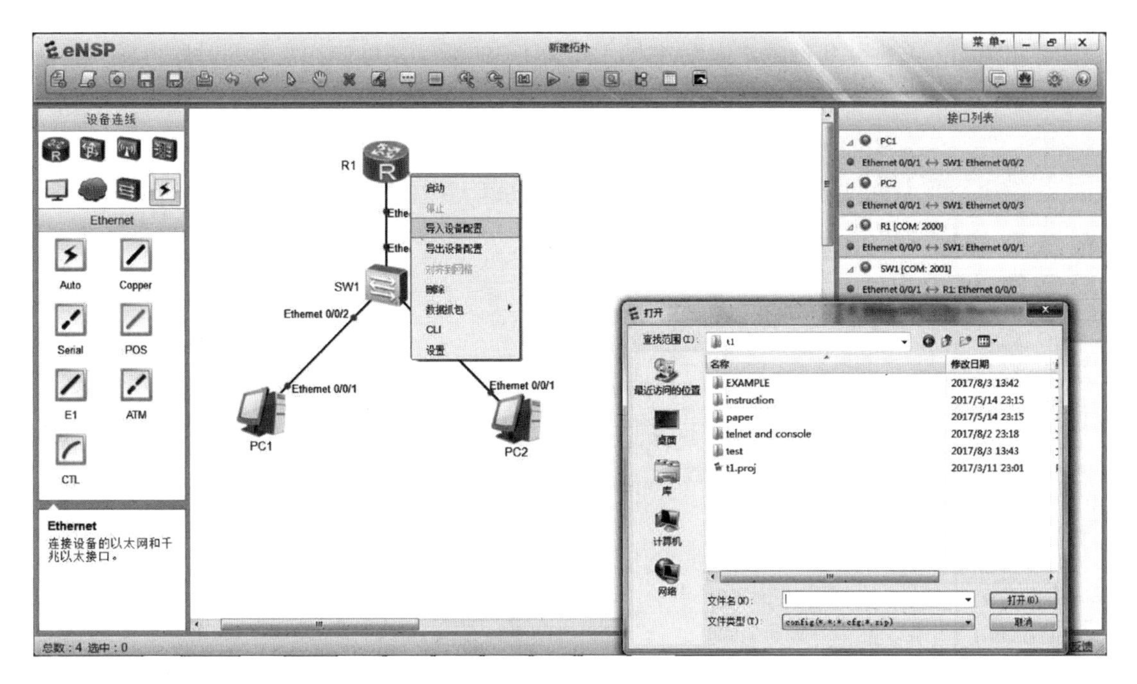

图 1-37　导入设备配置

6）保存拓扑图。当完成拓扑中的设备配置之后，可以使用工具栏中的“保存”按钮将拓扑图保存到指定目录下，如图 1-38 所示。拓扑图为.topo 文件，拓扑文件可以反复使用。当需要使用时，可以在 eNSP 中重新打开保存过的拓扑图。

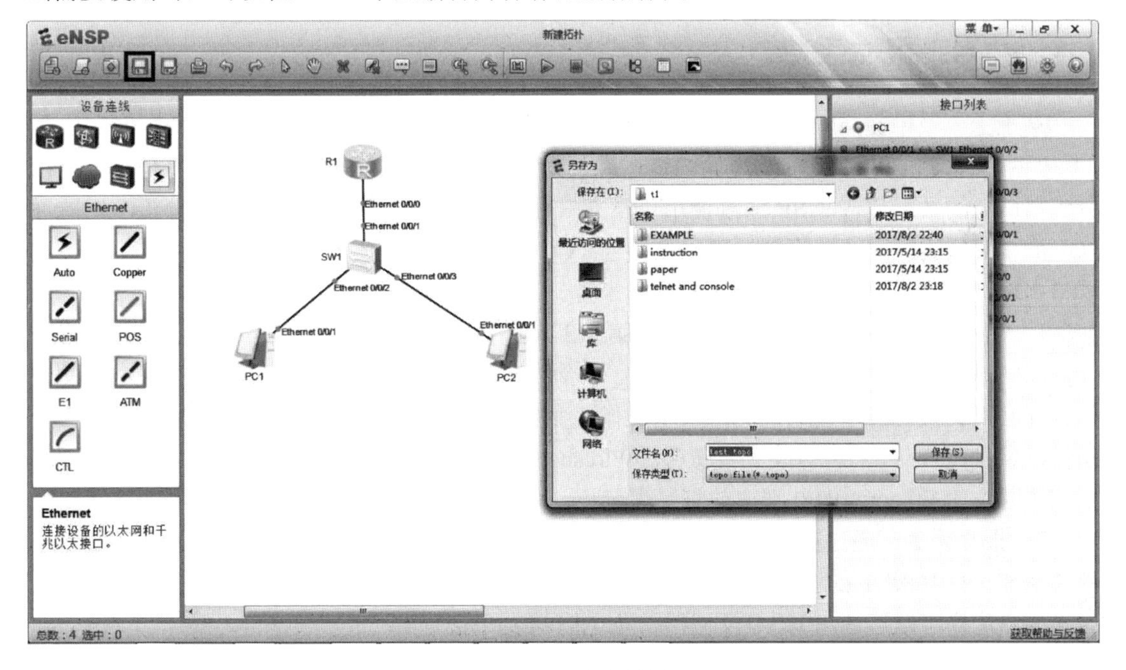

图 1-38　保存拓扑图

在设备上单击鼠标右键，在快捷菜单中选择“导出设备配置”命令，可以把设备配置数据导出为.cfg 文件并备份到本地设备上，如图 1-39 所示，以便在需要的时候再导入到设备中。

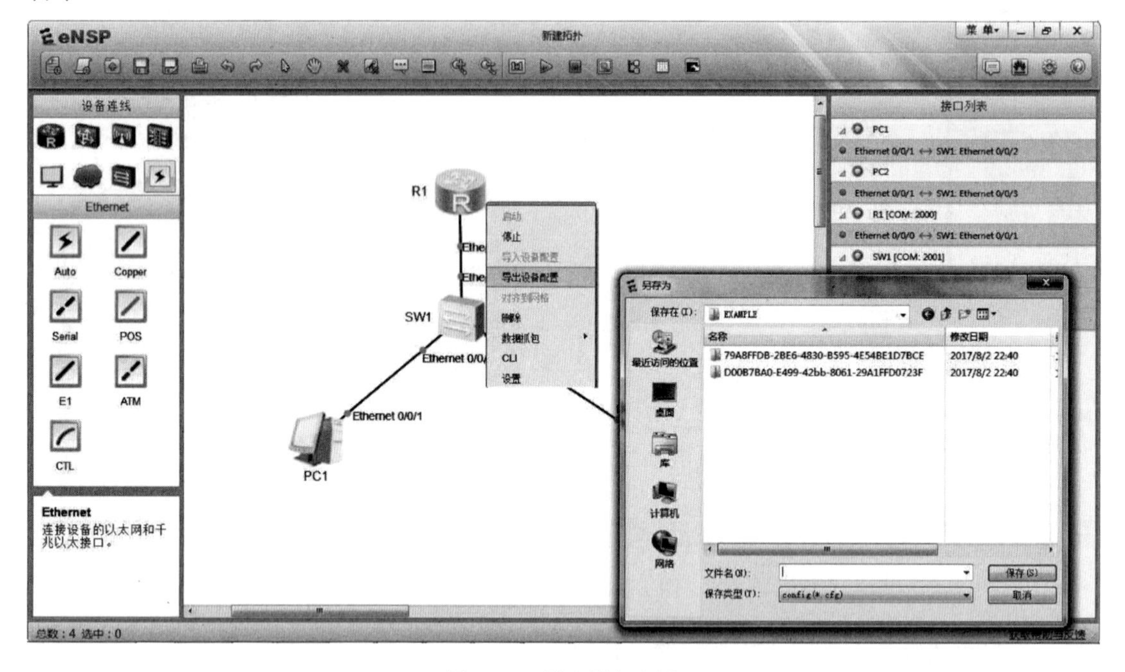

图 1-39　导出设备配置

1.4　eNSP 报文采集

基于上一节中在 eNSP 上搭建好的拓扑，可以通过人机指令验证交换机 SW1 和路由器 R1 及两台计算机 PC1、PC2 之间的连通性。在验证连通性的同时启动报文采集功能，可以看到端口上的数据包。eNSP 通过调用第三方软件 Wireshark 实现报文的采集和分析。以验证 PC1 和 R1 之间的连通性为例，可以在靠近 PC1 侧或者 R1 侧的端口上进行报文采集。不同端口上采集报文，可以帮助分析判断故障来源。具体步骤如下所示。

1）启动报文采集。在 eNSP 中加载第 1.3 节的拓扑，并启动所有设备。在 PC1 的命令行界面中对网关地址 192.168.1.1 执行 ping 命令，在 R1 侧的 Ethernet0/0/0 端口上开启报文采集。开启报文采集可以在选定的端口上操作，参见图 1-40。同样，也可以在端口所在设备上操作，参见图 1-41。启动报文采集后，Wireshark 软件自动打开跟踪窗口。此时的端口列表及工作区中的 Ethernet0/0/0 端口的灯呈现蓝色。

2）报文采集。通过快捷菜单的“设置”命令，打开 PC1 的命令行界面，并准备触发到网关地址 192.168.1.1 的 ICMP 数据包，即执行 ping 命令。在 Wireshark 的“Filter”中输入“icmp”，这样可以过滤出 ICMP 数据包，如图 1-42 所示。

在 PC1 的命令行界面中按〈Enter〉键，以触发 ICMP 数据包，从图 1-43 可以看到 Wireshark 捕获到了 ICMP 数据包，且 PC1 和 R1 之间的连通性正常。同时，PC1 命令行界面的输出也印证了这一点。此方法可以验证 PC2 和 R1 间及两台计算机之间的连通性是否正常。

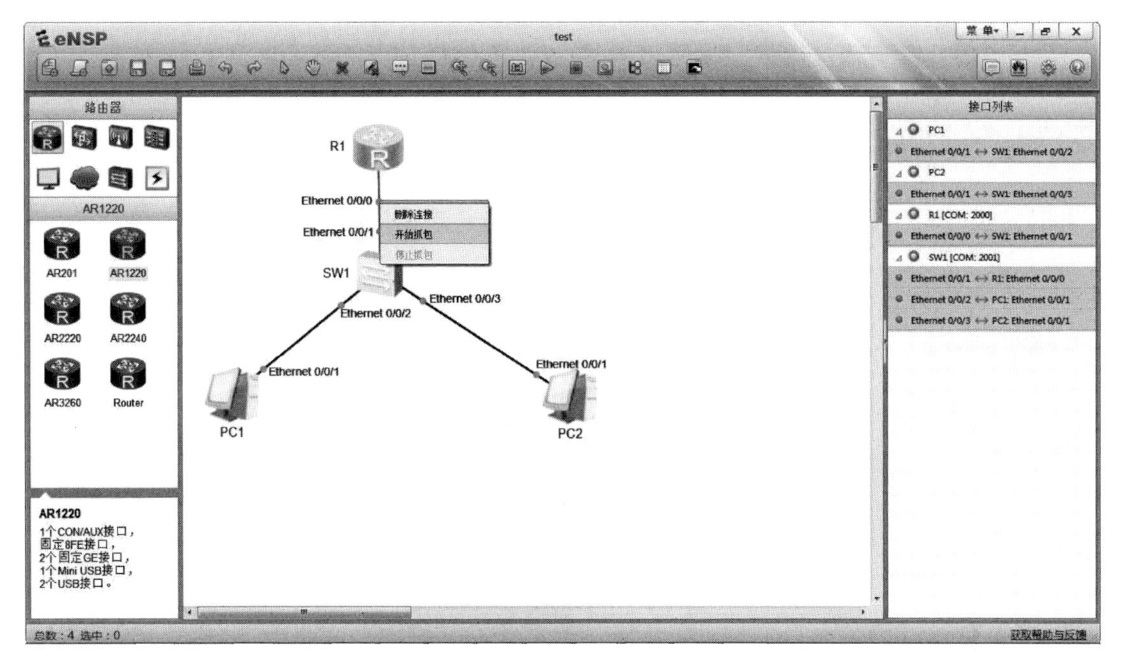

图 1-40　在端口上开启报文采集

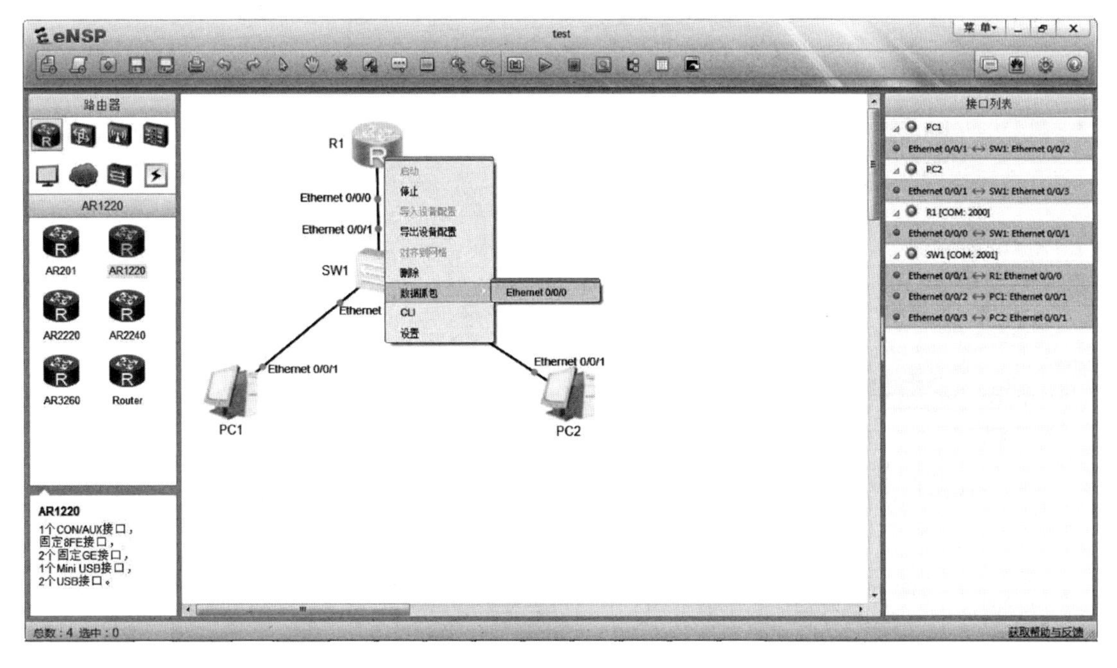

图 1-41　在设备上启动报文采集

3）停止报文采集。与启动报文采集的方法类似，右击采集报文的端口或设备，在弹出的快捷菜单中选择“停止抓包”命令，如图 1-44 所示。

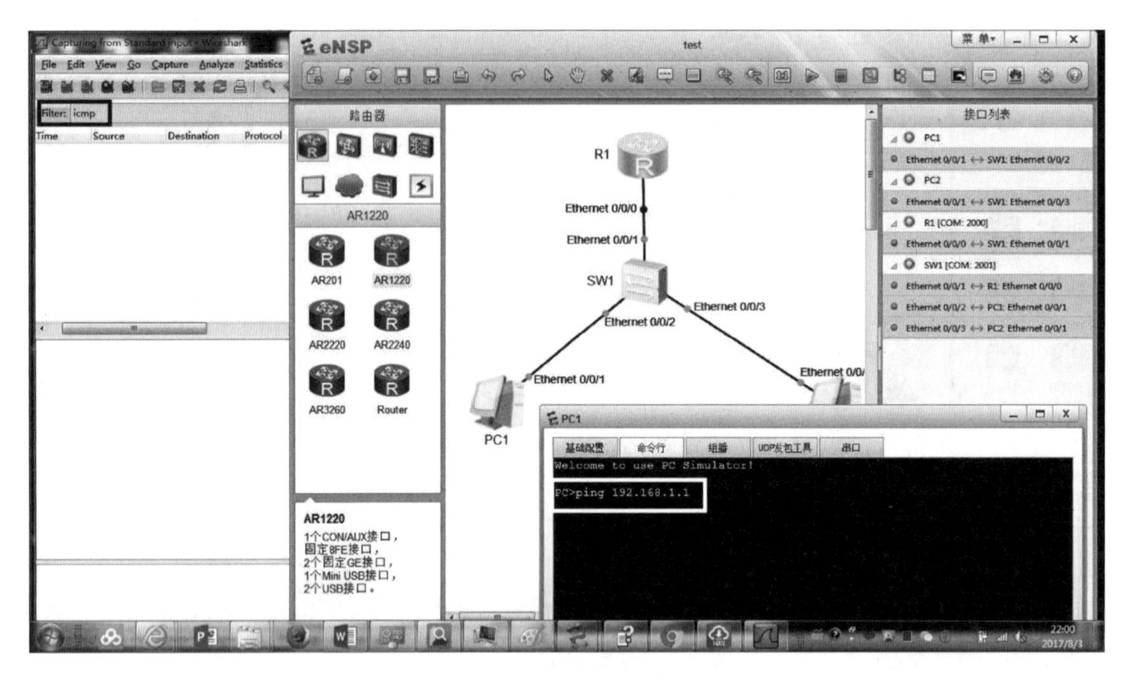

图 1-42　准备报文采集

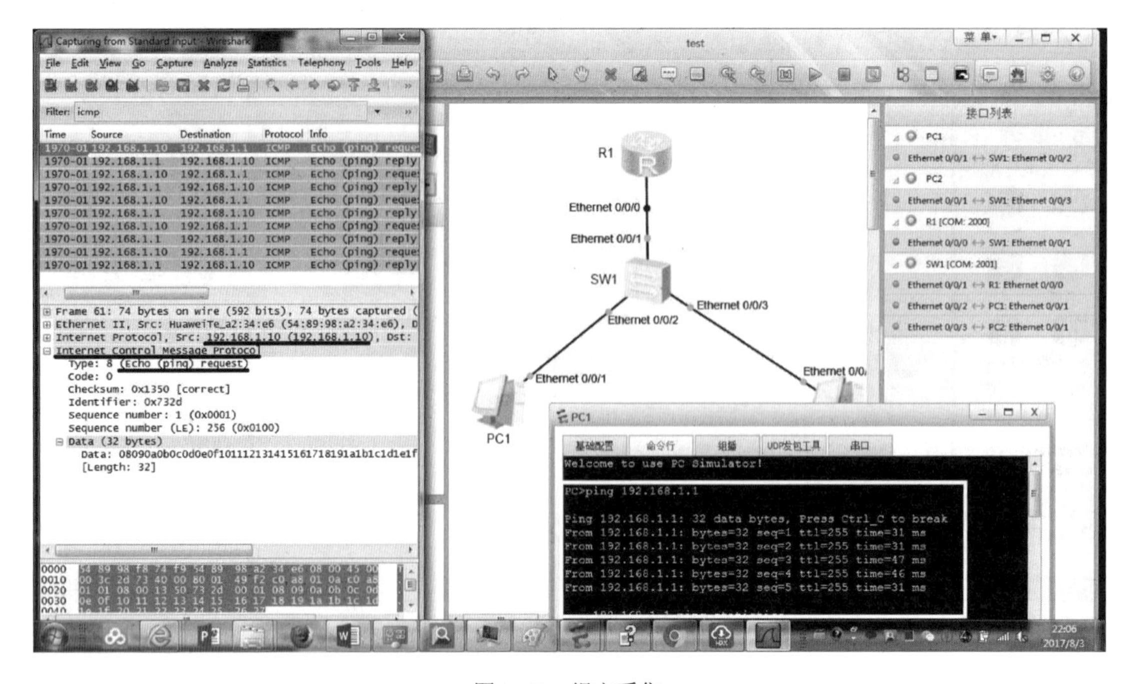

图 1-43　报文采集

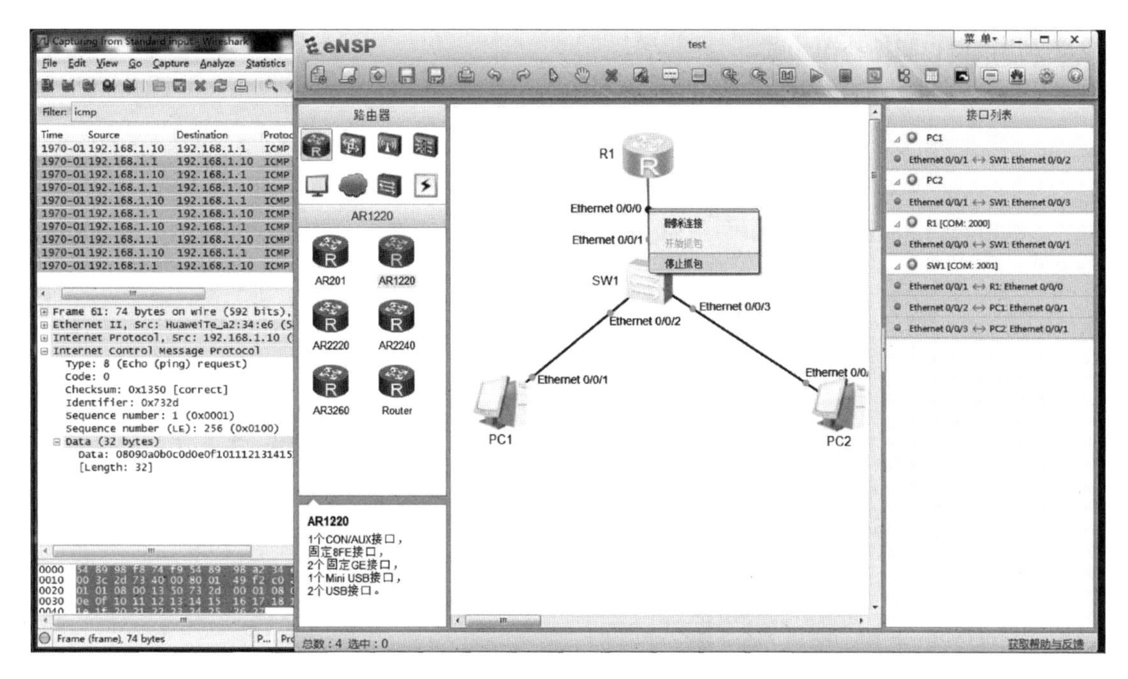

图 1-44　停止报文采集

1.5　课后实验

实验 1　eNSP 的基本设置

实验目的：

熟练使用 eNSP 软件的菜单命令。

实验拓扑：

实验 1 网络拓扑图如图 1-45 所示。

实验内容：

根据给定的网络拓扑图，按照如下要求进行设置。

1）要求界面能够显示设备标签和接口标签。

2）将命令行界面的背景设置为白色背景，字体设置为黑色 12 号字体。

3）将文字标注背景设置为灰色，字体设置为黑色 12 号字体。

4）利用调色板的画线及文字标注功能，标示出该网络的层次。

5）保存设置好的拓扑。

实验 2　使用 eNSP 模拟器搭建网络

实验目的：

掌握 eNSP 的基本使用方法。

实验拓扑：

实验 2 网络拓扑图如图 1-46 所示。

实验内容：

根据给定的网络拓扑图，在 eNSP 中搭建一个相同的网络。要求硬件型号一致，设备连线及所用接口也和拓扑图一致。

1）将符合要求的设备拖入 eNSP 主界面的工作区中。

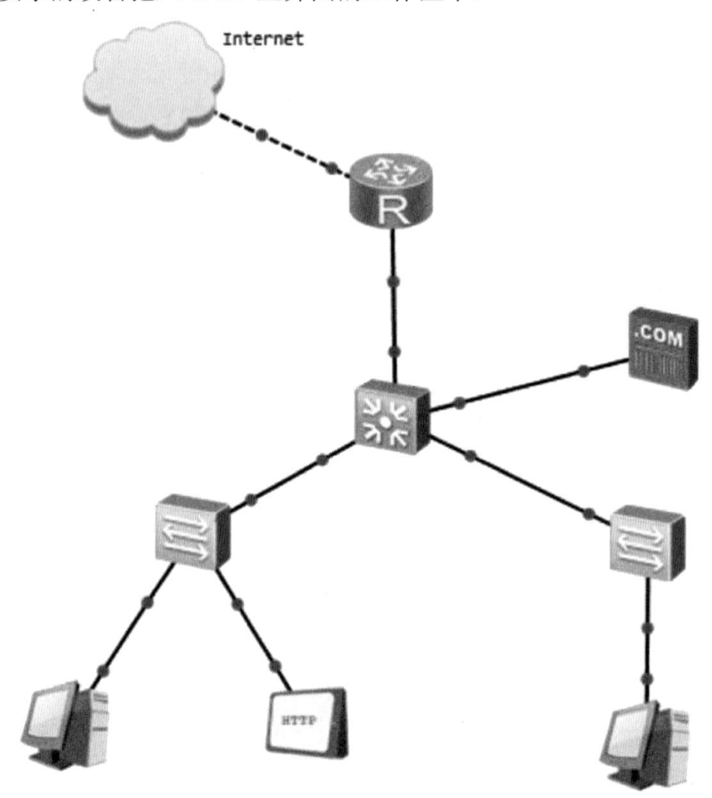

图 1-45　实验 1 网络拓扑图

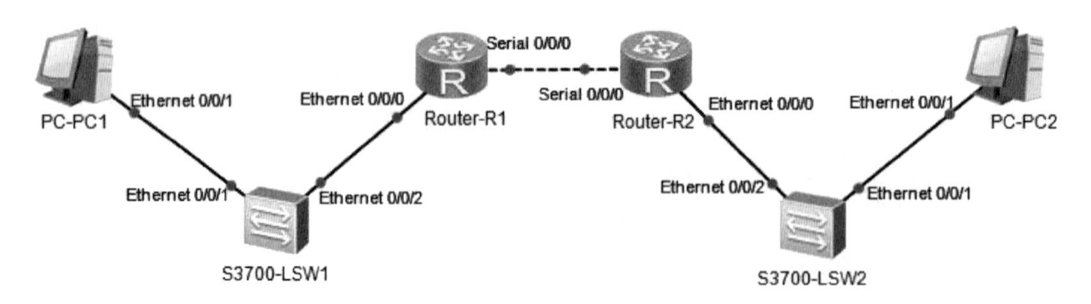

图 1-46　实验 2 网络拓扑图

2）用正确的线缆连接设备。

3）保存网络拓扑图。

第 2 章　利用交换机组建小型局域网

本章要点

- 局域网技术简介
- 交换机基本结构和工作原理
- VRP 平台的应用
- 交换机的登录方式
- 交换机端口基本配置

2.1　局域网技术简介

根据网络覆盖的范围，网络可分为局域网（Local Area Network，LAN）、城域网（Metropolitan Area Network，MAN）和广域网（Wide Area Network，WAN）。局域网是指覆盖范围在 10km 之内的网络，如校园网、企业网等，本书涉及的内容主要应用于局域网。

在网络体系结构中，常见的局域网运行的协议有以太网协议（IEEE 802.3）、令牌总线（IEEE 802.4）、令牌环网（IEEE 802.5）。因为目前大部分局域网以 IEEE 802.3 网络协议为基础运行，所以局域网也常常称为以太网。随着网络技术的发展，以太网的传输速率越来越快，目前网络设备中网络端口支持的以太网速率一般为 100Mbit/s（百兆）、1GB/s（千兆）、10GB/s（万兆）。其中，100Mbit/s 网络端口将逐渐被淘汰，1GB/s 网络端口目前使用最为广泛，其采用超五类或六类双绞线作为传输介质；10GB/s 网络端口一般用于主干线路，多采用光纤作为传输介质。

根据以太网的发展过程，以太网有两种组网形式，分别为共享式以太网和交换式以太网。

2.1.1　共享式以太网

1．总线型共享式以太网

共享式以太网是早期局域网技术应用的主流，最初构建在总线型拓扑结构上，使用同轴电缆的细缆或粗缆作为公用总线连接其他节点，其中一个节点是网络服务器，提供网络通信及资源共享服务，其余节点是网络的工作站，总线的两端安装一对 50Ω的终端匹配器，如图 2-1 所示。

共享式以太网采用广播通信方式，总线长度和工作站数目都是有限制的，通常情况下工作站为 30 台左右。总线型共享式以太网最大的问题就是连接的可靠性很差，只要有一台工作站出现网络故障，就会造成整个网络瘫痪，而且故障点查找十分困难。所以总线型网络在局域网中目前已基本不使用。

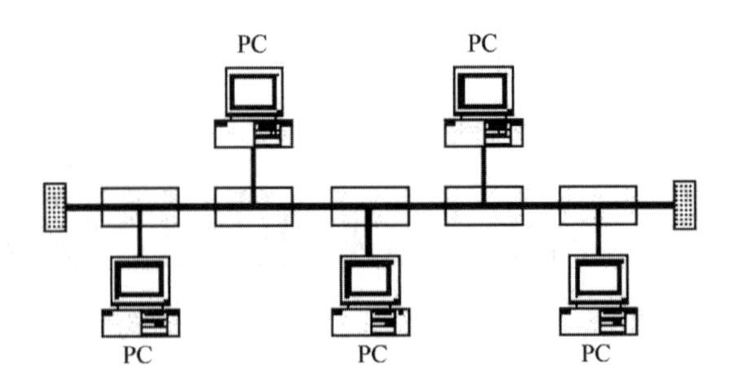

图 2-1　总线型共享式以太网

2．星形共享式以太网

随着技术的发展，星形结构的共享式以太网逐渐取代总线结构的共享式网。星形共享式以太网通过集线器（Hub）和双绞线将终端设备连接起来，避免了总线型共享式网的缺陷，而且利用多台集线器通过级联或堆叠方式扩展组网。目前局域网虽然不再是共享式网络，但仍采用星形结构的组网方式，如图 2-2 所示。

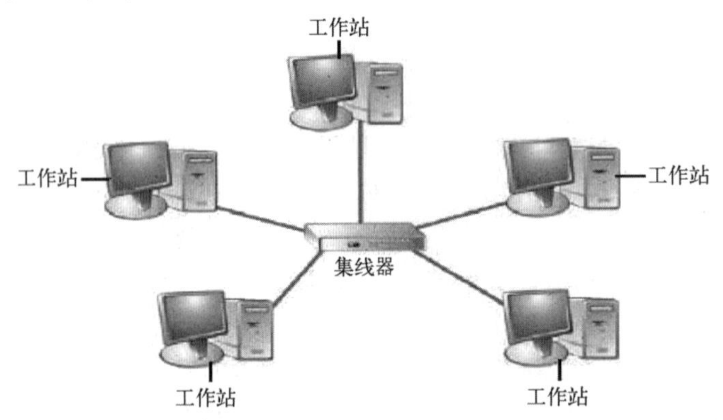

图 2-2　星形共享式以太网

3．共享式以太网的缺点

以太网采用的是载波侦听多路访问/冲突检测协议（Carrier Sense Multiple Access with Collision Detection，CSMA/CD）实现对介质的访问控制。当以太网中的一台主机要传输数据时，它将按如下步骤进行。

1）侦听信道上是否有信号正在传输，如果有，表明信道处于占用状态，就继续侦听，直到信道空闲为止。

2）若没有侦听到任何信号，就传输数据。

3）传输的时候继续侦听，如发现冲突，则执行退避算法，随机等待一段时间后，重新执行步骤 1)（当冲突发生时，涉及冲突的计算机会发送一个拥塞序列，告知所有的节点）。

4）若未发现冲突，则发送成功，计算机会返回到侦听信道状态。

共享式以太网由于采用的是载波侦听多路访问/冲突检测协议，因此是以争用方式使用信道，这就造成了冲突现象，形成了冲突域。理论上无论网络规模有多大，所有接入到此网络的设备都处于同一个冲突域中。冲突域内的一台主机发送数据时，处于同一个冲突域内的其他主机都可以接收到，但只能接收数据，不能发送数据，否则将引起冲突，导致发送失败。

因此，一个共享式以太网中接入的设备越多，冲突就越多，导致信息传输的失败增加，对于用户而言就是网速降低，带宽下降。同时，网络上还有许多广播信息在进行传输，而对于共享式以太网而言，整个冲突域也是广播域，这将进一步造成传输困难。共享式以太网所用的集线器属于物理层设备，无法缩小冲突域，为了改变这一情况，最简单的方法就是使用数据链路层设备，而最典型的数据链路层设备就是交换机。当采用交换机替代集线器后，共享式以太网就变成了交换式以太网。

2.1.2 交换式以太网

交换式以太网是以交换机（Switch）为中心构成的一种星形拓扑结构的局域网，是目前运用的非常广泛的网络结构。

以太网交换机最早出现在 1995 年，其前身是网桥，交换机使用的算法与网桥基本相同，交换机可简单理解为是一个多端口的网桥，连接在端口上的主机或网段独享带宽。交换机的算法相对简单，硬件厂商将算法进行固化，生产出了交换机的核心 ASIC（Application Specific Integrated Circuit，专用集成电路）芯片，从而实现了基于硬件交换的高速交换机。虽然交换式以太网仍然在半双工的端口上采用载波侦听多路访问/冲突检测协议进行工作，但由于将物理层的集线器换成了数据链路层的交换机，因此交换式以太网无论在性能上还是功能上都得到了极大的提升，成为现在局域网的主要形式。交换式以太网主要有以下几个优点。

1）交换式以太网突出的优点是不需要大规模改变已有网络，如电缆和用户设备的网卡等，仅使用交换机替换集线器就可将共享式以太网转换为交换式以太网，交换机端口可兼容低速设备，实现不同网络的连接，节省了网络改造的费用。

2）交换式以太网同时提供多个通道，比传统的共享式以太网提供更多的带宽，传统的共享式以太网采用广播通信方式，每次只能在一对用户间进行通信，如果发生碰撞还得重试，而交换式以太网允许不同用户间进行传送，例如一个 24 端口的以太网交换机允许 24 个站点在 12 条链路间同时通信。

3）交换机在时间响应方面的优点使交换机在局域网中倍受青睐。使用交换机比使用路由器成本低，却提供了比路由器更高的带宽。在不考虑连接广域网或者复杂结构局域网的情况下，可以用交换机替代路由器。

交换机已具备丰富的功能，除强大的处理能力以外，还包括 VLAN 划分、生成树协议、组播支持、服务质量等。交换机和路由器已成为局域网组网的核心关键设备，交换式以太网成为目前高可靠的组网方式。

2.2 认识交换机

通常情况下，交换机主要是指工作于 OSI 模型第二层（即数据链路层）的设备。交换机通过解析数据帧中的源 MAC 地址和目的 MAC 地址，将数据帧通过交换机内部传输通道快速地从源端口转发至目的端口，从而避免与其他端口发生碰撞，提高了网络总体的数据交换和传输速度。

局域网中工作于 OSI 模型第三层的交换机，称为网络层交换机。网络层交换机具有路由功能，也可工作在 OSI 模型的第二层。三层交换机作为三层设备使用时相当于一个多端口的路由器，主要用于虚拟局域网之间的数据转发。三层交换机能根据 IP 地址转发数据包，更高层的交换机依据网络协议或端口号进行数据转发。本书主要介绍二层交换机及三层交换机的基本应用。

2.2.1 交换机的工作原理

二层交换机配有一条高带宽的背板总线和内部交换矩阵。交换机所有的端口都挂接在这条背板总线上，控制电路收到数据帧以后，会查找内存中的地址对照表以确定目的MAC 地址（网卡的硬件地址）对应的端口，通过内部交换矩阵迅速将数据帧传送到目的端口。若目的 MAC 地址不存在，则通过除数据接收端口之外的所有端口进行广播，在接收到回应后，交换机将回应的 MAC 地址添加到内部 MAC 地址表中。通过交换机的过滤和转发，可以有效地减少冲突域。

在默认情况下二层交换机不能分割广播域，如果需要分割广播域，可以在交换机上使用虚拟局域网的功能实现，或者借助网络层设备实现，这将在后面章节中进行介绍。

2.2.2 交换机的组成

交换机的前后面板都有很多 RJ-45 端口，少数几个端口用于配置交换机，多数端口用于连接计算机或其他设备，面板上还配有反映工作状态的指示灯。如果把交换机看作一台特殊的计算机，其内部硬件和计算机内部硬件在功能上十分类似，具体有如下几个方面的内容。

1）CPU（Central Processing Unit，中央处理器），类似于计算机中的 CPU，但交换机使用专用的集成电路 ASIC，以实现数据高速传输。

2）ROM（Read-Only Memory，只读储存设备），相当于计算机中的 BIOS，交换机加电启动时，首先运行 ROM 中的程序，完成对交换机硬件的自检并引导启动操作系统。该存储器在系统异常关闭时程序不会丢失。

3）Flash（Flash Memory，闪存），Flash 是一种可擦写、可编程的 ROM，Flash 包含交换机的操作系统及微代码。Flash 相当于计算机中安装操作系统的硬盘分区，但速度要快得多，可通过写入新版本的操作系统实现对交换机软件的升级。Flash 中的程序在系统异常关闭时不会丢失。

4）NVRAM（Non-Volatile Random Access Memory，非易失性随机存储器），用于存储交换机的配置文件，设备启动后将根据配置文件对设备进行配置，该存储器中的内容在系统异常关闭时也不会丢失。

5）DRAM（Dynamic Randem Access Memory，动态随机存储器），是一种可读写存储器，相当于计算机中的内存，其内容在系统异常关闭时完全丢失。

6）交换机端口的内部电路。

2.2.3 交换机的常用端口

交换机上可以有多种采用不同技术的端口，它们有不同的功能，可实现不同速率的连接和转发，同时所连接的传输介质也有可能不同，如图 2-3 所示。

常用端口主要有以下几种。

1）以太网端口（Ethernet）。此类端口的速率为 10Mbit/s，目前已基本淘汰。

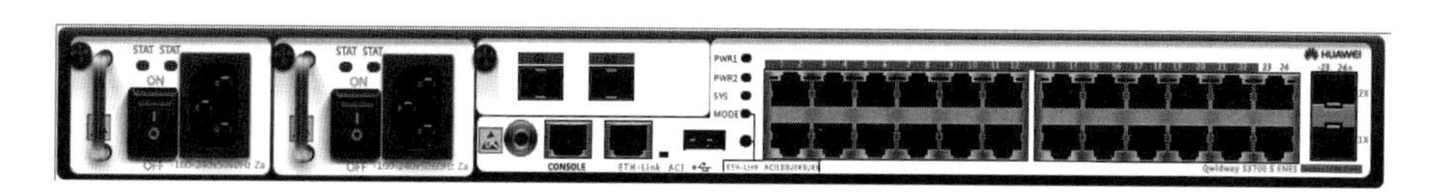

图 2-3　交换机面板

2）快速以太网端口（Fast Ethernet）。此类端口的速率为 100Mbit/s，又称百兆端口。此端口目前在接入层交换机上还在被广泛使用，但随着技术的发展，将逐步被千兆端口所取代。

3）吉比特以太网端口（Gigabit Ethernet）。此类端口的速率为 1000Mbit/s，即千兆端口。目前还有更高速率的万兆端口，万兆及以上端口往往都用光纤作为传输介质。

除了上面介绍的几种用于网络数据传输的端口，交换机等网络设备上还有一个比较常用的端口——控制台端口（Console）。此端口用于管理人员登录交换机，对其进行配置、管理等操作。

2.2.4　交换机操作系统

根据前面的介绍可知，交换机类似于一台特制的计算机，因此它的工作也需要有操作系统，管理员也是通过操作系统进行设备功能和性能的配置和管理，所以交换机操作系统是交换机的核心，也是学习的重点。

不同厂商生产的交换机所使用的操作系统也是不同的。华为公司生产的交换机使用的是自主开发的操作系统，称为 VRP（Versatile Routing Platform，通用路由平台）。VRP 是华为在通信领域多年的研究成果，是华为所有基于 IP/ATM 构架的数据通信产品操作系统平台，是华为公司从低端到高端的全系列路由器、交换机等数据通信产品的通用网络操作系统。

2.3　交换机初始配置

2.3.1　华为 VRP 命令行基本应用

大多数厂商生产的交换机等网络设备都是采用命令方式来实现配置，所以熟练掌握这些命令的使用是学习的重点，本书涉及的设备配置内容都是使用命令方式实现的。

1．命令行视图

VRP 命令数目众多，为了实现对命令的分级管理，VRP 系统将这些命令按照功能类型分别注册在不同的视图之下，如图 2-4 所示。每条命令都可以注册在一个或多个命令视图下，用户只有先进入这个命令所在的视图，才能执行相应的命令。

进入 VRP 系统的配置界面后，默认显示用户视图。在该视图下，用户可以查看设备的运行状态和统计信息。若要修改系统参数，用户必须由用户视图进入系统视图。用户还可以通过系统视图进入其他的功能配置视图，如接口视图和协议视图。

2．命令行视图的切换

（1）用户视图

登录交换机后直接进入该视图，在此视图下，只能执行用于查看系统信息、查询设备状态的命令和一些最基本的测试命令，如 ping、traceroute 等。通过提示符可以判断当前所处的视图，例如，“< >”表示用户视图，“[　]”表示除用户视图以外的其他视图，如图 2-5 所示。在提示符“<Huawei>”中，“Huawei”是设备默认的主机名称。

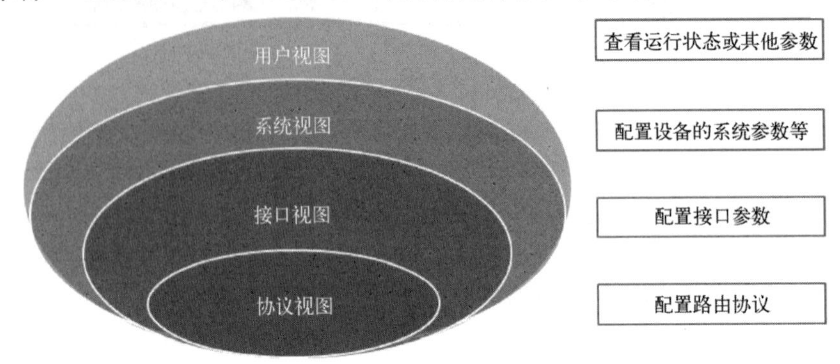

图 2-4　VRP 命令视图

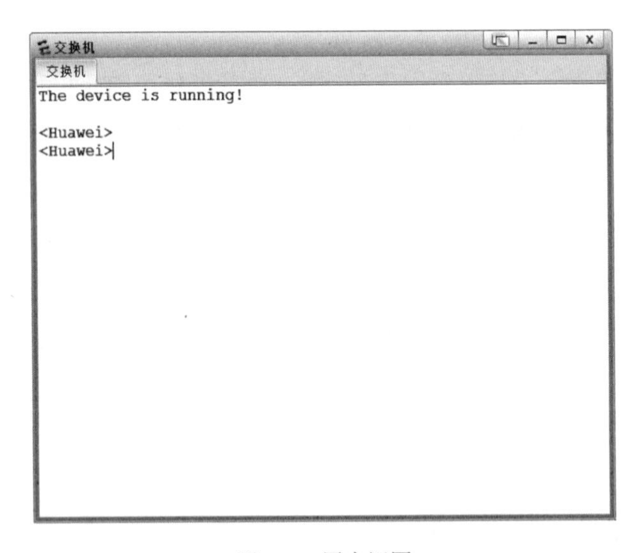

图 2-5　用户视图

（2）系统视图

在用户视图下无法进行与业务相关的配置，例如修改主机名称等，这些操作需要在系统视图下执行。在用户视图下可以通过“system-view”命令进入系统视图。

```
<Huawei>system-view
Enter system view, return user view with Ctrl+Z.
[Huawei]                    //进入系统视图，注意提示符的变化
```

（3）接口视图

如果要对网络设备端口、Console 端口或一些逻辑端口等进行配置，则需要从系统视图切换到接口视图，例如进入“interface Ethernet0/0/1” 以太网端口的接口视图。

```
<Huawei>system-view
[Huawei]interface ethernet0/0/1
[Huawei-Ethernet0/0/1]      //进入接口视图，注意提示符的变化
```

（4）协议视图

上述三种命令视图是二层交换机中用得比较多，如果要配置三层交换机或路由器，则有可能需要用到协议视图中的命令，例如配置 rip 路由需要进入协议视图。

```
<Huawei>system-view
[Huawei]rip
[Huawei-rip-1]                    //进入协议视图，注意提示符的变化
```

注意：可以先从其他功能视图切换到系统视图，再用接口命令或协议命令进入接口视图或协议视图。也可以直接在其他功能视图界面中输入进入接口视图和协议视图的命令直接切换。不同接口或协议的提示符也有所区别。

（5）退出命令视图

利用 quit 命令可以从任意命令视图返回到上一层命令视图，例如从接口视图回到系统视图。

```
[Huawei-Ethernet0/0/1]quit
[Huawei]                          //返回到上一层的系统视图，注意提示符的变化
```

再次利用 quit 命令，可以返回到用户视图。

```
[Huawei]quit
<Huawei>                          //返回到上一层的用户视图，注意提示符的变化
```

在任意命令视图下，使用 return 命令或快捷键〈Ctrl+Z〉可直接从当前视图返回到用户视图。

```
[Huawei-Ethernet0/0/1]return
<Huawei>                          //越过系统视图，直接返回到用户视图
```

3．命令级别与用户权限级别

为了提高设备的安全性，VRP 系统将命令进行分级管理。默认情况下，命令级别分为 0～3 级。在使用时，设备管理员可以设置用户级别，使各级别的用户只能使用对应级别的命令，用户级别分为 0～15 级。表 2-1 给出了用户级别与命令级别之间的对应关系。

表 2-1　用户级别与命令级别的对应关系

用户级别	命令级别	说　明
0	0	参观级别：网络诊断工具命令（ping、tracert）、从本设备发出访问外部设备的命令（telnet）、部分 display 命令等
1	0、1	监控级别：用于系统维护的命令以及 display 命令等
2	0、1、2	配置级别：向用户提供直接网络服务的命令，包括路由命令、各个网络层次的命令
3~15	0、1、2、3	管理级别：主要指用于系统运行、对业务提供支撑作用的命令，包括管理文件系统、电源供应控制、备份板控制、用户管理、命令级别设置、系统内部参数设置，以及用于业务故障诊断的 debugging 命令等

注意：建议不要随意修改默认的命令级别。

4．VRP 命令常用技巧

（1）“?”的作用

在命令行操作过程中，可随时用“?”获得帮助，例如在用户视图提示符下输入“?”会显示此视图下所有可以使用的命令。

```
<Huawei>?
User view commands:
  cd              Change current directory
  check           Check information
  clear           Clear information
  clock           Specify the system clock
  cluster         Run cluster command
  cluster-ftp     FTP command of cluster
……
```

如果在命令输入过程中，不知道此命令的可用参数，可以在命令后输入“?”获得此命令的可用参数，例如使用“display ?”命令显示 display 命令的可用参数。

```
<Huawei>display ?
  aaa                     AAA
  access-user             User access
  accounting-scheme       Accounting scheme
  acl                     Acl status and configuration information
  alarm                   Alarm
  anti-attack             Specify anti-attack configurations
  arp                     Display ARP entries
  ……
```

（2）利用〈Tab〉键补全命令

例如：利用〈Tab〉键补全 display 命令

```
<Huawei>dis                  //此时按下〈Tab〉键
<Huawei>display
```

注意：〈Tab〉键补全命令的前提是要输入的字符是唯一的，例如，以“dis”开头的命令只有“display”，因此上面的命令中〈Tab〉键才会起作用。

（3）利用简写命令提高命令输入效率

只要输入的命令关键字和其他命令能够区分开，就可以使用简写命令，例如，“interface Ethernet 0/0/1”可以简写为“int e0/0/1”。

```
[Huawei]int e0/0/1
[Huawei-Ethernet0/0/1]
```

（4）undo 命令行

undo 命令行用来恢复默认配置、禁用某个功能或者删除某个配置。在命令前加“undo”就可以得到 undo 命令行，大多数命令都有对应的 undo 命令行。

（5）〈Ctrl+C〉快捷键

可以用〈Ctrl+C〉快捷键终止某条命令的执行，例如在 ping 命令的执行过程中，可用此组合键终止执行。表 2-2 所示是几个比较常用的快捷键。

表 2-2 常用快捷键

快捷键	功　　能
Ctrl+C	停止当前命令的运行
Ctrl+Z	回到用户视图
Ctrl+A	将光标移到当前命令行的最前端
Ctrl+J	终止当前连接或切换连接
Tab	将命令补全

2.3.2 登录交换机

交换机的配置和管理都需要利用计算机终端登录到交换机才能实施，而不同的工作环境所采用的登录方式也有所不同，所以需要根据实际情况选择合适的登录方式。

1．学习情境

学校购买了一批华为 S3700 交换机用于建设实验室网络，为了方便今后对这批交换机进行使用管理，需要进行基本的初始配置。由于交换机没有输入/输出设备，因此需要管理员利用计算机终端选择合适的方法登录到交换机，才能对其操作系统进行访问和配置。

2．选择登录方式

目前交换机主要有以下 4 种登录方式，简述如下。

（1）通过控制台端口（Console）登录交换机

此种方式中，将计算机 RS232 串口与交换机的 Console 端口通过配置电缆连接即可进行登录。只有经过这种方式登录交换机并进行管理 IP 地址、默认网关、口令等参数的初始配置，才可以通过网络用其他方式进行登录，后面将重点介绍这种登录方式。

（2）通过 Telnet 登录交换机

只要计算机和交换机能够通过网络通信，并且交换机已经设置了管理 IP 地址，就可以在计算机上利用 SecureCRT、putty 等终端仿真程序远程登录到交换机上。这种登录方式是交换机日常管理的一种重要方法，后面介绍的实践操作默认都用此方法登录交换机。

（3）通过 Web 登录交换机

与第二种方式一样，交换机需要先设置管理 IP 地址，并且开启相应的服务。此时，在能够与交换机进行通信的计算机上使用浏览器，利用管理 IP 地址登录交换机。这种方法的好处是可以提供图形化的配置管理界面，但对于企业级的交换机而言，有许多功能无法利用图形化界面进行配置，还是需要命令行方式。目前家用网络设备都利用这种方法进行登录和配置。

（4）通过网管软件登录交换机

网络管理的交换机都遵循 SNMP（Simple Network Management Protocol，简单网络管理协议），只要在计算机上安装 SNMP 网络管理软件，就可以通过网络很方便地管理网络中所有的交换机。这种方法一般用在网络中交换机等设备数量比较多的情况，当然也需要事先配置好管理 IP 地址并设置相应的 SNMP 功能。

3．利用控制台端口登录交换机

上述 4 种交换机登录方式比较常用，且比较通用，大多数网络设备都可以使用上面的方法进行登录。对于新购置的华为 S3700 交换机，由于未做过任何配置，只能通过控制台端口登录交换机。

（1）利用 Console 端口连接交换机

对于新购买的交换机，不能通过配置 IP 地址、域名或设备名称等参数实现登录，需要通过 Console 端口连接并配置交换机。这是最常用、最基本的方法，也是网络管理员必须掌握的管理和配置方式。对于可管理的交换机一般都有一个名为 Console 的控制台端口，目前较新的交换机该端口都采用 RJ-45 接口，通过控制台端口，可实现对交换机的配置。常见配置线缆的一端是 RJ-45 水晶头，用于连接交换机的控制台端口，另一端提供 DB-9（针）串行接口插头，用于连接计算机的串行接口，如图 2-6 所示。

由于笔记本计算机已经广泛使用，并且大部分管理人员都采用笔记本计算机作为管理计算机，而大部分笔记本计算机没有台式计算机的串行接口，所以必须使用 USB-串口转接器和交换机自带的 Console 线组合，通过笔记本计算机的 USB 接口连接交换机的 Console 端口。USB-串口转接器如图 2-7 所示。

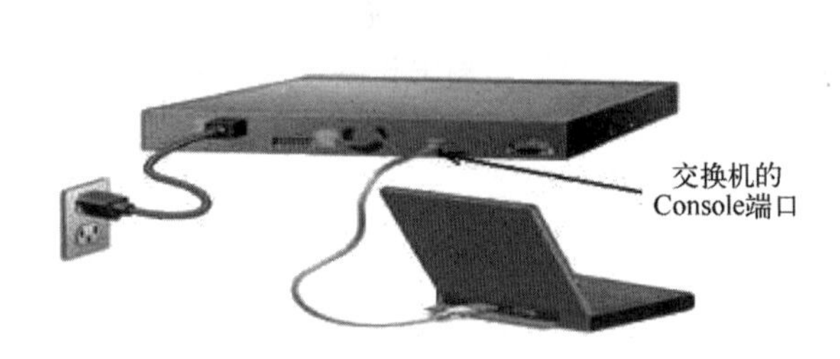

图 2-6 使用 Console 端口连接交换机

图 2-7 USB-串口转接器

（2）设置控制台登录软件参数

线缆连接好就可以打开计算机和交换机的电源并进行软件配置了。目前终端仿真软件很多，常用的有 Windows 系统自带的“超级终端”工具、Putty、SecureCRT 软件。本书所有配置实例都是在华为公司的学习软件 eNSP 上实现，所以无须使用其他登录软件。但为了让读者对实际登录方式形成基本认识，下面就以 Windows 系统自带的“超级终端”工具对实现交换机的登录做简单介绍，具体步骤如下。

1）单击“开始”按钮，执行“开始”→“程序”→“附件”→“超级终端”菜单命令，如图 2-8 所示。

2）双击“Hypertrm”图标，弹出“连接说明”对话框。该对话框用来新建一个超级终端连接。

3）在“名称”文本框中输入要新建的超级终端连接的名称，然后单击“确定”按钮，如图 2-9 所示。

4）在“连接时使用”下拉列表框中选择与交换机相连的计算机串口，单击“确定”按钮，如图 2-10 所示。

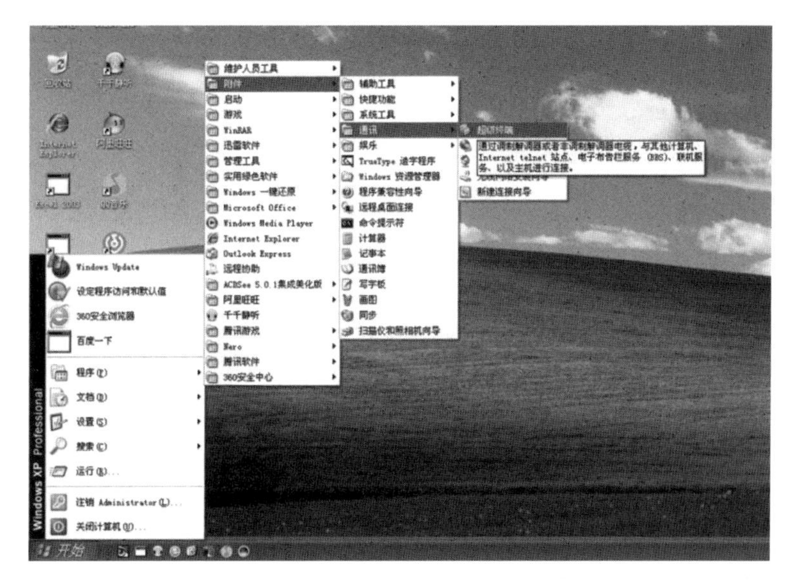

图 2-8　打开“超级终端”

图 2-9　新建连接

图 2-10　选择计算机串口

5）在“波特率”下拉列表框中选择“9600”，该数值是串口的最高通信速率，其他各选项都采用默认值，如图 2-11 所示。单击“确定”按钮，如果通信正常的话就会出现主配置界面，并显示交换机的初始配置情况。

目前，Windows 7 操作系统及后续操作系统已经默认没有超级终端软件，如果需要可从网站下载，也可以使用 SecureCRT 等终端仿真程序进行控制台登录。

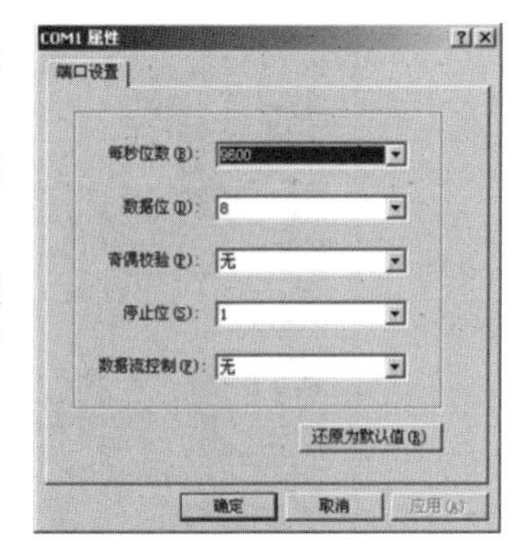

图 2-11　端口设置

2.3.3　交换机登录状态配置

1．学习情境

由于对新购置的华为 S3700 交换机，需要先使用控制台端口登录，进行主机名、管理 IP 地址等参数的初始配置后，管理员才能使用最方便的 Telnet 方式登录交换机，从而进行日常管理和配置调整。在华为 eNSP 软件中搭建如图 2-12 所示的网络拓扑。注意，连接线选择“CTL”标识的线缆。

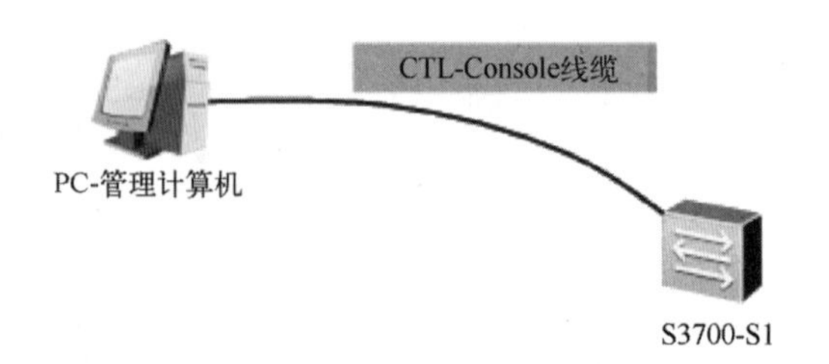

图 2-12　网络拓扑

交换机的初始配置主要包括配置交换机的主机名称、管理 IP 地址、设置 Console 端口登录密码、设置远程登录用户密码和权限等参数，根据图 2-12 所示的拓扑，主要配置内容如下。

- 交换机主机名称为“S1”。
- 交换机管理 IP 地址为 192.168.100.1/24。
- Console 端口登录密码为“huawei”。
- 普通远程登录用户名为“user1”，密码为“testuser”，用户级别为 0。
- 管理员远程登录用户名为“admin”，密码为“admin123”，用户级别为 3。

2．控制台登录交换机

在 eNSP 软件中的操作步骤如下。

1）在 eNSP 软件中选择 S3700 交换机和计算机，用 Console 线缆一端连接计算机的 RS232 端口，另一端连接交换机的 Console 端口。

2）启动计算机和交换机，双击计算机会打开图 2-13 所示的对话框，选择“串口”标签，根据图示设置“波特率”等参数，完成后单击“连接”按钮，就可在“命令行”区域看到交换机命令行的提示符。

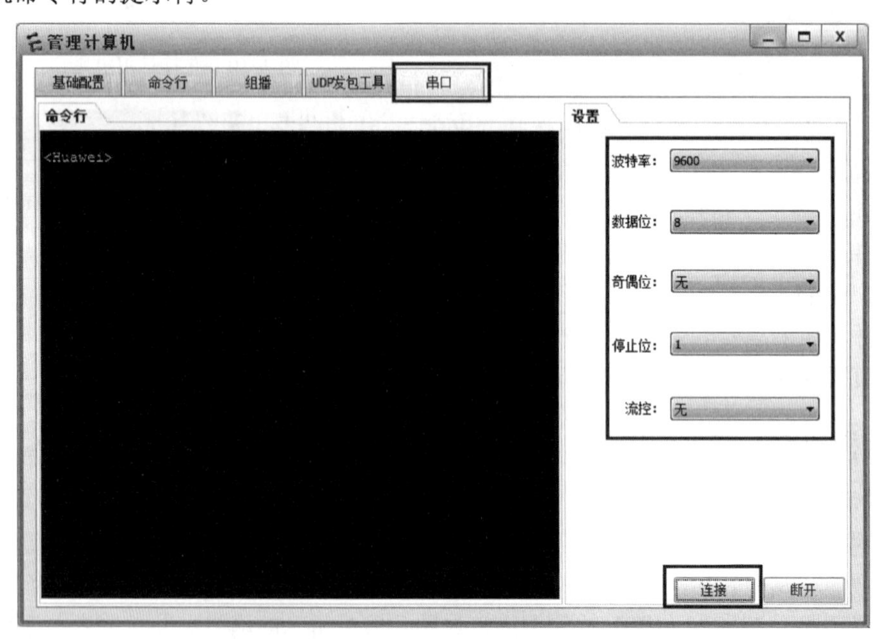

图 2-13　计算机模拟控制台登录交换机

3．交换机配置和验证过程

（1）配置管理计算机的 IP 地址参数

为了后面的测试，首先需要设置管理计算机的 IP 地址参数为 192.168.100.100/24，具体步骤如下。

1）双击“PC-管理计算机”图标，打开如图 2-14 所示的对话框，在其中配置 IPv4 静态 IP 地址和子网掩码。

图 2-14 配置管理计算机的 IP 地址参数

2）输入完成后，单击“应用”按钮，然后关闭此对话框即可。

（2）配置交换机的 Console 端口和管理地址等参数

拓扑图中的设备启动完成后，双击交换机图标进入交换机命令行操作界面。此界面模拟的是 Console 端口登录，与图 2-13 中所用的方式相比更方便且显示效果更好，所以后面所有命令行操作基本都在此界面进行，主要操作内容如下。

1）修改交换机的主机名称。

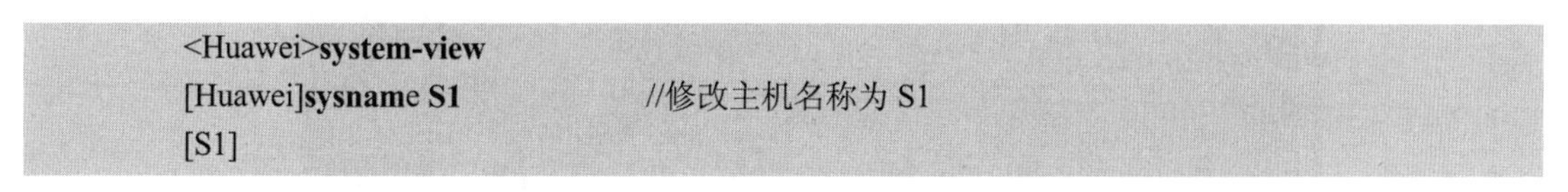

```
<Huawei>system-view
[Huawei]sysname S1                //修改主机名称为 S1
[S1]
```

2）配置管理 IP 地址。

```
<S1>system-view
[S1]interface Vlanif 1                     //进入 VLAN 1 接口视图
[S1-Vlanif1]ip address 192.168.100.1 24    //配置 VLAN 1 的 IP 地址和子网掩码
```

对于二层交换机是无法将 IP 地址配置到某个二层物理端口上的，但可以将 IP 地址配置到交换机默认的虚拟局域网 VLAN 1 端口上，VLAN 1 上的 IP 地址可以作为管理 IP 地址使用。在实际应用中，交换机的管理地址配置在管理 VLAN 的虚拟端口上。

3）设置 Console 端口登录密码。

```
<S1>system-view
[S1]user-interface console 0                          //进入 Console 口接口视图
[S1-ui-console0]authentication-mode password           //设置验证模式为密码验证
[S1-ui-console0]set authentication password simple huawei
//设置密码为 huawei，明文保存
```

在设置密码时，可以使用关键字“cipher”代替“simple”，就可以将密码以加密的形式保存在配置文件中。

4）测试管理 IP 地址和 Console 端口密码。

配置完成后，需要对这些配置进行实际操作才能验证配置是否合理和有效，下面分别测试管理 IP 地址和 Console 端口密码。

① 测试管理 IP 地址。

具体测试方法是在管理计算机上利用 ping 命令来检查计算机和交换机之间是否能够通信，如果可以通信，则表示管理 IP 地址配置正确。测试前需要在两台设备之间通过一条网线（双绞线）连接双方的以太网端口，如图 2-15 所示。

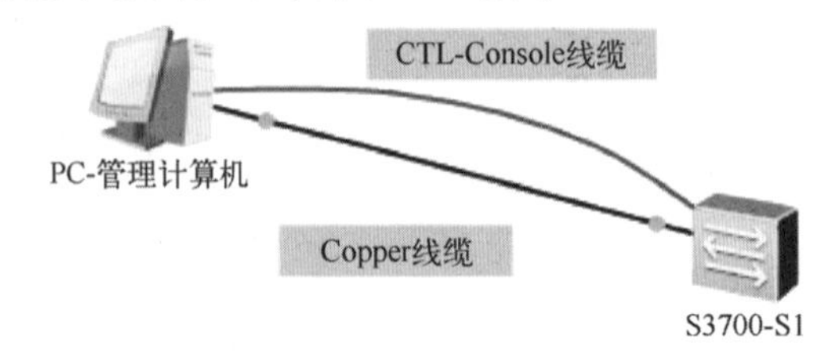

图 2-15　测试管理 IP 地址

测试结果如图 2-16 所示，可以看到两台设备之间已经能够进行通信。

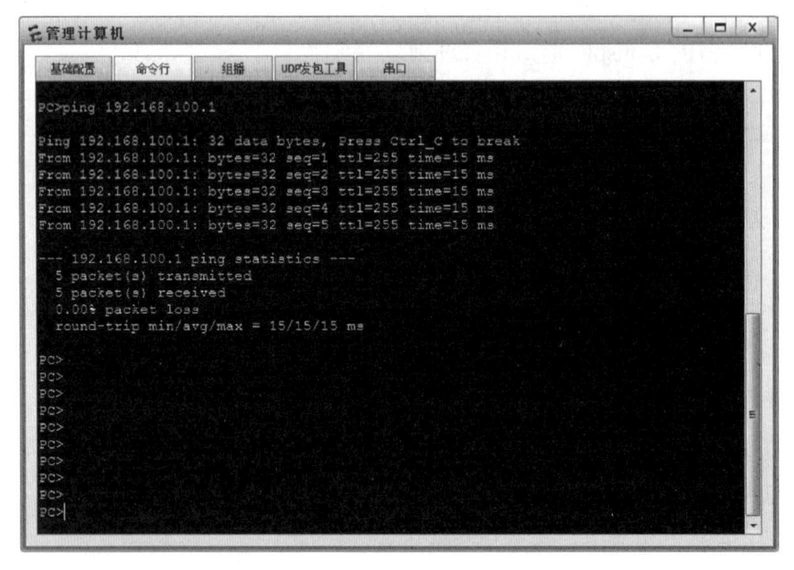

图 2-16　测试结果

② 测试 Console 端口密码。

前面介绍过，在 eNSP 软件中，交换机等设备的命令行窗口模拟的就是 Console 端口登录后的界面，所以可直接在命令行窗口中进行测试，方法如下。

```
<S1>quit                                  //利用 quit 命令从用户视图退出

User interface con0 is available

Please Press ENTER.                       //按〈Enter〉键
Login authentication

Password:                                 //输入密码，密码输入是不显示的
Error: The password is invalid.           //提示密码输入不正确，重新输入
Password:
<S1>                                      //密码验证正确，进入用户视图
```

在默认情况下，在长时间不进行命令操作时，系统会自动从命令行视图中退出，这时必须使用密码重新登录。

（3）配置 Telnet 远程登录参数

在日常网络管理工作中，管理员通常是通过网络远程登录交换机进行管理和配置，这也是最广泛的一种应用方式。但远程登录只要通过网络就可实现，这也意味着设备安全性不如 Console 端口登录。为了避免用户的恶意登录或误操作，必须为远程登录设置登录密码和相应权限。由于远程登录方式很多，这里就采用最简单的 Telnet 登录模式来介绍密码设置和用户权限设置。

1）调整拓扑结构和配置。

由于 eNSP 软件中模拟的计算机没有 telnet 命令，因此必须添加一台交换机作为测试计算机。本例中添加一台 S3700 交换机，利用双绞线连接两台交换机的 Ethernet0/0/2 以太网端口，如图 2-17 所示。

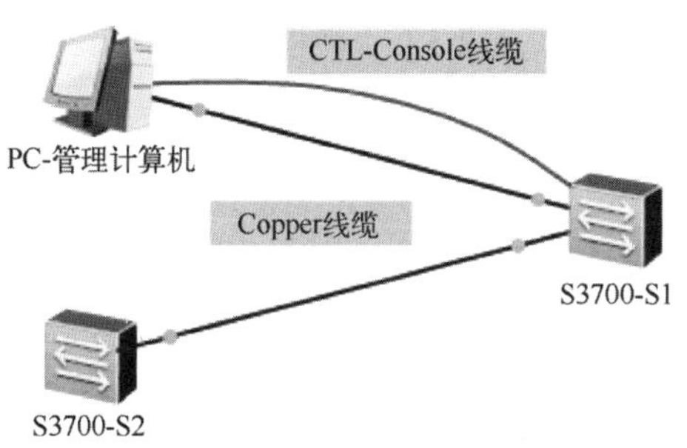

图 2-17　添加一台交换机

因为添加的交换机是作为测试使用的，所以必须配置 IP 地址，配置过程与前面所介绍的交换机配置方法一样，下面只列出相关命令，配置 IP 地址为 192.168.100.110/24，命令如下。

```
[Huawei]sysname S2                                 //修改主机名称
[S2]interface Vlanif 1                             //进入 VLAN 1 接口视图
[S2]ip address 192.168.100.110 255.255.255.0       //配置 IP 地址和子网掩码
```

2）在 S2 交换机上测试能否远程登录 S1 交换机。

在 S2 交换机上输入如下命令。

```
<S2> ping 192.168.100.1                    //测试两台交换机之间是否能正常通信

<S2>telnet 192.168.100.1              //利用 telnet 命令登录 S1 交换机
Trying 192.168.100.1 ...
Press CTRL+K to abort
Connected to 192.168.100.1 ...

Warning:Login password has not been set.        //登录失败的原因

Info: The connection was closed by the remote host.
//上面结果显示 telnet 登录失败
```

尽管两台交换机之间已经能够正常通信，但考虑到设备安全问题，必须先设置好相应密码，才能使用 Telnet 登录进行远程登录。

3）设置 Telnet 登录密码。

为了能够以 Telnet 方式远程登录至 S1 交换机，需要在 S1 交换机上设置 Telnet 登录密码，配置过程如下。

```
<S1>system-view
[S1]user-interface vty 0 4             //进入 0~4 号虚拟终端接口视图
[S1-ui-vty0-4]authentication-mode password          //验证方式为密码验证
[S1-ui-vty0-4]set authentication password cipher 123456
//密码为 123456，加密保存在配置文件中
```

4）测试 Telnet 登录。

在 S2 交换机上利用 telnet 命令登录 S1 交换机。

```
<S2>telnet 192.168.100.1
Trying 192.168.100.1 ...
Press CTRL+K to abort
Connected to 192.168.100.1 ...
Login authentication
Password:
Info: The max number of VTY users is 5, and the number
        of current VTY users on line is 1.
        The current login time is 2017-08-31 14:49:50.
<S1>        //在正确输入密码后，登录到了 S1 交换机的用户视图

<S1>system-view
     ^
Error: Unrecognized command found at '^' position.
//无法切换到系统视图
```

上述的操作表明，在 S2 交换机上利用 telnet 命令已经成功登录到 S1 交换机的用户视

图，但无法进入系统视图，原因是利用 telnet 命令登录后，用户级别默认为 0（参观级），只能使用 ping、tracert 等网络诊断命令。

5）为 S1 交换机 Telnet 登录设置用户。

根据本小节前面的配置要求可知，需要进行普通远程登录用户和独立管理员配置，两者分别拥有不同的权限，所以需要在 S1 交换机上进行相应配置。下面使用 AAA 认证方式进行配置。

```
<S1>system-view
[S1]aaa                                    //进入 AAA 配置视图
[S1-aaa]local-user user1 password cipher testuser privilege level 0
//配置普通用户名 user1，密码 testuser，用户级别为 0
[S1-aaa]local-user user1 service-type telnet
//配置 user1 的服务类型为 Telnet
[S1-aaa]local-user admin password cipher admin123 privilege level 3
//配置管理员名称 admin，密码 admin123，用户级别为 3
[S1-aaa]local-user admin service-type telnet
[S1]user-interface vty 0 4
[S1-ui-vty0-4]authentication-mode aaa      //登录验证模式改为 AAA 验证
```

6）测试普通用户远程登录 S1 交换机。

利用用户名 user1 登录 S1 交换机。

```
<S2>telnet 192.168.100.1
Trying 192.168.100.1 ...
Press CTRL+K to abort
Connected to 192.168.100.1 ...
Login authentication
Username:user1
Password:
Info: The max number of VTY users is 5, and the number
      of current VTY users on line is 1.
      The current login time is 2017-08-31 15:27:02.
<S1>system-view
    ^
Error: Unrecognized command found at '^' position.
```

由于 user1 用户登录后的权限是用户级别 0，因此无法切换到系统视图。下面再使用用户名 admin 进行登录。

```
<S2>telnet 192.168.100.1
Trying 192.168.100.1 ...
Press CTRL+K to abort
Connected to 192.168.100.1 ...
Login authentication
Username:admin
Password:
Info: The max number of VTY users is 5, and the number
```

```
        of current VTY users on line is 1.
        The current login time is 2017-08-31 15:27:25.
<S1>system-view
Enter system view, return user view with Ctrl+Z.
[S1]
```

可以观察到，因为 admin 用户权限为用户级别 3，所以可以切换到系统视图，从而可对 S1 交换机进行配置和管理。

4．配置内容的查询和保存

（1）通过配置文件查看配置内容

在配置华为交换机或路由器的过程中，常用的查看命令是 display。通过这个命令可以在配置过程中随时检查配置是否正确。此命令通过不同的参数可以查看许多信息，这里利用此命令查看当前交换机中正在生效的配置文件。

```
<S1>display current-configuration          // current-configuration 为当前生效的配置
//下面为命令执行后显示结果，由于篇幅原因内容有所省略
#
sysname S1                                 //配置的交换机主机名称
#
cluster enable
ntdp enable
ndp enable
#
drop illegal-mac alarm
#
diffserv domain default
#
drop-profile default
#
aaa
 authentication-scheme default
 authorization-scheme default
 accounting-scheme default
 domain default
 domain default_admin
 local-user admin password cipher "=LP!6$^-IYNZPO3JBXBHA!!
 local-user admin privilege level 3
 local-user admin service-type telnet
//admin 用户的 AAA 认证设置，注意密码为加密保存
local-user user1 password cipher '='#VYaS7Y-NZPO3JBXBHA!!
 local-user user1 privilege level 0
 local-user user1 service-type telnet
//user1 用户的 AAA 认证设置，注意密码为加密保存
#
interface Vlanif1
 ip address 192.168.100.1 255.255.255.0            //配置的管理 IP 地址
```

```
#
interface MEth0/0/1
#
interface Ethernet0/0/1
......
#
user-interface con 0
 authentication-mode password
 set authentication password simple huawei
//配置的 Console 端口验证密码，密码以明文方式保存
user-interface vty 0 4
 authentication-mode aaa          //VTY 验证方式为 AAA 认证
 #
return
```

（2）保存当前配置

前面使用 display current-configuration 命令查看修改的配置内容，这些配置是存储在 RAM 中的，当交换机关机或重启时，这些配置就会丢失，所以需要进行保存操作保留这些配置。

设备中的配置文件分为两种类型：当前配置文件和保存的配置文件。其中，当前配置文件存储在设备的 RAM 中。用户可以通过命令行对设备进行配置，配置完成后使用 save 命令保存当前配置到存储设备中，形成保存的配置文件。

```
<S1>save
The current configuration will be written to the device.
Are you sure to continue?[Y/N]y          //确认是否保存
Info: Please input the file name ( *.cfg, *.zip ) [vrpcfg.zip]:
//输入保存文件的名称，默认为 vrpcfg.zip
Aug 30 2017 21:18:12-08:00 S1 %%01CFM/4/SAVE(l)[0]:The user chose Y when deciding whether to save the configuration to the device.
Now saving the current configuration to the slot 0.
Save the configuration successfully.          //保存成功
```

2.3.4 交换机端口基础配置

交换机之间通过以太网端口连接时需要协商端口参数，比如速率、双工模式等，因此根据实际网络环境，管理员需要对交换机某些端口进行一些基本配置，本小节就介绍交换机端口的基础配置。

1．学习情境

学校计算机系要对三个软件实验室进行网络建设，每个实验室都配置一台 S3700 交换机作为接入层交换机，一台 S5700 交换机作为汇聚层设备，所有 S3700 交换机都通过千兆线路接入到 S5700。为了正常应用，管理员需要对这几台交换机连接端口进行基本配置。在华为 eNSP 软件中搭建如图 2-18 所示的网络拓扑。

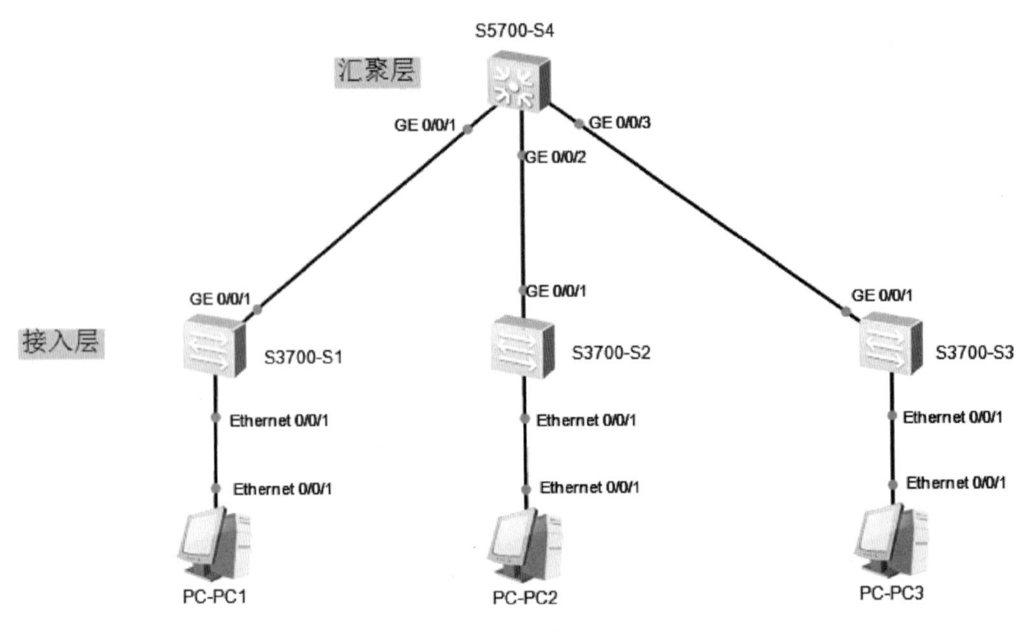

图 2-18　网络拓扑

2．选择交换机以太网端口

交换机配置多会涉及对端口的配置，而操作前需要先根据端口的标识选择所要配置的端口。交换机的端口标识由端口的类型、模块号和端口号等组成。例如，华为 S3700 交换机 Ethernet0/0/1 的端口标识中的“Ethernet”表示端口类型为百兆以太网端口，“0/0/1”这三个数字表示 0 号槽位中的第 1 个子卡上的第 1 个端口。S3700 交换机的交换板、业务板和主控板是一体的，因此统一取值为 0。

（1）选择一个以太网端口

在选择交换机的端口时，首先要注意端口的类型。以太网端口类型一般会根据速率来标识，后面在介绍路由器时还会使用非以太网的串口。

选择 0 号槽位的第一个子卡的第 5 个百兆以太网端口，配置命令如下。

```
<Huawei>system-view
[Huawei]interface Ethernet0/0/5          //端口选择
[Huawei-Ethernet0/0/5]
```

选择端口的目的就是进入相应端口的接口视图进行相关配置操作。下面的命令是选择 0 号槽位的第 1 个子卡的第 1 个千兆以太网端口。

```
[Huawei]interface GigabitEthernet0/0/1          //端口选择
[Huawei-GigabitEthernet0/0/1]
```

（2）选择多个以太网端口

在交换机的端口配置中，很多情况下需要为一组端口配置相同的参数。为了提高效率，需要一次性对多个端口进行配置，这就需要先同时选择多个端口。同时选择多个端口的方法如下所示。

```
[Huawei]port-group 1          //创建标号为 1 的端口组，并进入此端口组的配置视图
[Huawei-port-group-1]group-member Ethernet 0/0/1 to Ethernet 0/0/10
//向端口组中添加 1～10 号的百兆以太网端口
```

3．配置交换机以太网端口

交换机以太网端口需要配置的参数很多，这里主要介绍常用的基本配置，其他配置会在后面的课程中逐步涉及。

（1）配置端口描述

在实际配置中，可对端口指定一个描述性的说明文字，备注端口的功能和用途等。以图 2-18 所示的拓扑为例，在名为“S1”的交换机上为连接 S5700 交换机的端口添加“ToS5700”的描述，为 1～10 号百兆以太网端口添加“ToSLab1”的描述。

```
[S1]interface GigabitEthernet 0/0/1
[S1-GigabitEthernet0/0/1]description ToS5700              //添加描述字符

[Huawei]port-group 1
[Huawei-port-group-1]group-member Ethernet 0/0/1 to Ethernet 0/0/10
[S1-port-group-1]description ToSLab1                       //添加描述字符
```

（2）设置端口速率

默认情况下，交换机的端口速率为自动协商，此时链路的两个端口将交流有关各自能力的信息，从而选择一个双方都支持的最大速率。但在某些情况下需要强制指定端口速率，例如对于交换机千兆以太网端口，为了避免小于千兆的设备或端口接入此端口，可以指定此端口的速率为 1000Mbit/s。强制指定端口速率的配置方式是首先关闭端口的自动协商模式，再配置端口速率。下面将 S1 连接汇聚层 S4 的端口工作速率指定为 1000Mbit/s。

```
[S4]interface GigabitEthernet 0/0/1
[S4-GigabitEthernet0/0/1]undo negotiation auto         //关闭自动协商
[S4-GigabitEthernet0/0/1]speed 1000                    //配置端口速率为 1000Mbit/s

[S4-GigabitEthernet0/0/1]display this                  //查看当前位置的配置
#
interface GigabitEthernet0/0/1
 port media type copper
 description ToS5700
#
return
```

注意：端口速率不能超过端口所能支持的最大速率，例如对百兆以太网端口无法指定其速率为 1000Mbit/s。在实际使用中，由于关闭了自动协商功能，因此连接的两端端口需要设置为相同速率。

（3）设置端口单双工模式

默认情况下，端口的单双工模式也是自动协商。在自行指定的情况下，需要在配置交换机时注意端口的单双工模式是否匹配。如果链路的一端设置的是全双工，而另一端是半双工，则会造成响应差和高出错率，并引起严重的丢包现象，给用户的感受是计算机无法连接网络。

端口单双工模式的配置方法是首先关闭端口的自动协商模式，再配置端口单双工模式。命令中的参数 full 代表全双工（full-duplex），half 代表半双工（half-duplex），下面将 S1 连接汇聚层 S4 的端口工作模式指定为全双工。

```
[S1]interface GigabitEthernet 0/0/1
[S1-GigabitEthernet0/0/1]undo negotiation auto        //关闭自动协商
[S1-GigabitEthernet0/0/1]duplex full                  //设置端口工作模式为全双工
```

（4）禁用和启用端口

通常情况下，交换机端口在没有连接其他设备时始终处于关闭（shutdown）状态。对处于工作状态的端口，可根据管理的需要进行启用或禁用。例如，若发现连接在某个端口的计算机正大量向外发送数据包，影响了网络的正常使用，此时就可禁用该端口以将该主机从网络断开。禁用端口的命令为“shutdown”，启用端口的命令为“undo shutdown”。

```
[S1-GigabitEthernet0/0/1]shutdown                     //禁用端口
[S1-GigabitEthernet0/0/1]undo shutdown                //启用端口
```

2.4 项目演示：构建简单网络

1. 项目任务

- 为学校计算机系的软件实验室组建一个小型局域网络，再连接到系网络中心的交换机上。
- 出于网络安全考虑，还须配置实验室交换机 Console 端口的登录密码为“huawei”。
- 管理员在日常维护中用用户名 slabadmin 和密码 admin123 通过 Telnet 方式登录实验室交换机，并且拥有用户级别 3 的权限。
- 所有密码都加密保存。
- 指定交换机之间相连的端口工作在双工模式，速率为 1000Mbit/s。
- 为实验室交换机的所有端口设置描述信息，描述内容为指向某台设备或实验室。
- 查看相关配置。

2. 项目拓扑

图 2-19 所示为本项目演示的网络拓扑，可在 eNSP 中自行创建。

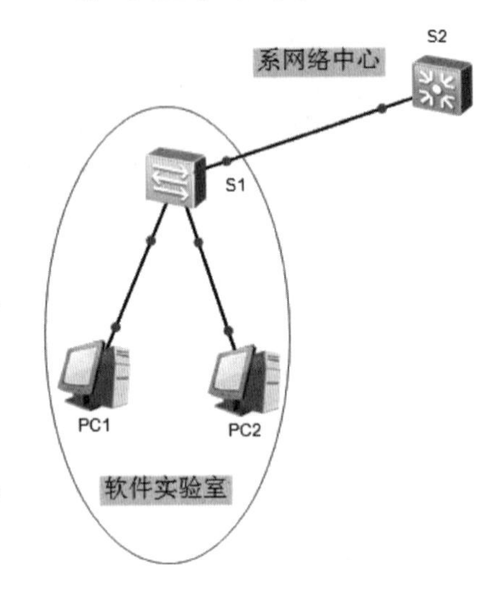

图 2-19　简单网络的拓扑

3. 设备网络参数

表 2-3 所示为各设备的 IP 参数。

表 2-3　IP 参数

设备名	地址
S2（交换机）	192.168.100.254/24

（续）

设备名	地址
S1（交换机）	192.168.100.253/24
PC1	192.168.100.1/24
PC2	192.168.100.2/24

4．设备连接

表 2-4 为设备连接方式。

表 2-4　设备连接规划表

源设备名称	设备端口	端口描述	目标设备名称	设备端口
S1	E0/0/1	ToSLab	PC1	
S1	E0/0/2	ToSLab	PC2	
S1	G0/0/1	ToS2	S2	G0/0/1

5．配置过程

（1）配置计算机的 IP 地址参数

以计算机 PC1 为例，其配置如图 2-20 所示。

图 2-20　计算机 IP 配置

（2）配置交换机 S1 的主机名称和管理 IP 地址

1）配置交换机名称。

```
<Huawei>system-view
[Huawei]sysname S1
```

2）配置管理 IP 地址。

```
[S1]interface Vlanif 1
[S1-Vlanif1]ip address 192.168.100.253 24
```

（3）配置交换机 S1 的 Console 端口密码和管理员远程登录参数

1）配置 Console 端口密码。

```
[S1]user-interface console 0
[S1-ui-console0]authentication-mode password
[S1-ui-console0]set authentication password cipher huawei
```

注意：密码以加密方式保存。

2）配置远程登录用户。

```
[S1]aaa
[S1-aaa]local-user slabadmin password cipher admin123 privilege level 3
[S1-aaa]local-user slabadmin service-type telnet
```

上面的命令配置了远程登录用户名、密码和用户级别，并设置此用户用于 Telnet 服务。

3）配置交换机的 Telnet。

```
[S1]user-interface vty 0 4
[S1-ui-vty0-4]authentication-mode aaa
```

设置 vty 终端，并设置验证模式为 AAA。

（4）配置交换机 S1 的端口

1）配置连接计算机的端口。

```
[S1]port-group 1
[S1-port-group-1]group-member Ethernet 0/0/1 to Ethernet 0/0/2
[S1-port-group-1]description ToSLab
```

由于连接实验室计算机的端口较多，而且端口配置参数相同，因此这里采用端口组的方式一次选择多个端口进行统一配置，这样可提高配置效率。

2）配置连接到系网络中心交换机的端口参数。

```
[S1]interface GigabitEthernet 0/0/1
[S1-GigabitEthernet0/0/1]description ToS2
[S1-GigabitEthernet0/0/1]undo negotiation auto
[S1-GigabitEthernet0/0/1]speed 1000
[S1-GigabitEthernet0/0/1]duplex full
```

配置该端口为全双工模式，端口速率为 1000Mbit/s。由于关闭了自动协商，因此对端端口也需要做相应配置。

（5）通过配置文件检查配置

下面的加粗命令为前面所做的配置。

```
<S1>display current-configuration
#
```

```
sysname S1
#
cluster enable
ntdp enable
ndp enable
#
drop illegal-mac alarm
#
diffserv domain default
#
drop-profile default
#
aaa
 authentication-scheme default
 authorization-scheme default
 accounting-scheme default
 domain default
 domain default_admin
 local-user admin password simple admin
 local-user admin service-type http
 local-user slabadmin password cipher "=LP!6$^-IYNZPO3JBXBHA!!
 local-user slabadmin privilege level 3
 local-user slabadmin service-type telnet
#
interface Vlanif1
 ip address 192.168.100.253 255.255.255.0
#
interface MEth0/0/1
#
interface Ethernet0/0/1
 description ToSLab
#
interface Ethernet0/0/2
 description ToSLab
#
……省略部分内容
interface GigabitEthernet0/0/1
 port media type copper
 description ToS2
#
……省略部分内容
user-interface con 0
 authentication-mode password
 set authentication password cipher /XC7Sn&Y_H'eKRQqbl+O/&T#
user-interface vty 0 4
 authentication-mode aaa
```

```
#
port-group 1

 group-member Ethernet0/0/1
 group-member Ethernet0/0/2
#
return
```

（6）配置测试

这里测试主要是对交换机 S1 进行远程登录的测试。读者可以根据前面的需求配置交换机 S2 的管理 IP 地址以及连接交换机 S1 的端口的工作模式和速率。完成后在交换机 S2 上利用 telnet 命令测试是否能够远程登录交换机 S1，具体配置过程可结合本章前面的介绍自行操作。

2.5 课后实验

实验 1 构建简单网络

实验目的：

- 掌握交换机用户界面配置方法。
- 掌握主机名、IP 地址的配置方法。
- 掌握测试两台直连交换机连通性的方法。
- 掌握 Wireshark 的捕获数据包的基本方法。

实验拓扑：

本实验的网络拓扑如图 2-21 所示。

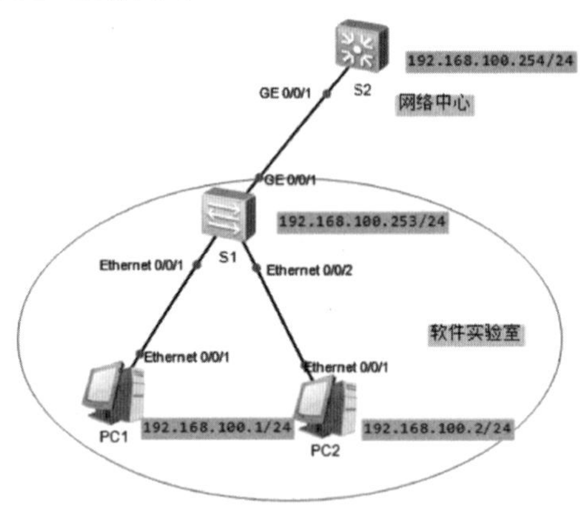

图 2-21 实验 1 网络拓扑

实验内容：

1）根据图 2-21 所示的网络拓扑在 eNSP 软件中搭建网络。S1 交换机型号为 S3700，S2 交换机型号为 S5700。

2）计算机 IP 地址参数配置。

3）根据图 2-21，配置两台交换机的主机名和 VLAN1 的逻辑接口 IP 地址。

4）分别在两台交换机上配置用户 test 只能通过 Console 端口登录交换机，且认证密码为 test123，权限级别为 3。

5）在交换机 S1 上对交换机 S2 的 IP 地址发 ping 命令测试连通性。同时在 S1 和 S2 之间的链路上捕获 ping 命令触发的消息。

6）在任意一台计算机上分别对另一台计算机和两台交换机的地址发 ping 命令测试连通性。

7）保存配置文件。

实验 2　交换机的连接和基本配置

实验目的：

- 掌握交换机的连接方式。
- 掌握登录交换机的方法。
- 掌握交换机的配置视图和命令使用特点。
- 初步认识配置交换机的基本命令。
- 掌握端口配置的基本命令。

实验拓扑：

本实验的网络拓扑如图 2-22 所示。

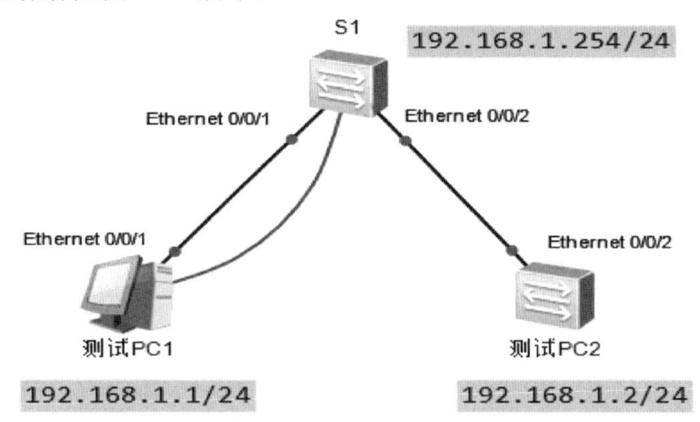

图 2-22　实验 2 网络拓扑

说明：由于进行 Telnet 测试，因此使用 S3700 作为测试设备来模拟 PC2。

实验内容：

1）根据网络结构图在 eNSP 软件中搭建网络。

① 利用 Console 端口配置线缆，将测试用 PC1 和 S1 进行连接。

② 利用双绞线将 PC1、PC2 与 S1 进行连接。

2）计算机 IP 地址参数配置。

3）利用 Console 端口登录交换机。

4）练习进出不同视图的命令，了解不同命令视图的基本作用和提示符形式。

5）配置控制台端口登录交换机的密码，密码为 huawei。

6）配置 Telnet 登录交换机的用户名和密码，用户名为 test，密码为 123。

7）继续对交换机进行适当的配置，然后通过 PC2 以 Telnet 的方式登录交换机。

8）设置所有连接计算机的端口描述为“Computer”，端口的通信速率为 100Mbit/s。

9）查看配置文件信息。

10）保存配置文件。

第3章　虚拟局域网技术应用

本章要点

- 虚拟局域网的基本概念
- 虚拟局域网在交换机上的不同应用方式
- 虚拟局域网的通信

3.1　虚拟局域网基本概念

随着网络应用越来越深入人们日常生活和工作中，网络上传输的信息也越来越多。如果任凭所有信息都无限制地在整个网络上传输，将会极大影响网络的性能。随着交换式局域网的不断扩大，广播信息也逐渐增多，越来越多的广播信息将消耗大量的网络带宽，同时也给主机带来额外的负担，极端情况下可能会发生广播风暴。多数病毒程序也是通过广播信息在网络中传播的。所以，需要把任何信息的传播都控制在一定范围内。局域网规模的不断扩大也增加了管理人员的工作压力和难度，为了更好地管理网络，需要有一种比较好的方式对网络进行分割管理。比较简单的方法就是利用交换机的虚拟局域网（Virtual Local Area Network，VLAN）技术来划分网络。

虚拟局域网是通过交换机所提供的功能将局域网从逻辑上划分为一个个的网段，从而实现虚拟工作组的一种交换技术。

交换机的引入解决了共享式以太网中的冲突现象，提高了数据传输的效率，但对于广播信息的传输却没有任何限制，整个网络属于同一个广播域，任何一个广播帧都被广播到整个局域网中的每一台主机。在网络通信中，广播信息是普遍存在的 ，这些广播帧占用大量的网络带宽，导致网络速度和通信效率的下降，并额外增加了网络主机为处理广播信息所产生的负荷。很多病毒是通过广播进行扩散的，在没有采取有效的隔离措施的情况下，一旦病毒发起泛洪广播攻击，将会很快耗尽网络的带宽，导致网络的阻塞和瘫痪。

理论上，隔离广播信息需要通过网络层设备实现，如路由器。利用路由器上的以太网端口进行网络地址分段，从而实现对广播域的分割和隔离。路由器所能划分出的网段段数，取决于路由器上以太网端口的数目。由于路由器的主要作用是实现数据在不同网络之间的转发，因此路由器所带的以太网端口数量较少，一般为 1～4 个，同时设备价格也很高，所以用路由器来分割广播域的成本较高。因此，在局域网中往往都在交换机中实现网络分段，这就要求交换机必须支持 VLAN 交换技术。

3.1.1　虚拟局域网的特点

1．限制广播域范围

通过在交换机上划分 VLAN，可将一个大的局域网划分成若干个网段，每个网段内所有计算机间的通信和广播仅限于该 VLAN 内，广播帧不会被转发到其他网段，即一个 VLAN 就是一个广播域。VLAN 间不能直接通信，从而实现了对广播域的分割和隔离，如图 3-1 所示，VLAN 10 中的广播信息只能在 VLAN 10 的范围中广播，不会广播到 VLAN 20 中，同理，VLAN 20 中的广播信息也一样。

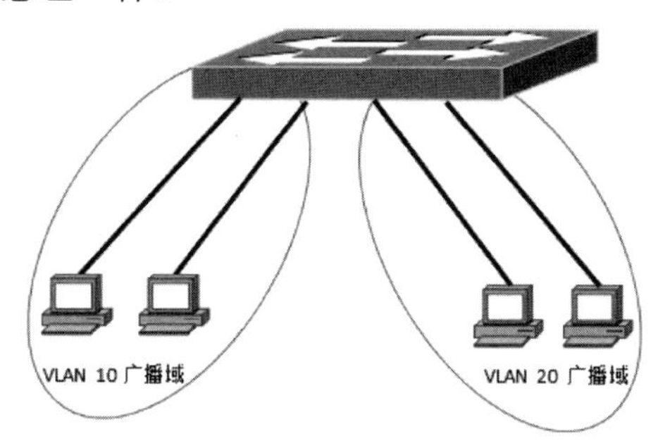

图 3-1　利用 VLAN 分割广播域

2．简化网络管理和提高组网灵活性

由于 VLAN 是对交换机端口实施的逻辑分组，因此不受任何物理连接的限制。同一 VLAN 中的计算机，可以连接在不同的交换机上，并且可以位于不同的物理位置，提高了网络应用和管理的灵活性，如图 3-2 所示。

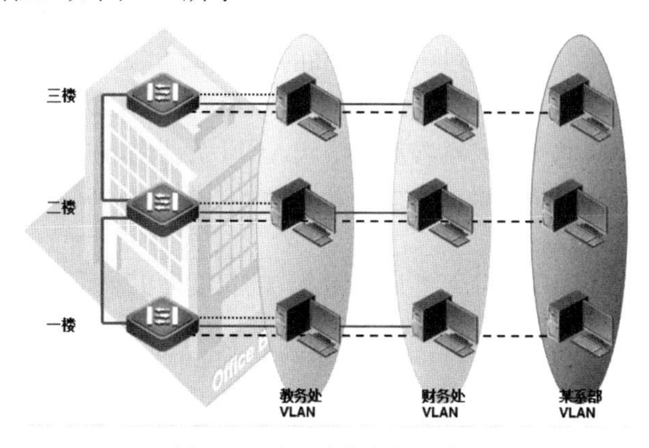

图 3-2　跨区域的虚拟局域网

3．提高网络安全性

默认情况下，VLAN 间是相互隔离的，不能直接通信，对于保密性要求较高的部门，如图 3-2 中的财务部门，可将其划分在一个 VLAN 中，其他 VLAN 中的用户默认不能直接访问该 VLAN 中的主机。如需要跨 VLAN 访问，可通过访问控制列表来控制访问范围，从而既起到隔离作用，也提高了访问的安全性。

3.1.2　VLAN 帧格式

附加了 VLAN 识别信息的数据帧就可看作是 VLAN 帧。VLAN 识别信息也称为 VLAN 标签。VLAN 标签长 4 字节，直接添加在以太网帧的帧头中，如图 3-3 所示，其中携带 Tag 的帧就是 VLAN 帧，Tag 就是 VLAN 标签。没有携带 VLAN 标签的标准以太网帧称为不带标签的帧（Untagged Frame）；携带 VLAN 标签的以太网帧称为带标签的帧（Tagged Frame）。

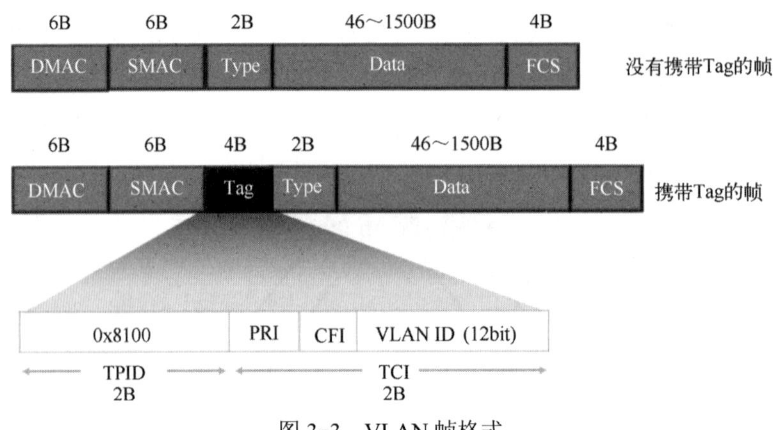

图 3-3　VLAN 帧格式

VLAN 标签分为 TPID 和 TCI 两部分，其作用如下。

1 TPID：TPID（Tag Protocol Identifier，标签协议标识）的长度为 2 字节，固定取值，0x8100，是 IEEE 定义的新类型，表明这是一个携带 802.1Q 标签的帧。不支持 802.1Q 的设备如果收到这样的帧，会将其丢弃。

2 TCI：TCI（Tag Control Information，标签控制信息）的长度为 2 字节，分为下面三部分内容。

① PRI：PRI（Priority）表示帧的优先级，长度为 3bit，取值范围为 0～7，值越大，优先级越高。当交换机阻塞时，优先发送优先级高的数据帧。

② CFI：CFI（Canonical Format Indicator，标准格式指示位）表示 MAC 地址是否是规范格式，长度为 1bit。CFI 为 0，表示为规范格式，CFI 为 1 表示为非规范格式。CFI 用于区分以太网帧、FDDI（Fiber Distributed Digital Interface，光纤分布式数据接口）帧和令牌环网帧。在以太网中，CFI 的值为 0。

③ VLAN ID：VLAN ID（VLAN Identifier）的长度为 12bit，取值范围为 0～4095，但是 0 和 4095 在协议中规定为保留的 VLAN ID，用户不能使用。

3.1.3　VLAN 端口类型

在华为交换机上主要有三种端口类型：Access、Trunk 和 Hybrid，前面两种类型比较常用，也是其他厂商都支持的类型。在介绍这几种端口之前，先认识一个术语“PVID”。PVID 即 Port VLAN ID，代表端口的默认 VLAN。交换机从对端设备收到的帧有可能是不带 VLAN 标签的数据帧，但所有以太网帧在交换机中都是以带 VLAN 标签的形式被处理和转发的，因此交换机必须给端口收到的不带 VLAN 标签的数据帧添加上 VLAN 标签。为了实现此目的，必须为交换机配置端口的默认 VLAN。当该端口收到不带 VLAN 标签的数据帧时，交换机将给它加上该默认 VLAN 的 VLAN 标签。

1．Access 端口

Access 类型的端口主要用于连接计算机等终端设备，此类型端口只能属于某一个 VLAN。Access 端口收发数据帧的规则如下。

1）如果该端口收到对端设备发送的帧是不带 VLAN 标签的，交换机将强制加上该端口的 PVID。如果该端口收到对端设备发送的帧是带 VLAN 标签的，交换机会检查该标签内的

VLAN ID。当 VLAN ID 与该端口的 PVID 相同时，接收该报文。当 VLAN ID 与该端口的 PVID 不同时，丢弃该报文。

2）Access 端口发送数据帧时，如果发送数据帧的 VLAN ID 与该端口的 PVID 相同，则发送该数据帧，否则丢弃。发送时总是先剥离帧的 VLAN 标签，然后再发送。Access 端口发往对端设备的以太网帧永远是不带标签的帧。

2．Trunk 端口

Trunk 端口是交换机上用来和其他交换机连接的端口，Trunk 端口允许多个 VLAN 帧通过。Trunk 端口收发数据帧的规则如下。

1）当接收到对端设备发送的不带 VLAN 标签的数据帧时，会添加该端口的 PVID。如果 PVID 在允许通过的 VLAN ID 列表中，则接收该报文，否则丢弃该报文。当接收到对端设备发送的带 VLAN 标签的数据帧时，检查 VLAN ID 是否在允许通过的 VLAN ID 列表中。如果 VLAN ID 在接口允许通过的 VLAN ID 列表中，则接收该报文，否则丢弃该报文。

2）端口发送数据帧时，当 VLAN ID 与端口的 PVID 相同，且是该端口允许通过的 VLAN ID 时，去掉 VLAN 标签，发送该报文。当 VLAN ID 与端口的 PVID 不同，且是该端口允许通过的 VLAN ID 时，保持原有 VLAN 标签，发送该报文。

3．Hybrid 端口

Access 端口发往其他设备的报文，都是不带 VLAN 标签的数据帧，而 Trunk 端口仅在一种特定情况下才能发出不带 VLAN 标签的数据帧，其他情况发出的都是带 VLAN 标签的数据帧。

Hybrid 端口是交换机上既可以连接用户主机，又可以连接其他交换机的端口。Hybrid 端口允许多个 VLAN 帧通过，并可以在出端口方向将某些 VLAN 帧的 VLAN 标签剥掉。华为设备默认的端口类型是 Hybrid。Hybrid 端口收发数据帧的规则如下。

1）当接收到对端设备发送的不带 VLAN 标签的数据帧时，会添加该端口的 PVID。如果 PVID 在允许通过的 VLAN ID 列表中，则接收该报文，否则丢弃该报文。当接收到对端设备发送的带 VLAN 标签的数据帧时，检查 VLAN ID 是否在允许通过的 VLAN ID 列表中。如果 VLAN ID 在接口允许通过的 VLAN ID 列表中，则接收该报文，否则丢弃该报文。

2）Hybrid 端口发送数据帧时，将检查该接口是否允许该 VLAN 帧通过。如果允许通过，则可以通过命令配置发送时是否带 VLAN 标签。

3.2 VLAN 在交换机上的配置

3.2.1 虚拟局域网的划分方式

1．静态 VLAN

静态 VLAN 通常也称为基于端口的 VLAN，其特点是将交换机按端口进行分组，每一组定义为一个 VLAN。属于同一个 VLAN 的端口，可来自一台交换机，也可来自多台交换机，即可以跨越多台交换机设置 VLAN。基于端口的 VLAN 划分如图 3-4 所示。

基于端口的 VLAN 划分是目前最常用的一种 VLAN 划分方式，常用的可管理交换机都可以使用这种划分方式。对基于端口的 VLAN 进行配置时，需要对每一个端口进行设置。

对于经常要改变办公位置的设备，基于端口的 VLAN 很难保证此设备一直处于同一个 VLAN 中，因此该划分方式在管理和应用上不够灵活。基于端口的 VLAN 通常适合于网络拓扑结构比较稳定的网络。

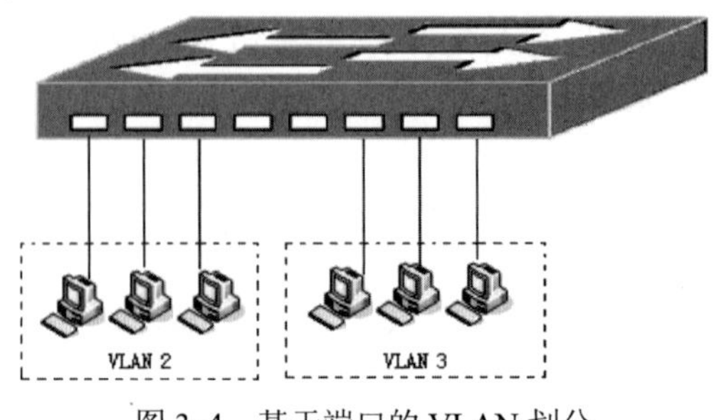

图 3-4　基于端口的 VLAN 划分

2．动态 VLAN

动态 VLAN 是根据每个端口所连的计算机动态设置端口所属 VLAN 的设定方法。动态 VLAN 通常可分为基于 MAC 地址的 VLAN、基于子网的 VLAN 和基于协议的 VLAN。

1）基于 MAC 地址的 VLAN：交换机内部建立并维护一个 MAC 地址和 VLAN ID 的对应表，当交换机接收到计算机发送的不带 VLAN 标签的数据帧时，交换机将分析帧中的源 MAC 地址，然后查询对应表，将帧划分到相应的 VLAN 中。

2）基于协议的 VLAN：根据计算机发送的帧类型字段的值来决定帧所属的 VLAN。

3）基于子网的 VLAN：交换机要将 IP 子网和 VLAN 关联到一起。交换机根据源 IP 地址确定接收数据所属的 VLAN，然后将数据自动划分到指定 VLAN 中传输。

虽然动态 VLAN 使用较为灵活，但它对交换设备性能和功能要求也较高，有些还需要配备服务器设备，所以成本也较高。目前比较常用的是静态 VLAN 方式，本书也只介绍静态 VLAN 的配置。

3.2.2　单台交换机 VLAN 配置

1．学习情境

由于某学院的计算机系工作需要网络专业、软件专业和物联网专业的教师在同一个办公室中，为了管理方便，管理员需要将这三个专业的教师终端设备分别划入到不同的 VLAN 中，其中 VLAN 10 对应网络专业教师终端，VLAN 20 对应软件专业教师终端，VLAN 30 对应物联网专业教师终端。本实验网络拓扑如图 3-5 所示。

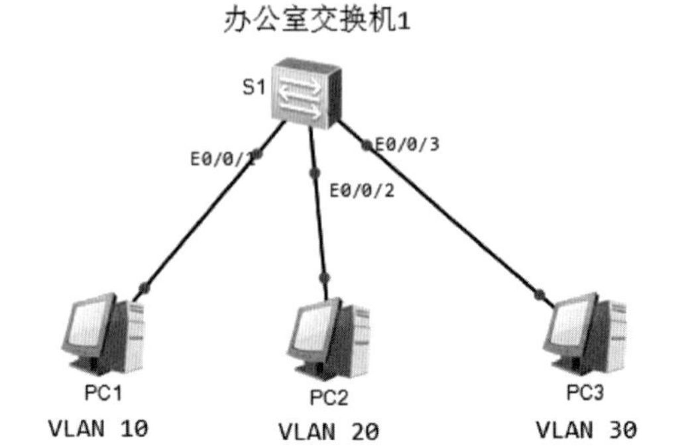

图 3-5　网络拓扑

2．配置计算机 IP 地址参数并测试连通性

（1）配置计算机 IP 地址参数

配置内容如下：

- PC1：192.168.100.1/24。
- PC2：192.168.100.2/24。
- PC3：192.168.100.3/24。

请读者根据上面参数自行配置，这里就不再演示。

（2）测试连通性

在计算机上利用 ping 命令测试三台计算机之间的连通性。例如，在 PC1 上的测试结果如下。

```
PC>ping 192.168.100.2
Ping 192.168.100.2: 32 data bytes, Press Ctrl_C to break
From 192.168.100.2: bytes=32 seq=1 ttl=128 time=31 ms
From 192.168.100.2: bytes=32 seq=2 ttl=128 time=31 ms
……省略部分内容
PC>ping 192.168.100.3
Ping 192.168.100.3: 32 data bytes, Press Ctrl_C to break
From 192.168.100.3: bytes=32 seq=1 ttl=128 time=15 ms
From 192.168.100.3: bytes=32 seq=2 ttl=128 time=32 ms
……省略部分内容
```

当前情况下，这三台计算机相互之间都可以通信。

3．在交换机上配置 VLAN

（1）创建 VLAN

除了 VLAN 1，其余的 VLAN 都需要通过命令手动创建。创建 VLAN 的方法比较简单，可以一次创建一个 VLAN，也可以一次创建多个 VLAN。

1）创建一个 VLAN。

```
[S1]vlan 10                                   //创建 VLAN 10
[S1-vlan10]description NetworkSpecialty       //为 VLAN 10 进行注释
```

2）创建多个 VLAN。

```
[S1]vlan batch 20 30              //同时创建 VLAN 20 和 VLAN 30
[S1]vlan 20
[S1-vlan20]description SoftwareSpecialty
[S1]vlan 30
[S1-vlan30]description IOTSpecialty
```

注意：进入 VLAN 配置视图的命令和创建一个 VLAN 的命令一样。

3）查看 VLAN 信息。

```
[S1]display vlan            //查看 VLAN 信息
The total number of vlans is : 4
--------------------------------------------------------------------------------
```

```
U: Up;              D: Down;              TG: Tagged;              UT: Untagged;
MP: Vlan-mapping;                         ST: Vlan-stacking;
#: ProtocolTransparent-vlan;      *: Management-vlan;
--------------------------------------------------------------------------------

VID   Type      Ports
--------------------------------------------------------------------------------
1     common   UT:Eth0/0/1(U)      Eth0/0/2(U)      Eth0/0/3(U)      Eth0/0/4(D)
                  Eth0/0/5(D)      Eth0/0/6(D)      Eth0/0/7(D)      Eth0/0/8(D)
                  Eth0/0/9(D)      Eth0/0/10(D)     Eth0/0/11(D)     Eth0/0/12(D)

                  Eth0/0/13(D)     Eth0/0/14(D)     Eth0/0/15(D)     Eth0/0/16(D)
                  Eth0/0/17(D)     Eth0/0/18(D)     Eth0/0/19(D)     Eth0/0/20(D)
                  Eth0/0/21(D)     Eth0/0/22(D)     GE0/0/1(D)       GE0/0/2(D)

10    common
20    common
30    common

VID   Status   Property       MAC-LRN Statistics Description
--------------------------------------------------------------------------------

1     enable   default        enable   disable    VLAN 0001
10    enable   default        enable   disable    NetworkSpecialty
20    enable   default        enable   disable    SoftwareSpecialty
30    enable   default        enable   disable    IOTSpecialty
```

从上面的黑体字标注的内容可以看到，交换机 S1 已经创建了 VLAN 10、VLAN 20 和 VLAN 30，并都进行了注释。但目前这三个 VLAN 中都没有端口，默认情况下交换机上的所有端口都属于 VLAN 1。

（2）将计算机加入到 VLAN

1）添加相应端口到 VLAN。

要将某台计算机加入到一个 VLAN，只要将此计算机连接的端口加入到 VLAN 即可，命令如下。

```
[S1]interface Ethernet0/0/1
[S1-Ethernet0/0/1]port link-type access           //修改端口类型为 Access 端口
[S1-Ethernet0/0/1]port default vlan 10            //配置此端口的属于 VLAN 10
[S1]interface Ethernet0/0/2
[S1-Ethernet0/0/2]port link-type access           //修改端口类型为 Access 端口
[S1-Ethernet0/0/2]port default vlan 20            //配置此端口的属于 VLAN 20
[S1]interface Ethernet0/0/3
[S1-Ethernet0/0/3]port link-type access           //修改端口类型为 Access 端口
[S1-Ethernet0/0/3]port default vlan 30            //配置此端口的属于 VLAN 30
```

在将某个端口加入到 VLAN 时，首先需要利用命令“port link-type access”将端口类型改为 Access。根据前面 Access 端口的介绍，此类型端口主要用于连接计算机等终端设备，也只能属于一个 VLAN，所属 VLAN 也是此端口的 PVID。

2）查看 VLAN 信息。

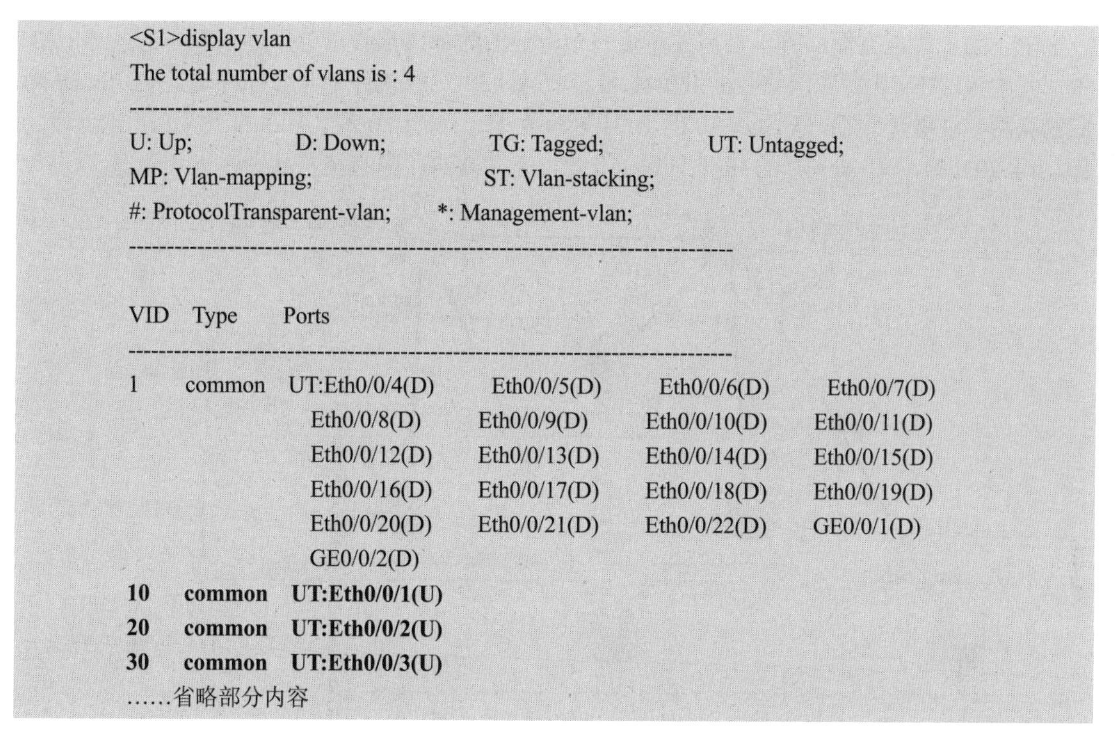

```
<S1>display vlan
The total number of vlans is : 4
--------------------------------------------------------------------------------
U: Up;         D: Down;         TG: Tagged;         UT: Untagged;
MP: Vlan-mapping;               ST: Vlan-stacking;
#: ProtocolTransparent-vlan;    *: Management-vlan;
--------------------------------------------------------------------------------

VID  Type     Ports
--------------------------------------------------------------------------------
1    common   UT:Eth0/0/4(D)    Eth0/0/5(D)     Eth0/0/6(D)     Eth0/0/7(D)
                 Eth0/0/8(D)    Eth0/0/9(D)     Eth0/0/10(D)    Eth0/0/11(D)
                 Eth0/0/12(D)   Eth0/0/13(D)    Eth0/0/14(D)    Eth0/0/15(D)
                 Eth0/0/16(D)   Eth0/0/17(D)    Eth0/0/18(D)    Eth0/0/19(D)
                 Eth0/0/20(D)   Eth0/0/21(D)    Eth0/0/22(D)    GE0/0/1(D)
                 GE0/0/2(D)
10   common   UT:Eth0/0/1(U)
20   common   UT:Eth0/0/2(U)
30   common   UT:Eth0/0/3(U)
……省略部分内容
```

从上面黑色字体标注的内容可以看到交换机的三个端口分别加入了 VLAN 10、VLAN 20 和 VLAN 30，换一种说法就是，Eth0/0/1 端口的 PVID 为 VLAN 10。

（3）测试

利用 ping 命令测试 PC1、PC2 和 PC3 之间的连通性，下面就在 PC1 上测试其与另两台计算机的通信情况。

```
PC>ping 192.168.100.2
Ping 192.168.100.2: 32 data bytes, Press Ctrl_C to break
From 192.168.100.1: Destination host unreachable
From 192.168.100.1: Destination host unreachable
……省略部分内容
PC>ping 192.168.100.3
Ping 192.168.100.3: 32 data bytes, Press Ctrl_C to break
From 192.168.100.1: Destination host unreachable
From 192.168.100.1: Destination host unreachabl
……省略部分内容
```

从上面显示的结果可以看到，虽然所有计算机 IP 地址都在同一个网段，但在划分到不同的 VLAN 后，PC1 和另两台计算机已经无法通信了。原因就是交换机在划分 VLAN 后，不同 VLAN 之间是无法直接交换数据的。PC2 和 PC3 之间的连通性读者可自行测试。

3.2.3 跨交换机 VLAN 配置

1．学习情境

某学校的计算机，因工作需要将网络专业、软件专业和物联网专业的教师安排在两个办公室中。为了管理方便，管理员需要将这三个专业的教师终端设备分别划入到不同的 VLAN 中，其中 VLAN 10 对应网络专业教师终端，VLAN 20 对应软件专业教师终端，VLAN 30 对应物联网专业教师终端。VLAN 10 的 IP 地址段为 192.168.10.0/24，VLAN 20 的 IP 地址段为 192.168.20.0/24，VLAN 30 的 IP 地址段为 192.168.30.0/24，网络拓扑如图 3-6 所示。

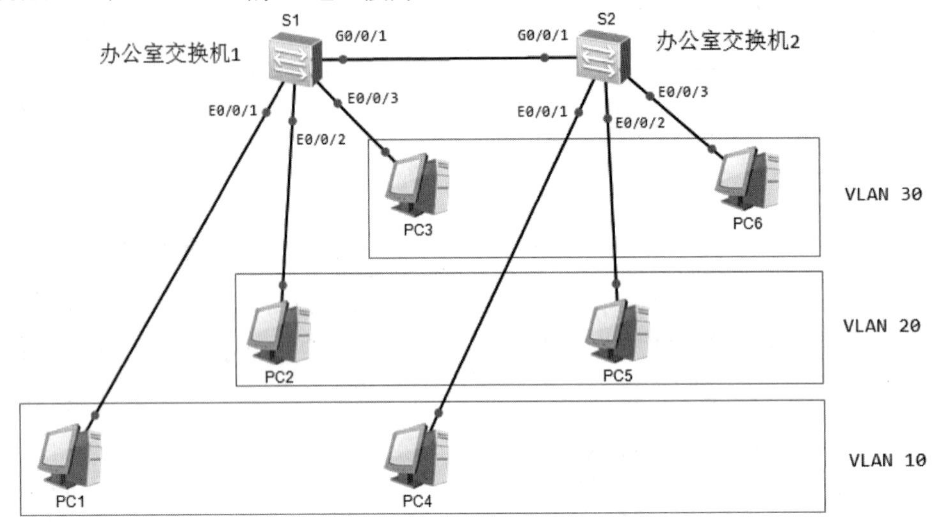

图 3-6　网络拓扑示意图

2．跨交换机的 VLAN 通信方法

在实际应用中，同一个 VLAN 通常需要跨越多台交换机的多个端口。比如，计算机系的教师分布在不同的办公室，此时不同专业对应的 VLAN 需要跨越多台交换机，如图 3-7 所示。

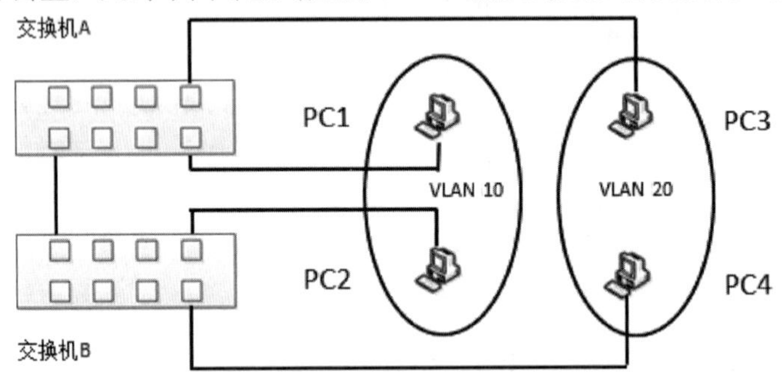

图 3-7　跨交换机的 VLAN

当同一个 VLAN 内的成员都连接在同一台交换机上时，它们之间的通信十分方便。但当同一个 VLAN 内的成员连接在多台交换机上时，此时需要进行相应配置才能实现成员之间的通信。下面介绍两种方法，其中第二种方法比较常用，也是后面配置的依据。

（1）方法一

交换机为每一个 VLAN 提供一个端口，用这些端口一一对应地将两台交换机连接起来，交换机的每一对端口用于对应的 VLAN 内的主机跨交换机数据交换，如图 3-8 所示。

这种方法的缺点是有多少个 VLAN，就对应地需要占用多少个端口，这会导致资源的极大浪费，所以在实际中并不会这样操作。

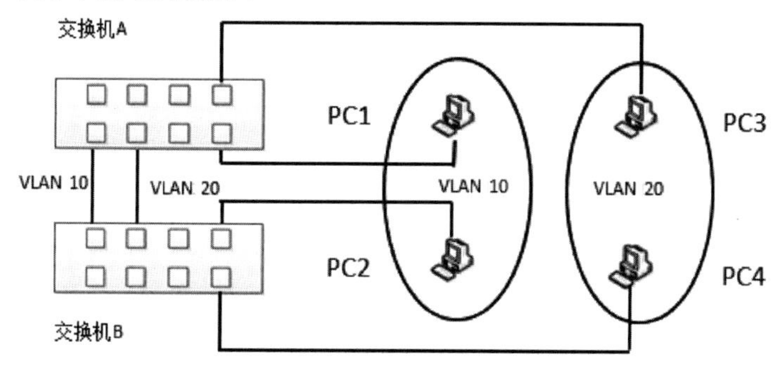

图 3-8　第一种方法

（2）方法二

虽然第一种方法解决了 VLAN 内主机间的跨交换机通信，但每增加一个 VLAN，就需要在交换机间添加一条互联链路，同时额外占用交换机端口，不仅造成本就不富裕的交换机端口的浪费，而且扩展性和管理效率比较差。

为了避免这种低效率的连接方式，减少对交换机端口的大量占用，IEEE 组织于 1999 年颁布了标准化 802.1Q 协议草案，定义了跨交换机实现同一个 VLAN 内部成员间的通信方式。这种方法就是让交换机间的互联链路汇集到一条链路上，该链路允许各个 VLAN 的数据经过，以此解决对交换机端口的额外占用。这条用于实现各 VLAN 在交换机间通信的链路，称为交换机的主干链路（Trunk Link）。

IEEE 802.1Q 协议标准的核心就是前文介绍的在交换机上定义了两种类型的端口：Access（访问）端口和 Trunk（干道）端口。Access 端口一般用于接入计算机等终端设备，只属于一个 VLAN。Trunk 端口一般用于交换机之间的连接，可以传输交换机上的所有 VLAN 数据，实现跨交换机上同一 VLAN 成员之间的通信。

IEEE 802.1Q 的主要作用就是对数据帧附加 VLAN 识别信息。所附加的 VLAN 识别信息，位于数据帧中“源 MAC 地址”和“类型”之间，所添加的内容为 2 字节的 TPID 和 2 字节的 TCI，共计 4 字节。IEEE 802.1Q 对数据帧的封装过程如图 3-9 所示。

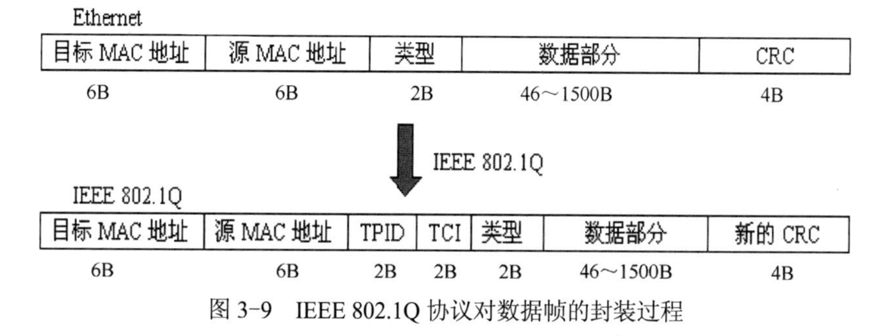

图 3-9　IEEE 802.1Q 协议对数据帧的封装过程

3．配置计算机 IP 地址参数并测试连通性

（1）配置拓扑中计算机 IP 地址参数

配置内容如下：

- PC1：192.168.10.1/24。
- PC2：192.168.20.1/24。
- PC3：192.168.30.1/24。
- PC4：192.168.10.2/24。
- PC5：192.168.20.2/24。
- PC6：192.168.30.2/24。

请读者根据上面的参数自行配置，这里就不再赘述。

（2）测试连通性

目前同一网段的计算机之间应该是能够通信的，下面显示的是 PC1 和 PC4 之间的测试结果，其他网段中计算机之间的连通性测试请读者自行操作。

```
PC>ping 192.168.10.2

Ping 192.168.10.2: 32 data bytes, Press Ctrl_C to break
From 192.168.10.2: bytes=32 seq=1 ttl=128 time=63 ms
From 192.168.10.2: bytes=32 seq=2 ttl=128 time=63 ms
From 192.168.10.2: bytes=32 seq=3 ttl=128 time=78 ms
From 192.168.10.2: bytes=32 seq=4 ttl=128 time=63 ms
From 192.168.10.2: bytes=32 seq=5 ttl=128 time=78 ms

--- 192.168.10.2 ping statistics ---
  5 packet(s) transmitted
  5 packet(s) received
  0.00% packet loss
  round-trip min/avg/max = 63/69/78 ms
```

4．配置交换机

（1）将所有计算机都加入到相应的 VLAN 中

在每台交换机上创建 VLAN 10、VLAN 20 和 VLAN 30，并将计算机所对应的端口添加到相应的 VLAN 中，请根据前面介绍的配置方法自行配置。

（2）测试连通性

在将计算机连接的端口添加到指定的 VLAN 后，会发现同一个 VLAN 中的计算机，即使 IP 地址属于同一网段，也不能通信，下面显示的是 PC1 和 PC4 之间的测试结果，其他 VLAN 中计算机之间的连通性测试请读者自行操作。

```
PC>ping 192.168.10.2

Ping 192.168.10.2: 32 data bytes, Press Ctrl_C to break
From 192.168.10.1: Destination host unreachable
From 192.168.10.1: Destination host unreachable
From 192.168.10.1: Destination host unreachable
From 192.168.10.1: Destination host unreachable
From 192.168.10.1: Destination host unreachable
```

```
--- 192.168.10.2 ping statistics ---
  5 packet(s) transmitted
  0 packet(s) received
  100.00% packet loss
```

（3）配置交换机的 Trunk 端口

将交换机 S1 和 S2 之间相连接的端口配置为 Trunk 端口类型，并且允许通过所有 VLAN 数据。

```
S1 交换机
[S1]interface GigabitEthernet 0/0/1
[S1-GigabitEthernet0/0/1]port link-type trunk                //设置端口类型为 Trunk
[S1-GigabitEthernet0/0/1]port trunk allow-pass vlan all      //允许所有 VLAN 数据通过

S2 交换机
[S2]interface GigabitEthernet 0/0/1
[S2-GigabitEthernet0/0/1]port link-type trunk
[S2-GigabitEthernet0/0/1]port trunk allow-pass vlan all
```

上面黑体字标注的命令就是配置 Trunk 端口，并设置允许哪些 VLAN 数据通过。这里是允许所有 VLAN 数据通过，也可以用“port trunk allow-pass vlan 10 20 30”的方式设置允许通过的 VLAN 数据。

（4）测试连通性

此时再测试同一个 VLAN 内计算机之间的连通性，发现可连通。下面显示的是 PC1 和 PC4 之间的测试结果，其他 VLAN 中计算机之间的连通性测试请读者自行测试。

```
PC>ping 192.168.10.2

Ping 192.168.10.2: 32 data bytes, Press Ctrl_C to break
From 192.168.10.2: bytes=32 seq=1 ttl=128 time=78 ms
From 192.168.10.2: bytes=32 seq=2 ttl=128 time=62 ms
From 192.168.10.2: bytes=32 seq=3 ttl=128 time=94 ms
From 192.168.10.2: bytes=32 seq=4 ttl=128 time=78 ms
From 192.168.10.2: bytes=32 seq=5 ttl=128 time=62 ms

--- 192.168.10.2 ping statistics ---
  5 packet(s) transmitted
  5 packet(s) received
  0.00% packet loss
  round-trip min/avg/max = 62/74/94 ms
```

3.2.4 Hybrid 端口的应用

前面主要介绍了 Access 端口和 Trunk 端口的配置，而华为交换机还支持 Hybrid 端口，这种端口既可以连接交换机也可以连接终端设备，而且使用相对比较灵活，既能实现 Access 端口功能，又能实现 Trunk 端口功能。下面通过一个例子来介绍 Hybrid 端口的配置和应用。

1．学习情境

在计算机系教师办公网络中，PC1 为系网络管理办公室的管理员计算机，属于 VLAN 10，网络专业教师计算机和软件专业教师计算机分布于不同的办公室，分别属于 VLAN 20 和 VLAN 30。根据管理要求，PC1 可以访问 VLAN 20 和 VLAN 30 中的计算机，其他计算机只能访问所属 VLAN 中的其他计算机。本实验网络拓扑如图 3-10 所示。

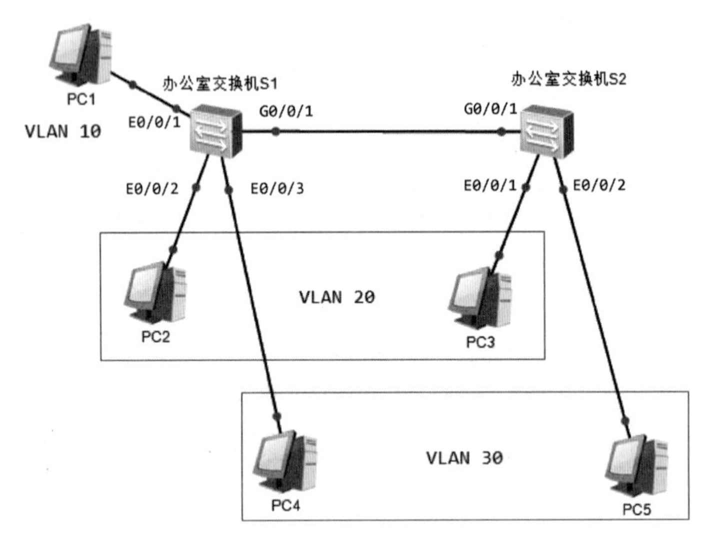

图 3-10　网络拓扑

2．配置思路

由于本实验要演示的是 Hybrid 端口的应用，因此本实验中的所有端口都使用 Hybrid 类型。需要明确下面几个问题。

- 每个连接终端的端口所属的 PVID，即端口的默认 VLAN。
- 每个连接终端的端口可以向终端转发哪些 VLAN 的数据帧。
- 交换机相连的端口允许通过的 VLAN 数据。

下面以两个端口进行说明。

（1）交换机 S1 的 E0/0/1 端口

此端口连接 VLAN 10 中的 PC1，所以 E0/0/1 端口的 PVID 为 VLAN 10。PC1 可以访问所有的计算机，所以 E0/0/1 端口允许转发给 PC1 的所有 VLAN 的数据帧，并且是去掉 VLAN 标签的数据帧。与 Access 端口比较，不同之处在于 Hybrid 端口可以根据设置允许转发指定的 VLAN 数据帧。

（2）交换机 S1 的 G0/0/1 端口

此端口连接交换机 S2，需要在 Hybrid 端口配置时指定允许通过的带 VLAN 标签的数据帧。具体配置内容与 Trunk 端口类似。

3．配置计算机 IP 地址参数并测试连通性

（1）配置拓扑中计算机 IP 地址参数

配置内容如下：

- PC1：192.168.1.1/24。

- PC2：192.168.1.2/24。
- PC3：192.168.1.3/24。
- PC4：192.168.1.4/24。
- PC5：192.168.1.5/24。

注意，所有计算机须在同一网段内，否则无法通信。请读者根据上面的参数自行配置，这里就不再演示。

（2）测试连通性

确认所有的计算机之间都能够正常通信。

4．配置交换机

（1）在两台交换机上创建 VLAN 10、VLAN 20 和 VLAN 30

使用命令“vlan batch 10 20 30”进行创建。注意，虽然交换机 S2 从图上看没有 VLAN 10 的设备，但因为需要转发该 VLAN 的数据，所以也必须创建 VLAN 10。

（2）配置交换机 S1 的端口

1）配置 E0/0/1 端口。

```
[S1]interface Ethernet0/0/1
[S1-Ethernet0/0/1]port link-type hybrid              //设置端口类型为 Hybrid
[S1-Ethernet0/0/1]port hybrid pvid vlan 10           //设置 PVID 为 VLAN 10
[S1-Ethernet0/0/1]port hybrid untagged vlan 10 20 30
//设置允许发送 VLAN 10、VLAN 20、VLAN 30 的数据帧，发送前去掉 VLAN 标签
```

上面黑体字标注的三条命令就是配置内容。Hybrid 为华为交换机的默认端口类型，新的交换机不需要设置。设置 PVID 是设置此端口所属的 VLAN，这样此端口在收到一个不带 VLAN 标签的数据时就会为这个数据加入 PVID 指定的 VLAN 标签。最后一条命令说明此端口在向终端设备转发 VLAN 10、VLAN 20、VLAN 30 数据时会去掉 VLAN 标签，同时其他 VLAN 的数据将不被转发。

2）配置 E0/0/2 和 E0/0/3 端口。

```
[S1]interface Ethernet0/0/2
[S1-Ethernet0/0/2]port link-type hybrid
[S1-Ethernet0/0/2]port hybrid pvid vlan 20
[S1-Ethernet0/0/2]port hybrid untagged vlan 10 20
[S1]interface Ethernet0/0/3
[S1-Ethernet0/0/3]port link-type hybrid
[S1-Ethernet0/0/3]port hybrid pvid vlan 30
[S1-Ethernet0/0/3]port hybrid untagged vlan 10 30
```

上面的配置中，由于 PC1 需要访问这两个端口，所以必须允许 VLAN 10 的数据通过。

3）配置 G0/0/1 端口

G0/0/1 端口的配置，就如前面所介绍的那样，此端口只需要允许 VLAN 10、VLAN 20、VLAN 30 的数据通过即可，并且转发时不去掉标签，不需要配置 PVID。

```
[S1]interface GigabitEthernet 0/0/1
```

```
[S1-GigabitEthernet0/0/1]port hybrid tagged vlan 10 20 30
//允许带 VLAN 标签通过的 VLAN
```

4）查看 VLAN 信息

```
<S1>display vlan
The total number of vlans is : 4
--------------------------------------------------------------------------------
U: Up;           D: Down;           TG: Tagged;          UT: Untagged;
MP: Vlan-mapping;                   ST: Vlan-stacking;
#: ProtocolTransparent-vlan;    *: Management-vlan;
--------------------------------------------------------------------------------

VID  Type     Ports
--------------------------------------------------------------------------------
1    common   UT:Eth0/0/1(U)      Eth0/0/2(U)      Eth0/0/3(U)      Eth0/0/4(D)
                 Eth0/0/5(D)      Eth0/0/6(D)      Eth0/0/7(D)      Eth0/0/8(D)
                 Eth0/0/9(D)      Eth0/0/10(D)     Eth0/0/11(D)     Eth0/0/12(D)
                 Eth0/0/13(D)     Eth0/0/14(D)     Eth0/0/15(D)     Eth0/0/16(D)
                 Eth0/0/17(D)     Eth0/0/18(D)     Eth0/0/19(D)     Eth0/0/20(D)
                 Eth0/0/21(D)     Eth0/0/22(D)     GE0/0/1(U)       GE0/0/2(D)

10   common   UT:Eth0/0/1(U)      Eth0/0/2(U)      Eth0/0/3(U)
              TG:GE0/0/1(U)

20   common   UT:Eth0/0/1(U)      Eth0/0/2(U)
              TG:GE0/0/1(U)

30   common   UT:Eth0/0/1(U)      Eth0/0/3(U)
              TG:GE0/0/1(U)

……//省略部分内容
```

上面以 VLAN 10 为例显示 VLAN 信息，从黑体字标注的内容中可以看到，端口 E0/0/1、E0/0/2、E0/0/3 允许转发 VLAN 10 数据，并去掉 VLAN 标签转发，关键字“UT”表示不带 VLAN 标签。端口 G0/0/1 允许以带标签的形式转发 VLAN 10 的数据，关键字“TG”表示带 VLAN 标签。

（2）配置交换机 S2 的端口

交换机 S2 的端口配置与交换机 S1 类似，请读者根据拓扑图自行配置，配置完成后 VLAN 信息如下。

```
The total number of vlans is : 4
--------------------------------------------------------------------------------
U: Up;           D: Down;           TG: Tagged;          UT: Untagged;
MP: Vlan-mapping;                   ST: Vlan-stacking;
#: ProtocolTransparent-vlan;    *: Management-vlan;
--------------------------------------------------------------------------------
```

```
VID  Type     Ports
--------------------------------------------------------------------------------
1    common   UT:Eth0/0/1(U)    Eth0/0/2(U)     Eth0/0/3(D)     Eth0/0/4(D)
                Eth0/0/5(D)     Eth0/0/6(D)     Eth0/0/7(D)     Eth0/0/8(D)
                Eth0/0/9(D)     Eth0/0/10(D)    Eth0/0/11(D)    Eth0/0/12(D)
                Eth0/0/13(D)    Eth0/0/14(D)    Eth0/0/15(D)    Eth0/0/16(D)
                Eth0/0/17(D)    Eth0/0/18(D)    Eth0/0/19(D)    Eth0/0/20(D)
                Eth0/0/21(D)    Eth0/0/22(D)    GE0/0/1(U)      GE0/0/2(D)

10   common   UT:Eth0/0/1(U)    Eth0/0/2(U)
                TG:GE0/0/1(U)

20   common   UT:Eth0/0/1(U)
                TG:GE0/0/1(U)

30   common   UT:Eth0/0/2(U)
                TG:GE0/0/1(U)
……//省略部分内容
```

（3）测试

测试过程请读者自行操作，测试的结果如下。

- PC1 可以与 VLAN 20、VLAN 30 的计算机通信。
- VLAN 20 与 VLAN 30 之间不能通信。

3.2.5 GVRP 的应用

如果网络上有大量的交换机，而且交换机上的 VLAN 经常根据需要进行调整，仅靠管理员手动配置需要大量的时间。GVRP 协议允许在部分交换机上手动配置 VLAN（静态 VLAN）信息，并传递到其他的交换机，从而在这些交换机上自动创建相应的 VLAN（动态 VLAN）。这样不仅提高了配置效率，而且降低了出错的概率。下面通过一个例子学习一下 GVRP 的配置。

1．学习情境

计算机系有两个实验楼，这两个实验楼的网络都划分了相同的 VLAN，同时为了实验需要，有时还需要在网络中临时添加或删除 VLAN，此时管理员需要在所有的交换机上创建或删除所有的 VLAN。为了方便管理、提高配置效率，并更好地为教学服务，管理员决定在交换机上使用 GVRP 来实现 VLAN 信息的动态发布。本实验网络拓扑如图 3-11 所示。

2．配置交换机

（1）配置交换机 S1、S2 和 S3

1）配置交换机 S1。

需要在交换机 S1 上创建静态 VLAN 10，同时要使 S2 和 S3 能获取该 VLAN 的信息。首先启用全局的 GVRP，然后将交换机之间的 Trunk 端口启用 GVRP。

```
[S1]vlan 10
```

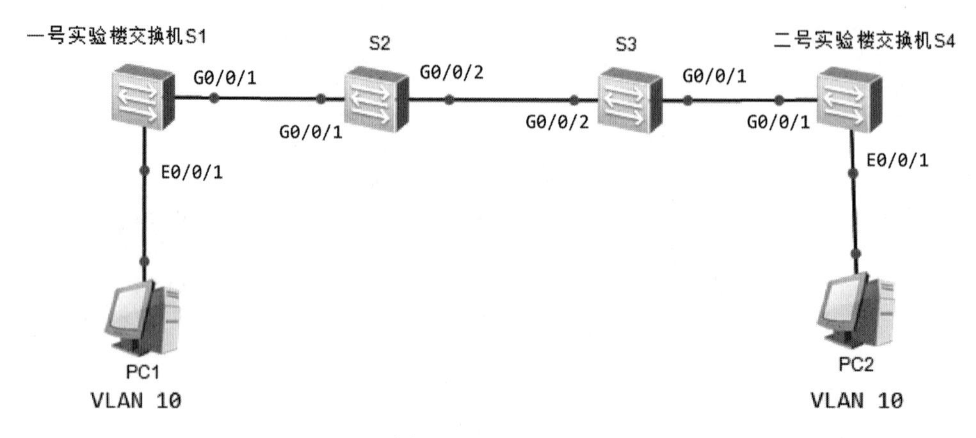

图 3-11　网络拓扑

```
[S1-Ethernet0/0/1]port link-type access
[S1-Ethernet0/0/1]port default vlan 10

[S1]gvrp                  //开启全局 GVRP
[S1]interface GigabitEthernet 0/0/1
[S1-GigabitEthernet0/0/1]port link-type trunk
[S1-GigabitEthernet0/0/1]port trunk allow-pass vlan all
[S1-GigabitEthernet0/0/1]gvrp
//开启端口的 GVRP，注意端口需要先配置为 Trunk 端口
```

注意：连接终端设备的端口不需要开启端口 GVRP，因为它不需要传递 VLAN 信息。

2）交换机 S2 和 S3 的配置。

交换机 S2 和 S3 的配置相似，这里以 S2 为例进行介绍。由于 S2 的端口都是连接交换机的，因此只要开启全局 GVRP，再开启端口的 GVRP 即可。

```
[S2]gvrp                          //开启全局 GVRP
[S2]port-group 1
[S2-port-group-1]group-member GigabitEthernet 0/0/1 to GigabitEthernet 0/0/2
[S2-port-group-1]port link-type trunk
[S2-port-group-1]port trunk allow-pass vlan all
[S2-port-group-1]gvrp             //开启端口的 GVRP
```

交换机 S2 的端口配置内容都一样，所以使用端口组的方式把需要配置的端口都选中进行统一配置。

（2）配置交换机 S4

交换机 S4 的配置内容与交换机 S1 的配置内容相同，首先开启全局 GVRP，再配置 g0/0/1 端口。

1）配置 G0/0/1 端口。

```
[S4]gvrp                  //开启全局 GVRP
[S4]interface GigabitEthernet 0/0/1
[S4-GigabitEthernet0/0/1]port link-type trunk
[S4-GigabitEthernet0/0/1]port trunk allow-pass vlan all
```

```
[S4-GigabitEthernet0/0/1]gvrp            //开启端口的 GVRP
```

2）查看交换机 S4 的 VLAN 信息。

```
<S4>display vlan
The total number of vlans is : 2

VID   Type     Ports
--------------------------------------------------------------------------------
1     common   UT:Eth0/0/1(U)     Eth0/0/2(D)     Eth0/0/3(D)     Eth0/0/4(D)
                  Eth0/0/5(D)     Eth0/0/6(D)     Eth0/0/7(D)     Eth0/0/8(D)
                  Eth0/0/9(D)     Eth0/0/10(D)    Eth0/0/11(D)    Eth0/0/12(D)
                  Eth0/0/13(D)    Eth0/0/14(D)    Eth0/0/15(D)    Eth0/0/16(D)
                  Eth0/0/17(D)    Eth0/0/18(D)    Eth0/0/19(D)    Eth0/0/20(D)
                  Eth0/0/21(D)    Eth0/0/22(D)    GE0/0/1(U)      GE0/0/2(D)

10    dynamic TG:GE0/0/1(U)
```

从上面信息的黑体字内容可知，在交换机 S4 中 VLAN 10 已经存在，是动态产生的，现在将 E0/0/1 加入到 VLAN 10 中。

```
[S4]interface e0/0/1
[S4-Ethernet0/0/1]port link-type access
[S4-Ethernet0/0/1]port default vlan 10
Error: The VLAN is a dynamic VLAN and cannot be configured.
```

在加入 VLAN 10 的过程中出现了错误提示“Error: The VLAN is a dynamic VLAN and cannot be configured.”，这说明无法将端口加入到动态产生的 VLAN 中，所以交换机 S4 上仍然要手动创建 VLAN 10，才能将端口加入 VLAN 10 中。

3）将 e0/0/1 端口加入到 VLAN10。

```
[S4]vlan 10        //手动创建 VLAN 10
[S4-Ethernet0/0/1]port link-type access
[S4-Ethernet0/0/1]port default vlan 10
```

手动创建了静态 VLAN 10 后，E0/0/1 端口就可以顺利加入到 VLAN 10 中了。

在使用 GVRP 时，要注意动态产生的 VLAN 是无法添加端口的，所以需要添加端口到 VLAN 的交换机必须手动配置对应的 VLAN。在删除 VLAN 时，只有把所有静态 VLAN 全部删除才能把对应的动态 VLAN 从网络所有交换机上真正删除。

3.3 VLAN 之间的通信

在实际使用中，不同 VLAN 使用的 IP 地址都是不同网段的，这与 Hybrid 端口有所不同。Hybrid 端口中，所有的 VLAN 都使用同一个网段的 IP 地址。因此，在实际使用中仅靠 Hybrid 端口来实现不同 VLAN 之间的通信是不现实的。

由于不同 VLAN 之间的计算机无法实现二层通信，因此必须通过三层路由才能将数据从一个 VLAN 转发到另外一个 VLAN，实现的方法有以下三种。

1）在路由器上为每个 VLAN 分配一个单独的接口，并使用一条物理链路连接到二层交换机上。当 VLAN 间的计算机需要通信时，数据会经路由器进行三层路由，并被转发到目的 VLAN 内的计算机，实现 VLAN 之间的相互通信。

然而，随着每个交换机上 VLAN 数量的增加，必然需要大量的路由器接口，而路由器的接口数量有限，因此，实际应用中一般不会采用该方案解决 VLAN 间的通信问题。

2）在交换机和路由器之间仅使用一条物理链路连接。在交换机上，把连接到路由器的端口配置成 Trunk 类型的端口，并允许相关 VLAN 的数据通过。在路由器上需要创建子接口，把连接路由器的物理链路从逻辑上分成多条虚拟链路，一个子接口代表一条归属于某个 VLAN 的逻辑链路。

3）在三层交换机上配置 VLANIF 逻辑接口来实现 VLAN 间路由。如果网络上有多个 VLAN，则需要给每个 VLAN 配置一个 VLANIF 逻辑接口，并给每个 VLANIF 逻辑接口配置一个 IP 地址。用户设置的默认网关就是三层交换机中 VLANIF 逻辑接口的 IP 地址。

后两种方法在实际使用中比较常用，下面将重点介绍这两种方法的配置过程。

3.3.1　三层交换机实现 VLAN 间通信

1. 学习情境

在计算机系的网络中，机房管理员办公室的计算机在不同的 VLAN 中，但为了能够通信，要在 S5700 三层交换机 S1 上做相应配置。本实验网络拓扑如图 3-12 所示。

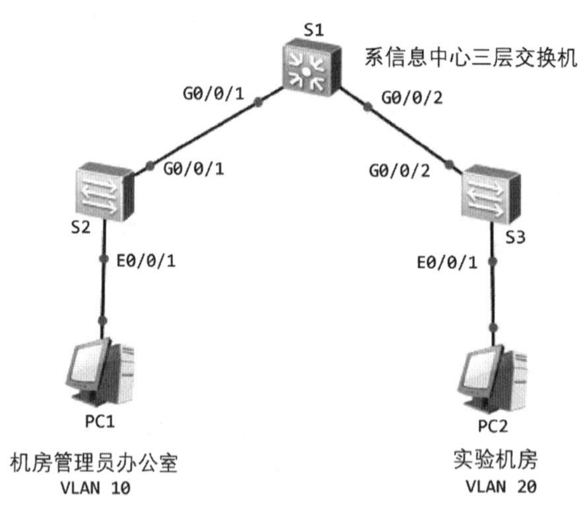

图 3-12　网络拓扑

2. 配置计算机 IP 参数

配置内容如下：

- PC1：192.168.1.1/24，网关地址：192.168.1.254。
- PC2：192.168.2.1/24，网关地址：192.168.2.254。

3．配置交换机

（1）在所有交换机上创建 VLAN 10 和 VLAN 20

在三台交换机上使用命令“vlan batch 10 20”创建静态 VLAN 10 和 VLAN 20。

（2）配置交换机端口

1）配置交换机 S1 端口。

因为交换机 S1 为三层交换机，其端口需要设置为 Trunk 类型，并允许 VLAN 10 和 VLAN 20 的数据通过。

```
[S1]port-group 1
[S1-port-group-1]group-member g0/0/1 to g0/0/2
[S1-port-group-1]port link-type trunk
[S1- port-group-1]port trunk allow-pass vlan all
```

2）配置交换机 S2 和 S3 端口。

交换机 S2 和 S3 端口的配置内容类似。

```
[S2]interface Ethernet0/0/1
[S2-Ethernet0/0/1]port link-type access
[S2-Ethernet0/0/1]port default vlan 10
[S2]interface GigabitEthernet 0/0/1
[S2-GigabitEthernet0/0/1]port link-type trunk
[S2-GigabitEthernet0/0/1]port trunk allow-pass vlan all

[S3]interface Ethernet0/0/1
[S3-Ethernet0/0/1]port link-type access
[S3-Ethernet0/0/1]port default vlan 20
[S3]interface GigabitEthernet 0/0/2
[S3-GigabitEthernet0/0/2]port link-type trunk
[S3-GigabitEthernet0/0/2]port trunk allow-pass vlan all
```

3）测试计算机间的连通性。

在 PC1 上利用 ping 命令的测试结果为无法通信。

（3）在 S1 上配置 VLANIF 接口

1）配置 VLANIF 接口的 IP 地址。

主要是配置 VLANIF 接口的 IP 地址，此地址即为计算机的默认网关地址。

```
[S1]interface vlan 10          //创建并进入 VLAN 10 接口
[S1-Vlanif10]ip address 192.168.1.254 24
[S1]interface vlan 20          //创建并进入 VLAN20 接口
[S1-Vlanif10]ip address 192.168.2.254 24
```

2）查看 VLANIF 信息。

```
[S1]display current-configuration
……（省略部分内容）
```

```
#
interface Vlanif1
#
interface Vlanif10
 ip address 192.168.1.254 255.255.255.0        //VLANIF 10 接口地址
#
interface Vlanif20
 ip address 192.168.2.254 255.255.255.0        //VLANIF 20 接口地址
#
……//省略部分内容
```

4．计算机之间的测试

通过 ping 命令可以看到 PC1 和 PC2 之间已经可以通信了。

3.3.2 单臂路由实现 VLAN 间通信

单臂路由是指在路由器的一个网络端口上通过配置子接口（即“逻辑接口”，并不是物理上的接口）的方式，实现相互隔离的不同 VLAN 之间的互联互通。单臂路由的结构如图 3-13 所示。

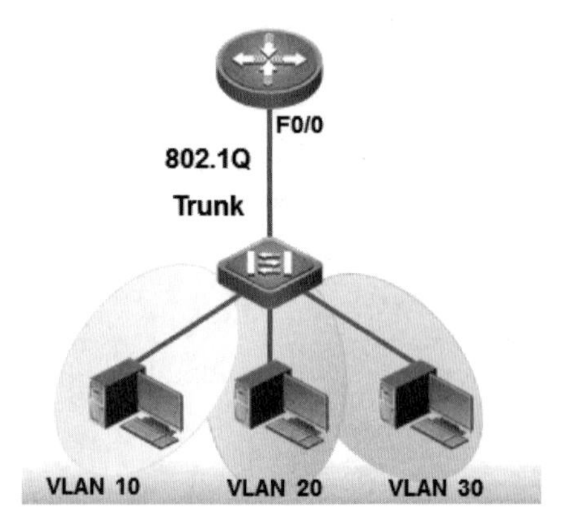

图 3-13 单臂路由结构图

配置子接口时，需要注意以下几点。

- 必须为每个子接口分配一个 IP 地址。该 IP 地址与子接口所属 VLAN 属于同一网段。
- 需要在子接口上配置 802.1Q 封装，去掉和添加 VLAN Tag，从而实现 VLAN 间互通。
- 在子接口上执行命令“arp broadcast enable”启用子接口的 ARP 广播功能。

1．学习情境

在计算机系的网络中，辅导员办公室的计算机在 VLAN 10，学生管理服务器在 VLAN 20，两者之间需要能够通信，所以利用路由器 R1 连接了一个单臂路由的拓扑。本实验网络拓扑如图 3-14 所示。

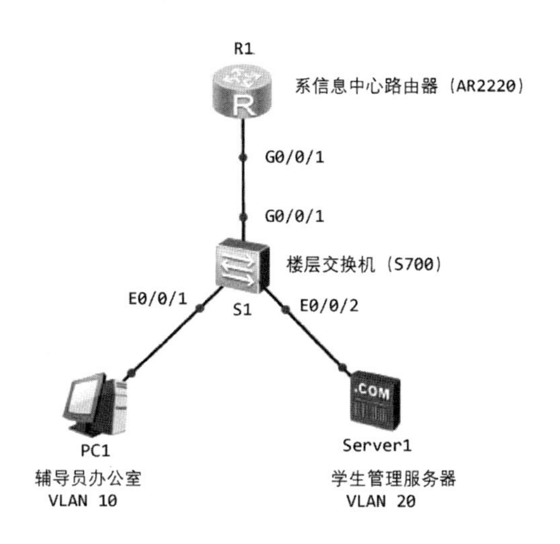

图 3-14　网络拓扑

2. 配置计算机 IP 参数

配置内容如下：

- PC1：192.168.1.1/24，网关地址：192.168.1.254。
- Server1：192.168.2.1/24，网关地址：192.168.2.254。

Server1 的配置与 PC1 有所不同，如图 3-15 所示。

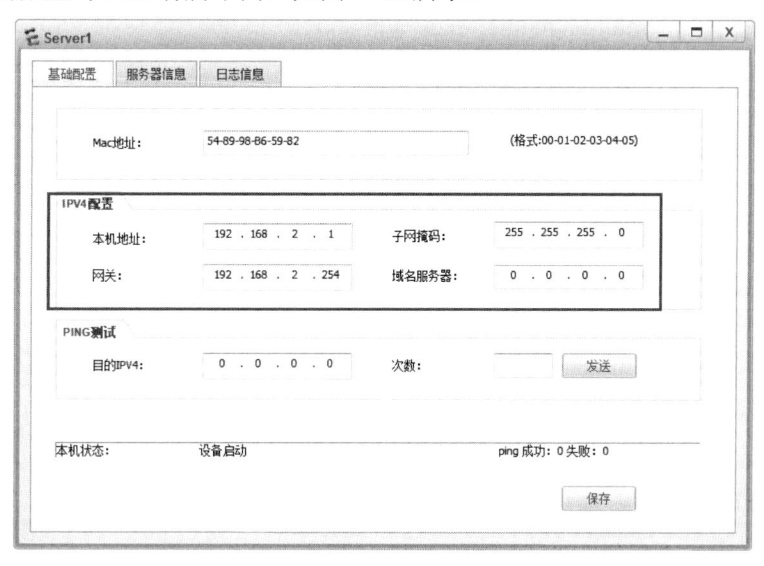

图 3-15　服务器 IP 地址配置

3. 配置交换机

（1）创建 VLAN，并添加端口

```
[S1]vlan batch 10 20
[S1]interface Ethernet0/0/1
```

```
[S1-Ethernet0/0/1]port link-type access
[S1-Ethernet0/0/1]port default vlan 10
[S1]interface Ethernet0/0/2
[S1-Ethernet0/0/2]port link-type access
[S1-Ethernet0/0/2]port default vlan 20
```

（2）配置交换机的 Trunk 端口

```
[S1]interface GigabitEthernet 0/0/1
[S1-GigabitEthernet0/0/1]port link-type trunk
[S1-GigabitEthernet0/0/1]port trunk allow-pass vlan all
```

交换机配置完成后，测试 PC1 和 Server1 之间的连通情况，此时应该是无法通信的。

4．配置路由器

大多数华为设备使用的都是 VRP 操作系统平台，它们的配置命令也基本类似。

（1）修改路由器名称

```
<Huawei>system-view
[Huawei]sysname R1
[R1]
```

（2）配置子接口

1）配置子接口参数。

```
[R1]interface GigabitEthernet 0/0/1.1            //进入子接口配置视图
[R1-GigabitEthernet0/0/1.1]ip address 192.168.1.254 24
//配置子接口 IP 地址，此地址为对应 VLAN 的网关地址
[R1-GigabitEthernet0/0/1.1]dot1q termination vid 10
//配置 802.1Q 封装，对应 VLAN 为 VLAN 10
[R1-GigabitEthernet0/0/1.1]arp broadcast enable            //开启子接口的 ARP 广播功能

[R1]interface GigabitEthernet 0/0/1.2
[R1-GigabitEthernet0/0/1.1]ip address 192.168.2.254 24
[R1-GigabitEthernet0/0/1.1]dot1q termination vid 20
[R1-GigabitEthernet0/0/1.1]arp broadcast enable
```

配置 802.1Q 封装的作用是在接收 VLAN 数据时去掉 VLAN 标签进行三层转发，在发送数据时，把与该子接口对应的 VLAN 标签添加到 VLAN 数据中。

开启子接口的 ARP 广播功能后，子接口才能主动发送 ARP 广播报文，并向外转发 IP 报文。

2）查看子接口配置信息。

```
[R1]display ip interface brief
*down: administratively down
……//省略部分内容
Interface                         IP Address/Mask        Physical     Protocol
GigabitEthernet0/0/0              unassigned             down         down
GigabitEthernet0/0/1              unassigned             up           down
```

```
GigabitEthernet0/0/1.1          192.168.1.254/24     up         up
GigabitEthernet0/0/1.2          192.168.2.254/24     up         up
GigabitEthernet0/0/2            unassigned           down       down
NULL0
```

通过黑体字标注的内容可以看出，两个子接口的物理状态和协议状态都是“up”。

3）查看路由表。

```
[R1]display ip routing-table
Route Flags: R - relay, D - download to fib
------------------------------------------------------------------------------
Routing Tables: Public
         Destinations : 10        Routes : 10

Destination/Mask    Proto   Pre  Cost      Flags NextHop         Interface

      127.0.0.0/8   Direct  0    0           D   127.0.0.1       InLoopBack0
      127.0.0.1/32  Direct  0    0           D   127.0.0.1       InLoopBack0
127.255.255.255/32  Direct  0    0           D   127.0.0.1       InLoopBack0
    192.168.1.0/24  Direct  0    0           D   192.168.1.254   GigabitEthernet
0/0/1.1
  192.168.1.254/32  Direct  0    0           D   127.0.0.1       GigabitEthernet
0/0/1.1
  192.168.1.255/32  Direct  0    0           D   127.0.0.1       GigabitEthernet
0/0/1.1
    192.168.2.0/24  Direct  0    0           D   192.168.2.254   GigabitEthernet
0/0/1.2
  192.168.2.254/32  Direct  0    0           D   127.0.0.1       GigabitEthernet
0/0/1.2
  192.168.2.255/32  Direct  0    0           D   127.0.0.1       GigabitEthernet
0/0/1.2
255.255.255.255/32  Direct  0    0           D   127.0.0.1       InLoopBack0
```

通过黑体字标注的内容可以看出，发送到 192.168.1.0/24 网段的数据通过 GigabitEthernet 0/0/1.1 子接口发送，发送到 192.168.2.0/24 网段的数据通过 GigabitEthernet 0/0/1.2 子接口发送。

（3）测试

在 PC1 上利用 ping 命令测试 PC1 与 Server1 的连通性。

```
PC>ping 192.168.2.1

Ping 192.168.2.1: 32 data bytes, Press Ctrl_C to break
From 192.168.2.1: bytes=32 seq=1 ttl=254 time=46 ms
From 192.168.2.1: bytes=32 seq=2 ttl=254 time=62 ms
From 192.168.2.1: bytes=32 seq=3 ttl=254 time=62 ms
From 192.168.2.1: bytes=32 seq=4 ttl=254 time=32 ms
```

```
From 192.168.2.1: bytes=32 seq=5 ttl=254 time=62 ms

--- 192.168.2.1 ping statistics ---
  5 packet(s) transmitted
  5 packet(s) received
  0.00% packet loss
  round-trip min/avg/max = 32/52/62 ms
```

可以观察到两者之间通信正常。

虽然利用单臂路由也可以实现不同 VLAN 之间的通信，但这种方法的数据转发效率要低于使用三层交换机进行 VLAN 数据转发的效率。所以，在实际应用中，VLAN 之间的数据转发最好还是使用三层交换机来实现。

3.4 项目演示：构建办公网络

1．项目任务

- 为计算机系的办公楼组建一个办公网络。
- 为避免病毒的迅速传播以及提高网络使用效率，要将各专业和管理部门进行隔离。
- 实现隔离后，必须保证不同部门之间的正常交流。

2．项目拓扑

图 3-16 所示为本项目演示的网络拓扑，可在 eNSP 上自行创建。

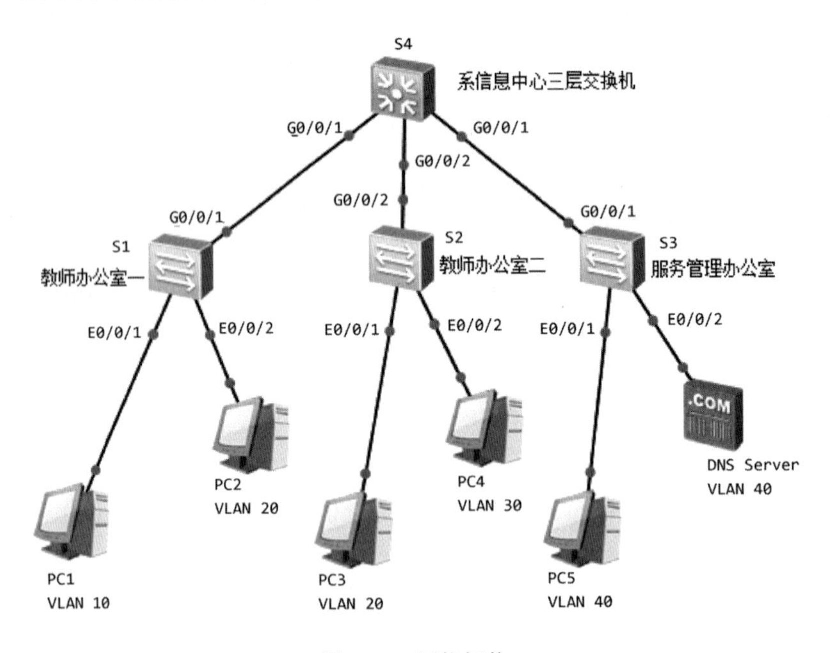

图 3-16　网络拓扑

3．设备网络参数

表 3-1 所示为各设备的网络参数。

表 3-1　网络参数

计算机名	IP 地址	VLAN 号	网关
PC1	192.168.10.1/24	10	192.168.10.254
PC2	192.168.20.1/24	20	192.168.20.254
PC3	192.168.20.2/24	20	192.168.20.254
PC4	192.168.30.1/24	30	192.168.30.254
PC5	192.168.40.1/24	40	192.168.40.254
DNS Server	192.168.40.2/24	40	192.168.40.254

4．设备连接

参照图 3-16 进行设备连接。

5．配置过程

（1）配置计算机的 IP 地址参数

请读者根据表 3-1 自行配置。

（2）配置交换机 S1、S2 和 S3

1）配置交换机 S1。

```
<Huawei>system-view
[Huawei]sysname S1
[S1]vlan batch 10 20 30 40

[S1]interface Ethernet0/0/1
[S1-Ethernet0/0/1]port link-type access
[S1-Ethernet0/0/1]port default vlan 10

[S1]interface Ethernet0/0/2
[S1-Ethernet0/0/2]port link-type access
[S1-Ethernet0/0/2]port default vlan 20

[S1]interface GigabitEthernet 0/0/1
[S1-GigabitEthernet0/0/1]port link-type trunk
[S1-GigabitEthernet0/0/1]port trunk allow-pass vlan all
```

交换机 S2 和 S3 的配置内容与 S1 基本类似，这里就不再赘述。

2）查看 S1 的端口配置信息。

```
<S1>display current-configuration
……//省略部分内容
interface Ethernet0/0/1
 port link-type access
 port default vlan 10
#
interface Ethernet0/0/2
 port link-type access
 port default vlan 20
```

```
#
……//省略部分内容
interface GigabitEthernet0/0/1
 port link-type trunk
 port trunk allow-pass vlan 2 to 4094
……//省略部分内容
```

3）查看 S1 的 VLAN 配置信息。

```
<S1>display vlan
The total number of vlans is : 5
……//省略部分内容
10    common   UT:Eth0/0/1(U)
               TG:GE0/0/1(U)

20    common   UT:Eth0/0/2(U)

               TG:GE0/0/1(U)

30    common   TG:GE0/0/1(U)

40    common   TG:GE0/0/1(U)
……//省略部分内容
```

（4）配置交换机 S4

1）配置 VLANIF 接口。

```
[S4]vlan batch 10 20 30 40
[S4]interface vlanif 10
[S4-Vlanif10]ip address 192.168.10.254 24
[S4]interface vlanif 20
[S4-Vlanif20]ip address 192.168.20.254 24
[S4]interface vlanif 30
[S4-Vlanif30]ip address 192.168.30.254 24
[S4]interface vlanif 40
[S4-Vlanif40]ip address 192.168.40.254 24
```

2）配置 Trunk 端口。

```
[S4]port-group 1
[S4-port-group-1]group-member g0/0/1 to g0/0/3
[S4-port-group-1]port link-type trunk
[S4-port-group-1]port trunk allow-pass vlan all
```

3）查看 VLANIF 接口信息。

```
<S4>display current-configuration
……//省略部分内容
interface Vlanif10
```

```
  ip address 192.168.10.254 255.255.255.0
#
interface Vlanif20
  ip address 192.168.20.254 255.255.255.0
#
interface Vlanif30
  ip address 192.168.30.254 255.255.255.0
#
interface Vlanif40
  ip address 192.168.40.254 255.255.255.0
……//省略部分内容
```

4）查看路由表。

```
<S4>display ip routing-table
Route Flags: R - relay, D - download to fib
------------------------------------------------------------------------------
Routing Tables: Public
          Destinations : 10          Routes : 10

Destination/Mask    Proto   Pre  Cost      Flags NextHop         Interface

      127.0.0.0/8   Direct  0    0           D   127.0.0.1       InLoopBack0
      127.0.0.1/32  Direct  0    0           D   127.0.0.1       InLoopBack0
   192.168.10.0/24  Direct  0    0           D   192.168.10.254  Vlanif10
 192.168.10.254/32  Direct  0    0           D   127.0.0.1       Vlanif10
   192.168.20.0/24  Direct  0    0           D   192.168.20.254  Vlanif20
 192.168.20.254/32  Direct  0    0           D   127.0.0.1       Vlanif20
   192.168.30.0/24  Direct  0    0           D   192.168.30.254  Vlanif30
 192.168.30.254/32  Direct  0    0           D   127.0.0.1       Vlanif30
   192.168.40.0/24  Direct  0    0           D   192.168.40.254  Vlanif40
 192.168.40.254/32  Direct  0    0           D   127.0.0.1       Vlanif40
```

从黑体字内容可看出 4 个网段路由都已经产生。

（5）测试

在不同 VLAN 的计算机上测试与其他 VLAN 中计算机的连通性。根据配置情况，所有计算机之间应该都可以通信。

3.5 课后实验

实验 1　VLAN 基本应用

实验目的：

- 掌握 VLAN 的划分、端口分配的基本配置方法。
- 掌握 Trunk 链路的应用。

实验拓扑：

本实验网络拓扑如图 3-17 所示。

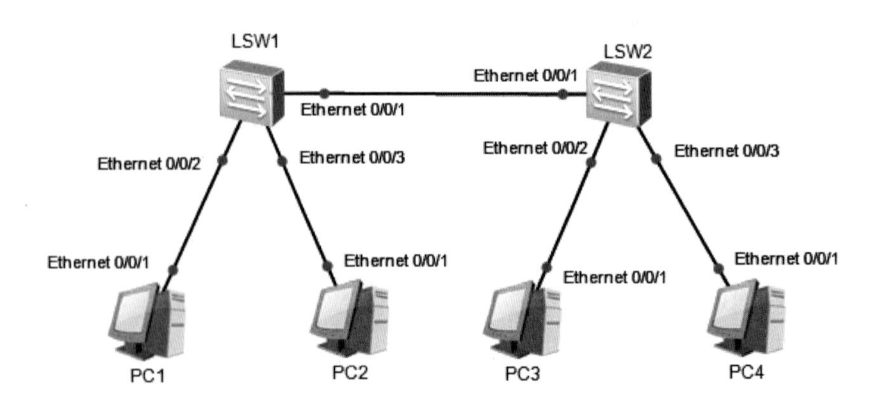

图 3-17　网络拓扑

实验内容：

1）规划各设备的 IP 地址，如表 3-2 所示。

表 3-2　各设备的 IP 地址

设备名称	IP 地址	子网掩码
PC1	10.65.1.1	255.255.0.0
PC2	10.66.1.1	255.255.0.0
PC3	10.65.1.3	255.255.0.0
PC4	10.66.1.3	255.255.0.0
LSW1	10.65.1.7	255.255.0.0
LSW2	10.65.1.8	255.255.0.0

2）设置 VLAN。

- 将 LSW1 主机名设置为 LSW1，并创建两个 VLAN，名称分别为 VLAN 2 和 VLAN 3。
- 将 LSW1 交换机的 E0/0/2 加入到 VLAN 2，E0/0/3 加入到 VLAN 3。
- 将 LSW2 主机名设置为 LSW2，并创建两个 VLAN，名称分别为 VLAN 2 和 VLAN 3。
- 将 LSW2 交换机的 E0/0/2 加入到 VLAN 2，E0/0/3 加入到 VLAN 3。

3）测试计算机之间的连通性。

4）将交换机之间的链路配置为 Trunk 类型链路。

5）再次测试计算机之间的连通性。

实验 2　多交换机的 VLAN

实验目的：

- 掌握 VLAN 的创建和划分。
- 掌握 Trunk 链路的应用。
- 掌握利用三层交换机实现不同 VLAN 之间通信的方法。

实验拓扑：

本实验网络拓扑如图 3-18 所示。

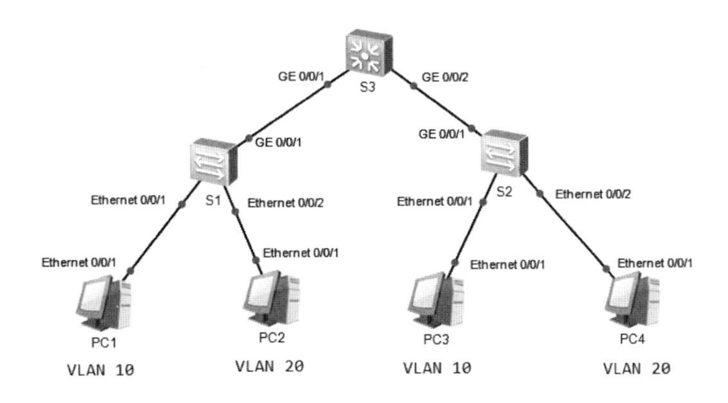

图 3-18　网络拓扑

实验内容：

1）按图 3-18 搭建网络，注意连接的端口（选择三层交换机 S5700 和二层交换机 S3700）。

2）配置计算机的 IP 地址参数。

- PC1：IP 为 192.168.1.1/24，网关为 192.168.1.254，属于 VLAN 10。
- PC2：IP 为 192.168.2.1/24，网关为 192.168.2.254，属于 VLAN 20。
- PC3：IP 为 192.168.1.2/24，网关为 192.168.1.254，属于 VLAN 10。
- PC4：IP 为 192.168.2.2/24，网关为 192.168.2.254，属于 VLAN 20。

3）测试连通性。

此时 PC1 与 PC3 能够通信，PC2 与 PC4 能够通信。

4）在 S1 和 S2 上创建静态 VLAN 10 和 VLAN 20，并利用 GVRP 功能在 S3 上创建这两个 VLAN。

5）根据拓扑图将计算机加入不同的 VLAN。

6）配置三层交换机，使 4 台计算机能够相互通信。

实验 3　单臂路由

实验目的：

掌握利用单臂路由实现 VLAN 之间通信的方法。

实验拓扑：

本实验网络拓扑如图 3-19 所示。

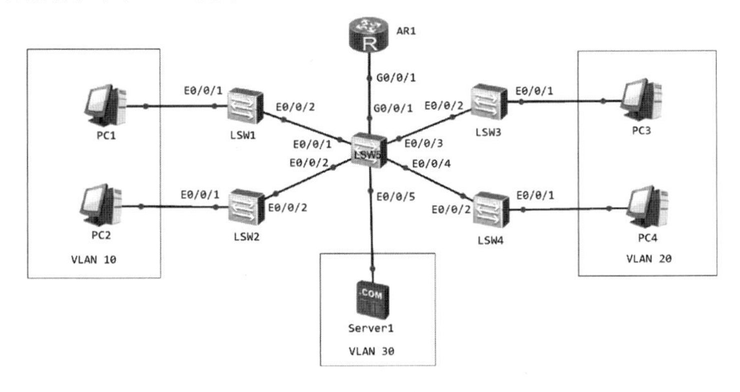

图 3-19　本实

实验内容：

1）按图 3-19 搭建网络，注意连接的端口（选择二层交换机 S3700 和路由器 AR2220）。

2）配置设备 IP 地址参数（计算机和服务器的地址根据所在 VLAN 自行设置）。

- VLAN 10 的网段地址为 192.168.1.0/24，网关地址为 192.168.1.254。
- VLAN 20 的网段地址为 192.168.2.0/24，网关地址为 192.168.2.254。
- VLAN 30 的网段地址为 192.168.3.0/24，网关地址为 192.168.3.254。

3）配置路由器，利用单臂路由使网络中的所有计算机之间都能够相互通信。

第 4 章　提高交换式网络的可靠性

本章要点

- 交换式网络冗余技术介绍
- 生成树协议的基本应用
- 链路聚合的基本应用

4.1　交换式网络的冗余技术

在网络的使用中，提高网络的转发能力以及冗余性显得十分重要。为了达到此目的，需要投入相当数量的物理设备，例如增加相同型号的网络设备、增加性质相同的连接线缆等。与此同时，添加网络设备与线缆所导致的一系列问题也随之而来，而这些问题不解决将影响网络的正常运行，严重时还会导致网络瘫痪。

在交换式网络中，为了提高网络的可靠性，会使交换机之间的多条线路形成冗余链路。冗余链路虽然增强了网络的可靠性，但是也会产生环路。交换机的工作特点使得环路产生一系列的影响，继而导致通信质量下降和通信业务中断等问题，因此需要根据应用环境配置生成树、链路聚合等才能避免冗余链路对网络运行的影响。图 4-1 所示为二层交换网络的冗余链路。

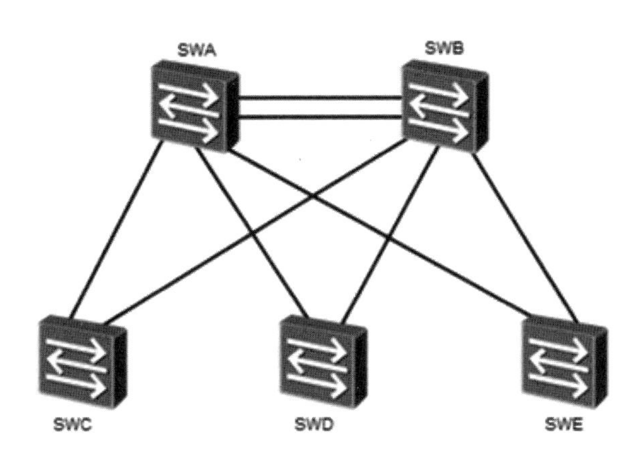

图 4-1　二层交换网络的冗余链路

4.1.1　环路在交换式网络中的主要问题

交换式以太网一般都采用增加冗余链路的方法来提高网络的可靠性，但受到交换机工作方式的影响，这种方法会产生几个问题，严重时会导致网络陷入瘫痪状态，所以必须有合适的方法控制这些问题。下面简单介绍这几个问题。

1．广播风暴

在一个网段中，一台设备发送的数据被网段中所有的设备识别并接收的通信模式称为广播。在网络中时刻都存在着广播信息，通常情况下广播信息是有用的，但随着网络中计算机数量的增多，广播包的数量也急剧增加，如果不加限制，网络资源将长时间被大量的广播数据包所占用。当广播数据包的数量达到 30%时，网络的传输速率将会明显下降，使正常的点对点通信无法正常进行，导致网络性能下降，甚至网络瘫痪，这就是广播风暴。

根据交换机的转发原则，如果交换机从一个端口上接收到的是一个广播帧，或者是一个目的 MAC 地址未知的单播帧，则会将这个帧向除源端口之外的所有其他端口转发。如果交换网络中有环路，则这个帧会被无限转发，此时便会形成广播风暴，网络中也会充斥着重复的数据帧，如图 4-2 所示。

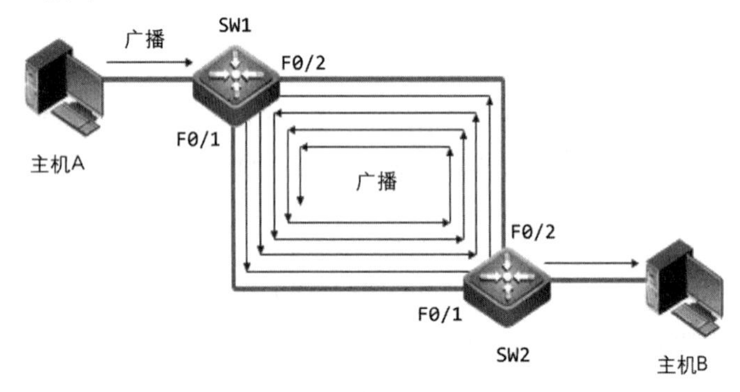

图 4-2　广播风暴

2．MAC 地址表震荡

交换机学习 MAC 地址的目的是识别所收到的数据信息的来源和目的，并对数据进行下一步的处理。当交换网络内出现环路时，导致各个端口都可能接收到具有相同源 MAC 地址的信息，这样无法稳定地保存 MAC 地址信息，造成 MAC 地址表的不断变化，从而导致整体网络运行速度的下降，如图 4-3 所示。

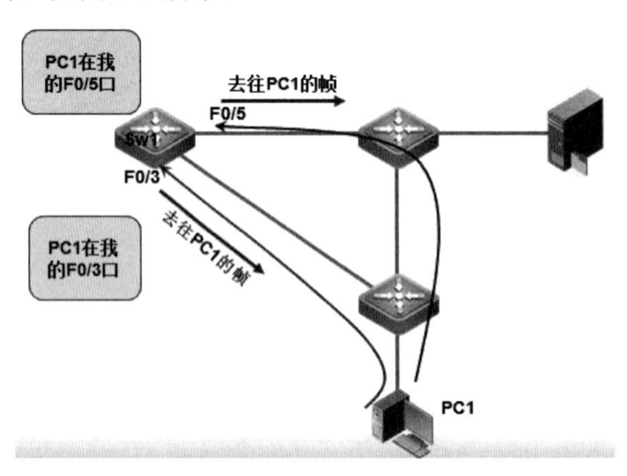

图 4-3　MAC 地址表震荡

3．多帧复制

以图 4-4 为例，在有环路的情况下，假设用户 A 发出了一个目的地址为主机 B 的单播帧，而且交换机 SW1 的 MAC 地址表中没有主机 B 的 MAC 地址记录，因此 SW1 用泛洪的方式将单播帧转发出去。交换机 SW2 从不同的端口收到了同样的单播帧，由于 SW2 的 MAC 地址表中有主机 B 的 MAC 地址记录，则 SW2 将收到的两个单播帧都转发给了目标主机 B，目标主机 B 收到两个同样的单播帧，这种现象称为多帧复制。多帧复制可能导致数据无法识别和处理。

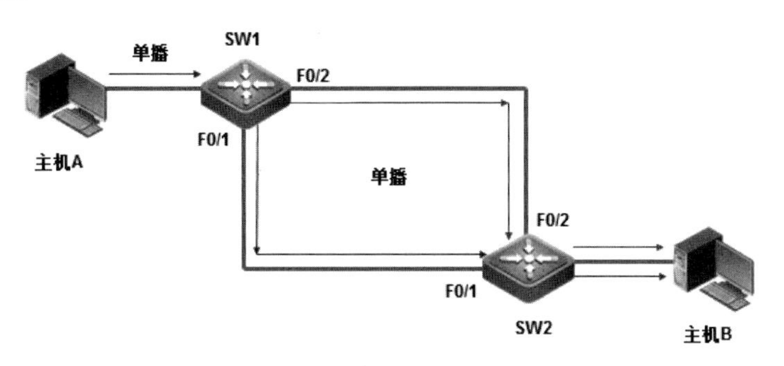

图 4-4　多帧复制

4.1.2　解决环路的方法

越来越多重要的场合采用高可靠性来保证网络不间断运行，并且为了防止单点故障，常常采用多个交换机组合成为一个环状的网络拓扑，但这往往会产生上文提到的交换环路所导致的一系列的问题。解决环路对交换式网络影响的主要方法是 STP（Spanning Tree Protocol，生成树协议）。

IEEE 通过了 802.1d 协议，即生成树协议。该协议采用一系列的算法将某些导致环路的交换端口在逻辑上进行“阻塞”或“禁用”。这就使环路上出现断路，使网络环路在逻辑上形成分支结构，避免了环路造成的影响。而当正常使用的网络突然出现问题时，这些逻辑上“阻塞”或“禁用”的端口会迅速开启从而保障网络的正常工作，提高了网络的冗余性。

STP 的主要作用有以下两点：

- 消除环路：通过阻断冗余链路来消除网络中可能存在的环路。
- 链路备份：当活动路径发生故障时，激活备份链路，及时恢复网络连通性。

随着网络的不断发展，STP 技术也在不断地发展，以应对越来越复杂的网络环境，常用的相关协议有以下几种。

1）IEEE 定义的协议：STP/RSTP/MSTP。

2）网络公司私有协议：PVST/PVST+。

IEEE 定义的协议中 STP/RSTP 属于标准协议，目前所有厂商的设备都支持该协议，所以本书只对 IEEE 定义的协议进行详细介绍。

4.1.3 生成树协议的原理

1．生成树简介

生成树协议主要用于解决冗余链路形成的环路所导致的一系列问题。这个协议的作用就是将整个环路改造为一棵树，从主干到任意的一片树叶都只会存在一条路径。这是生成树协议的基本思想。

生成树通过这种树形结构让网络存在的备份链路暂时地“阻塞”或“禁用”，允许优选的主链路进行网络内的数据转发与处理。当优选的主链路出现故障时，备份链路将有选择性地让逻辑上被“阻塞”的端口代替出现故障的端口，这样保证了网络正常运行。并且这样的操作完全不需要人工进行干预，能在最短的时间内完成链路切换，保障网络的稳定。

使用生成树时，管理员需要注意下面的情况，当 STP 进行环路修剪的时候很有可能会修剪掉想要留下的端口以及线路，例如核心交换之间相互连线，这样的修剪无疑会影响网络内数据交换的速度。所以，在生成树产生过程中，需要人工干预，来保障所修剪的网络是目前网络环境的最优化线路。本章的主要内容就是学习如何通过命令来干预生成树的形成，而为了能够实现合理的干预，必须了解交换网络中生成树是如何实现的。

2．生成树的几个重要参数

在建立和维护生成树的过程中，必须存在一种稳定高效的信息交流机制。这些信息就是桥协议数据单元（Bridge Protocol Data Unit，BPDU）。所有支持 STP 的交换机都会接受并处理 BPDU 报文。BPDU 报文中，最重要的几个数据就是根交换机 ID（Root Bridge Identification，RBID）、发送 BPDU 交换机的根路径开销（Root Path Cost，RPC）、发送 BPDU 的交换机桥 ID（Bridge Identification，BID）、发送 BPDU 报文的端口 ID（Port Identification，PID）。下面将介绍生成树的几个重要参数。

（1）桥 ID

桥 ID 由两部分组成，分别是网桥优先级和网桥 MAC 地址，如图 4-5 所示。桥 ID 用于网络中根桥的选举。通过比较桥 ID，拥有最小桥 ID 的交换机将成为网络中的根桥。当进行比较的交换机的网桥优先级都为默认的 32 768 时，就对网桥 MAC 地址进行比较，由于 STP 采用越小越优先的思想，当优先级一致时将选取较小 MAC 地址的交换机，成为这个 STP 的根桥，也就是整个生成树的根。网桥优先级的值可以人为设定，所以可通过调整网桥优先级的值来指定根桥。

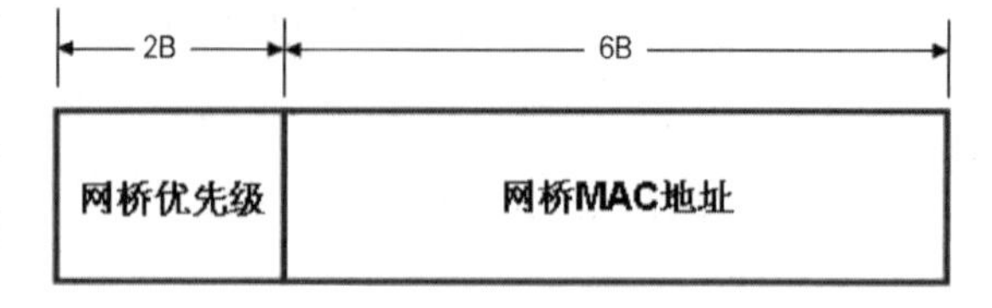

图 4-5　桥 ID 的内部组成

（2）端口 ID

运行 STP 交换机的每个端口都有一个端口 ID，端口 ID 由端口优先级和端口号构成。端口优先级取值范围是 0～240，步长为 16，即取值必须为 16 的整数倍。默认情况下，端口优先级是 128。

（3）根路径开销

根路径开销（Root path Cost）的值表示当前设备到根桥的路径开销，数值越小表示路径成本越低。根路径开销值是由端口开销（Port Cost）值决定的。交换机的每个端口都有一个端口开销参数，此参数表示该端口发送数据时的开销值，即出端口的开销。端口开销也随着技术的发展进行过调整。表 4-1 所示为根路径开销值与带宽的关系。

表 4-1　根路径开销值与带宽的关系

带宽	根路径开销值（IEEE 802.1t 标准）
10Gbit/s	2 000
1Gbit/s	20 000
100Mbit/s	200 000
10Mbit/s	2 000 000

根路径开销值是所经过链路成本的累加，即从非根网桥的根端口到根桥的链路成本的累加值。

（4）端口状态

在生成树中，交换机的端口状态分为下面五种。

- 阻塞（Blocking）：此时端口不能接收或者转发数据，不能把 MAC 地址加入地址表，只能接收 BPDU。
- 侦听（Listening）：端口从阻塞到转发过程中的临时状态，此时端口不能接收或者转发数据，也不能把 MAC 地址加入地址表，但可以接收和发送 BPDU。
- 学习（Learning）：端口从阻塞到转发过程中的临时状态，此时端口不能转发数据，但可接收或发送 BPDU，同时学习 MAC 地址并构建 MAC 地址表。
- 转发（Forwarding）：此时端口能接收或转发数据，能学习 MAC 地址并加入它的地址表，也可接收或发送 BPDU。
- 禁用（Disabled）：此时端口既不处理和转发 BPDU 报文，也不转发数据。

（5）端口角色

STP 中定义了三种端口角色：指定端口、根端口和预备端口。

- 指定端口是交换机向所连网段转发配置 BPDU 的端口，每个网段有且只能有一个指定端口。一般情况下，根桥的每个端口总是指定端口。
- 根端口是非根交换机去往根桥路径最优的端口。在一个运行 STP 的交换机上最多只有一个根端口，但根桥上没有根端口。
- 如果一个端口既不是指定端口也不是根端口，则此端口为预备端口。通常情况下，预备端口处于阻塞状态。

3．生成树的产生过程

生成树的产生过程主要分为如下几个步骤。

（1）选举根桥

STP 中根桥选举的依据是桥 ID，STP 中的每个交换机都会有一个桥 ID。桥 ID 由 16 位的桥优先级（Bridge Priority）和 48 位的网桥 MAC 地址构成。在 STP 网络中，桥优先级是可以配置的，取值范围是 0～65 535，默认值为 32 768。网桥优先级最高（桥 ID 最小）的设备会被选举为根桥。如果优先级相同，则会比较网桥 MAC 地址，网桥 MAC 地址越小则越优先。

交换机启动后自动开始进行生成树收敛计算。默认情况下，所有交换机启动时都认为自身是根桥，其所有端口都为指定端口，此时 BPDU 报文就可以通过所有端口转发。对端交换机收到 BPDU 报文后，会比较 BPDU 中的根桥 ID 和自己的桥 ID。如果收到的 BPDU 报文中的桥 ID 优先级低，接收交换机会继续通告自己的配置 BPDU 报文给邻居交换机。如果收到的 BPDU 报文中的桥 ID 优先级高，则交换机会修改自己的 BPDU 报文的根桥 ID 字段，宣告新的根桥，如图 4-6 所示。

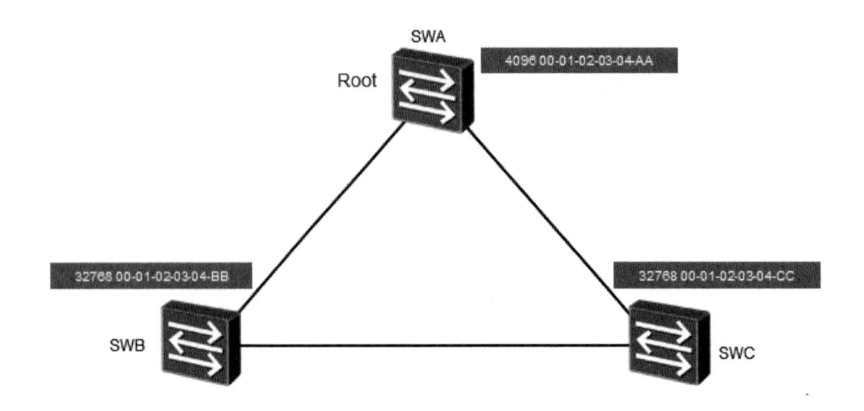

图 4-6　根桥选择

（2）选择根端口

非根交换机在选举根端口时分别依据该端口的根路径开销、对端 BID（Bridge ID）、对端 PID（Port ID）和本端 PID。

选择根端口的规则如下，参见图 4-7。

1）根据端口的根路径开销决定根端口，根路径开销最小的端口就是根端口。

2）如果有两个或两个以上的端口计算得到的累计根路径开销相同，那么选择对端 BID 最小的那个端口作为根端口。

3）如果两个或两个以上的端口连接到同一台交换机上（对端 BID 相同），则选择对端 PID 最小的那个端口作为根端口。

4）如果两个或两个以上的端口通过 Hub 连接到同一台交换机的同一个端口上（对端 BID 和 PID 都相同），则选择本端 PID 最小的作为根端口。

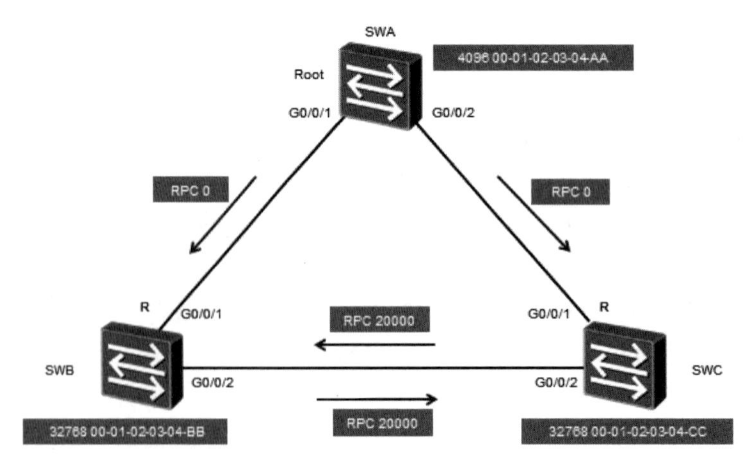

图 4-7　根端口选择

注：根桥没有根端口。

（3）选择指定端口

网段唯一处于转发状态的端口，就是该网段的指定端口。每个网段都应该有一个指定端口，根桥的所有端口都是指定端口。

选择指定端口的规则如下，参见图 4-8。

1）首先比较交换机根路径开销，交换机根路径开销最小的端口就是指定端口。

2）如果交换机根路径开销相同，则比较端口所在交换机的桥 ID，所在桥 ID 最小的端口作为指定端口。

3）如果通过根路径开销和所在桥 ID 无法选举，则比较端口 ID，端口 ID 最小的作为指定端口。

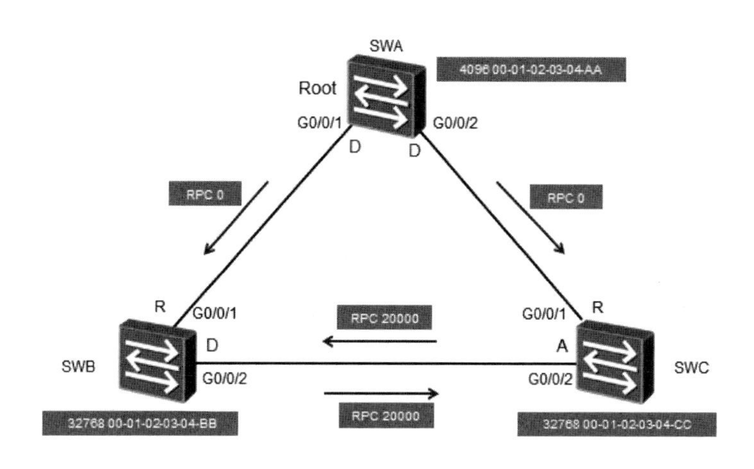

图 4-8　指定端口选择

（4）阻塞其他端口

网络收敛后，只有指定端口和根端口可以转发数据。其他端口作为预备端口被阻塞，不能转发数据，只能够从所连网段的指定交换机接收到 BPDU 报文，并以此来监视链路的状态。

4.2　生成树配置举例

默认情况下，交换机启动后会自动开启 STP。但是，不同厂商的设备开启的协议会有所不同，华为交换机默认开启的是 MSTP（Multiple Spanning Tree Protocol，多生成树协议）。

虽然交换机会自动开启 STP，防止冗余链路形成环路，但在很多情况下还是需要网络管理人员对生成树的根桥、根端口、指定端口等元素进行配置，用于保证整个网络的性能。本节将通过图 4-9 所示的网络拓扑介绍生成树的一些常用配置方法。

1．学习情境

计算机系购置了四台交换机以组建网络，其中一台交换机为 S5700，三台为 S3700，将这四台交换机根据图 4-9 所示的网络拓扑进行网络搭建。由于默认情况下，在交换机允许 STP 后，根桥、根端口、指定端口都由交换机根据自身固有的参数进行选择，因此组成的无环链路可能并不是网络的最佳运行环境，所以需要人为进行生成树控制。根据设备情况以及网络规划，要求 S5700 型号的交换机 S1 作为根桥，S4 作为备份根桥。交换机 S3 的 E0/0/5

作为此交换机的根端口，交换机 S4 的 E0/0/2 为指定端口。对于交换机 S2 上接入 PC 的两个端口配置为边缘端口。

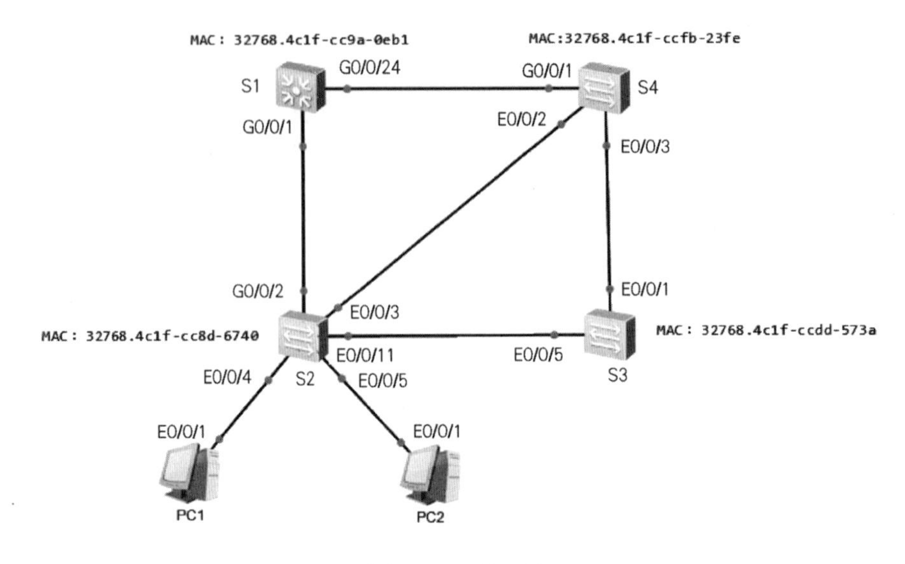

图 4-9　网络拓扑

表 4-2 为每台交换机的 MAC 地址。由于 MAC 地址无法控制，因此读者在自行组建网络拓扑时每台设备的 MAC 地址并不会与表中地址相同，因此后面的操作有可能会有所区别。

表 4-2　交换机的 MAC 地址

设备名	MAC 地址
S1	32768.4c1f-cc9a-0eb1
S2	32768.4c1f-cc8d-6740
S3	32768.4c1f-ccdd-573a
S4	32768.4c1f-ccfb-23fe

2．指定根桥

（1）开启 STP

华为交换机默认启动的是 MSTP，需要将交换机的 STP 模式更改为传统生成树模式。下面的命令用于更改四台交换机的 STP 模式。

```
[S1]stp enable
[S1]stp mode stp
[S2]stp enable
[S2]stp mode stp
[S3]stp enable
[S3]stp mode stp
[S4]stp enable
[S4]stp mode stp
```

（2）查看 STP 信息

1）查看生成树整体信息并判断根桥。

在配置完成后，传统 STP 需要等待 30s 才能完成生成树的计算，其中 15s 为学习状态，另 15s 为转发延时，生成树完成后利用“display stp”命令查看四台交换机。下面以 S1 为例进行介绍，并根据参数判断根桥，命令和显示结果如下。

```
[S1]display stp
-------[CIST Global Info][Mode STP]-------
CIST Bridge              :32768.4c1f-cc9a-0eb1
//交换机 S1 的 MAC 地址
Config Times             :Hello 2s MaxAge 20s FwDly 15s MaxHop 20
Active Times             :Hello 2s MaxAge 20s FwDly 15s MaxHop 20
CIST Root/ERPC           :32768.4c1f-cc8d-6740 / 20000
//根桥的 MAC 地址和 S1 到根桥的开销值
CIST RegRoot/IRPC        :32768.4c1f-cc9a-0eb1 / 0
CIST RootPortId          :128.1
BPDU-Protection          :Disabled
TC or TCN received       :96
TC count per hello       :0
STP Converge Mode        :Normal
Time since last TC       :0 days 0h:58m:41s
Number of TC             :14
Last TC occurred         :GigabitEthernet0/0/1
----[Port1(GigabitEthernet0/0/1)][FORWARDING]----
 Port Protocol           :Enabled
 Port Role               :Root Port
 Port Priority           :128
 Port Cost(Dot1T )       :Config=auto / Active=20000
 Designated Bridge/Port  :32768.4c1f-cc8d-6740 / 128.24
 Port Edged              :Config=default / Active=disabled
 Point-to-point          :Config=auto / Active=true
 Transit Limit           :147 packets/hello-time
 Protection Type         :None
 Port STP Mode           :STP
 Port Protocol Type      :Config=auto / Active=dot1s
 BPDU Encapsulation      :Config=stp / Active=stp
 PortTimes               :Hello 2s MaxAge 20s FwDly 15s RemHop 0
 TC or TCN send          :4
 TC or TCN received      :72
 BPDU Sent               :5
          TCN: 4, Config: 1, RST: 0, MST: 0
 BPDU Received           :3448
          TCN: 0, Config: 3448, RST: 0, MST: 0
……//后面内容省略
```

利用“display stp”命令可以查看生成树的详细信息，主要有两部分内容，一部分是交换机的整体信息，另一部分为端口在生成树中的信息。

为了判断根桥，只需要查看上面显示内容中黑体字标注的信息，其中第一处“CIST Bridge:32768.4c1f-cc9a-0eb1”表示当前这台交换机的 MAC 地址，从第二处“CIST Root/ERPC:32768.4c1f-cc8d-6740 / 20000”可看出根桥的 MAC 地址。如果这处的 MAC 地址不一样，则表示当前这台交换机不是根桥。从第二处的 MAC 地址，再根据表 4-2 可以判断目前生成树的根桥由交换机 S2 担任。在第二处的语句中还有“20000”这个值，此值表示交换机 S1 的根端口到根桥的开销，这和端口带宽有关。从表 4-1 可知 20000 对应的带宽为 1Gbit/s，这个值是根端口到根桥路径的累计开销值。

2）查看摘要信息。

在上面显示的内容中，从第二部分内容还可以看出交换机 S1 参与生成树的每个端口的详细信息，并判断端口的类型。大多情况下，并不需要查看这么多信息，此时可以利用命令“display stp brief”查看摘要信息。

查看交换机 S1 的摘要信息。

```
[S1]display stp brief
 MSTID   Port                       Role   STP State     Protection
   0     GigabitEthernet0/0/1       ROOT   FORWARDING      NONE
   0     GigabitEthernet0/0/24      DESI   FORWARDING      NONE
```

从上面显示的结果可以看出，交换机 S1 的 G0/0/1 为根端口，G0/0/24 为指定端口，它们当前都处于转发状态。

查看交换机 S2 的摘要信息。

```
[S2] display stp brief
MSTID   Port                        Role   STP State     Protection
  0     Ethernet0/0/3               DESI   FORWARDING      NONE
  0     Ethernet0/0/11              DESI   FORWARDING      NONE
  0     GigabitEthernet0/0/2        DESI   FORWARDING      NONE
```

从上面显示的结果可以看出，根桥的所有端口都是指定端口。

查看交换机 S3 的摘要信息。

```
[S3]display stp brief
 MSTID   Port                       Role   STP State     Protection
   0     Ethernet0/0/1              ALTE   DISCARDING      NONE
   0     Ethernet0/0/5              ROOT   FORWARDING      NONE
```

从上面显示的结果可以看出，E0/0/1 为“ALTE”，状态为“DISCARDING”，表明此端口角色为预备端口，处于阻塞状态，不会转发数据。

查看交换机 S4 的摘要信息。

```
[S4]display stp brief
 MSTID   Port                       Role   STP State     Protection
   0     Ethernet0/0/2              DESI   FORWARDING      NONE
   0     Ethernet0/0/3              ALTE   DISCARDING      NONE
   0     GigabitEthernet0/0/1       ROOT   FORWARDING      NONE
```

（3）指定主根桥和备份根桥

根桥在网络中十分重要，如果选择了一台性能较差的交换机作为根桥，会影响到整个网络的运行效率，可以通过调整交换机参数来指定性能较好的交换机作为根桥。交换机选举根桥的依据是交换机 ID。交换机 ID 由优先级和交换机的 MAC 地址组成，由于 MAC 地址无法调整，因此可以通过修改优先级实现调整交换机 ID。默认情况下，交换机的优先级都为 32 768。

根据要求，交换机 S1 为根桥，交换机 S4 为备份根桥，为了保证 S1 为根桥、S4 为备份根桥，可以将 S1 的优先级设置为 0，S4 的优先级设置为 4096。有两种方法可实现上述配置。

1）方法一。

```
[S1]stp priority 0
[S4]stp priority 4096
```

查看交换机 S1 的 STP 信息。

```
[S1]display stp
-------[CIST Global Info][Mode STP]-------
CIST Bridge          :0     .4c1f-cc9a-0eb1
Config Times         :Hello 2s MaxAge 20s FwDly 15s MaxHop 20
Active Times         :Hello 2s MaxAge 20s FwDly 15s MaxHop 20
CIST Root/ERPC       :0     .4c1f-cc9a-0eb1 / 0
CIST RegRoot/IRPC    :0     .4c1f-cc9a-0eb1 / 0
```

从上面黑体字内容可看出交换机 S1 的优先级为 0，已经成为根桥。

查看交换机 S4 的 STP 信息。

```
[S4]display stp
-------[CIST Global Info][Mode STP]-------
CIST Bridge          :4096 .4c1f-ccfb-23fe
Config Times         :Hello 2s MaxAge 20s FwDly 15s MaxHop 20
Active Times         :Hello 2s MaxAge 20s FwDly 15s MaxHop 20
CIST Root/ERPC       :0     .4c1f-cc9a-0eb1 / 20000
CIST RegRoot/IRPC    :4096 .4c1f-ccfb-23fe / 0
```

从上面黑体字内容可看出交换机 S4 的优先级为 4096，为备份根桥。读者可以将交换机 S1 关机，然后查看交换机 S4 的 STP 信息，可以发现 S4 成为根桥。

2）方法二。

除了上面的命令，还可以用下面两种命令来配置主根桥和备份根桥。

```
[S1]stp root primary       //配置主根桥
[S4]stp root secondary     //配置备份根桥
```

这两种命令也是将主根桥的优先级更改为 0，备份根桥的优先级更改为 4096。读者可自行查看配置完成后的 STP 信息。

3. 指定根端口

根据学习情境中的需求，交换机 S3 的 E0/0/5 端口作为此交换机的根端口。根据根端口的选择方法，S3 首先比较所有端口到根桥的路径开销，路径开销最小的端口就是根端口。

从网络拓扑图可以看出，从 S3 的 E0/0/1 和 E0/0/5 到根桥 S1 的路径开销都一样，所以需要再比较这两个端口的对端 BID，对端 BID 小的端口作为根端口。查看交换机 S2 和 S4 的 STP 信息后可知，由于交换机 S3 的对端交换机 S4 为备份根桥，因此对端交换机 S4 的 BID 小于 S2 的 BID，所以 S3 连接 S4 的 E0/0/1 端口为根端口。查看 S3 的摘要信息可知上面的判断是否正确。

```
[S3]display stp brief
 MSTID  Port                    Role  STP State     Protection
   0    Ethernet0/0/1           ROOT  FORWARDING    NONE
   0    Ethernet0/0/5           ALTE  DISCARDING    NONE
```

上面显示的内容中，黑体字标注的内容表明 E0/0/1 为根端口。

由于根端口的选择规则是按次序使用的，只有前面的规则无法确定根端口才会使用下一条规则，所以只能通过更改根路径开销的方法实现根端口的调整。

（1）查看端口信息

通过查看端口信息可以了解端口的根路径开销。因为根路径开销是由路径上的端口 Cost 值累加的，所以只要更改端口的 Port Cost 值就可以调整根路径开销。

```
[S3]display stp interface e0/0/1
----[Port1(Ethernet0/0/1)][FORWARDING]----
 Port Protocol           :Enabled
 Port Role               :Root Port
 Port Priority           :128
 Port Cost(Dot1T )       :Config=auto / Active=200000
 Designated Bridge/Port  :4096.4c1f-ccfb-23fe / 128.2
 Port Edged              :Config=default / Active=disabled
 Point-to-point          :Config=auto / Active=true
 Transit Limit           :147 packets/hello-time
 Protection Type         :None
 Port STP Mode           :STP
 Port Protocol Type      :Config=auto / Active=dot1s
 BPDU Encapsulation      :Config=stp / Active=stp
 PortTimes               :Hello 2s MaxAge 20s FwDly 15s RemHop 0
 TC or TCN send          :3
 TC or TCN received      :157
 BPDU Sent               :4
          TCN: 3, Config: 1, RST: 0, MST: 0
 BPDU Received           :7593
          TCN: 0, Config: 7593, RST: 0, MST: 0
```

从黑体字标注的内容中可看到，Active 是端口当前的 Cost 值为 200000。如果手动配置端口的 Cost 值，则由 Config 这个参数来呈现。如果没有手工配置端口的 Cost 值，而是自动引用系统的默认值，则 Config 为 auto。端口 E0/0/5 的 Cost 值也是 200000，请读者自行查看。

（2）调整端口 Port Cost 值

通过调整端口的 Port Cost 值可改变端口到根桥的根路径开销，用这种方法可控制根端口的选择。下面就通过增加交换机 S3 E0/0/1 端口的 Port Cost 值将 E0/0/5 端口指定为根端口。

```
[S3]interface e0/0/1
[S3-Ethernet0/0/1]stp cost 250000        //Cost 值改为 250000
```

（3）确认配置的有效性

配置完成后可查看 E0/0/1 的 Port Cost 值和 S3 的 STP 状态摘要信息。

```
[S3]display stp interface e0/0/1
----[Port1(Ethernet0/0/1)][DISCARDING]----
 Port Protocol           :Enabled
 Port Role               :Alternate Port
 Port Priority           :128
 Port Cost(Dot1T )       :Config=250000 / Active=250000
 Designated Bridge/Port  :4096.4c1f-ccfb-23fe / 128.2
 Port Edged              :Config=default / Active=disabled
 Point-to-point          :Config=auto / Active=true
 Transit Limit           :147 packets/hello-time
 Protection Type         :None
[S3]display stp brief
 MSTID  Port                 Role   STP State      Protection
   0    Ethernet0/0/1        ALTE   DISCARDING     NONE
   0    Ethernet0/0/5        ROOT   FORWARDING     NONE
```

此时 E0/0/5 已经变成了根端口，E0/0/1 变成了预备端口。

4．调整指定端口

在每台非根交换机确定根端口后，生成树协议将在每个网段上选择指定端口。选择规则类似于根端口选择，请参考前面的内容。根据学习情境中的需求，网络管理员需要确保交换机 S4 的 E0/0/2 为指定端口，根据网络拓扑图和选择规则分析，可通过修改 Port Cost 值来实现此需求。由于在前面配置中已将交换机 S4 的优先级设置为 4096，因此为了模拟场景，先将交换机 S4 的优先级恢复为 32 768，根据前面指定主根桥和备用根桥的方法，可对应采用下面两种配置命令中的一种进行修改。

```
[S4]undo stp priority
[S4]undo stp root
```

配置完成后查看交换机 S2 和 S4 的 STP 信息。

```
<S2>display stp brief
 MSTID  Port                     Role   STP State      Protection
   0    Ethernet0/0/3            DESI   FORWARDING     NONE
   0    Ethernet0/0/4            DESI   FORWARDING     NONE
   0    Ethernet0/0/5            DESI   FORWARDING     NONE
   0    Ethernet0/0/11           DESI   FORWARDING     NONE
   0    GigabitEthernet0/0/2     ROOT   FORWARDING     NONE
<S4>display stp brief
 MSTID  Port                     Role   STP State      Protection
```

```
  0      Ethernet0/0/2              ALTE   DISCARDING    NONE
  0      Ethernet0/0/3              DESI   FORWARDING    NONE
  0      GigabitEthernet0/0/1       ROOT   FORWARDING    NONE
```

上面内容表明在 S2 和 S4 之间的链路上，S2 的 E0/0/3 端口为指定端口，这是因为在选举指定端口时，首先比较 S2 的 E0/0/3 端口和 S4 的 E0/0/2 端口的根路径开销，比较结果是两者根路径开销相同；再比较 S2 和 S4 的桥 ID，由于 S2 和 S4 的优先级相同，而 S2 的 MAC 地址较小，因此选择 S2 的 E0/0/3 端口为指定端口。

增加 S2 的根路径开销或者降低 S4 的根路径开销，可以使 S4 的 E0/0/2 端口成为指定端口，而 S2 的 E0/0/3 端口成为预备端口。这里将通过增加 S2 的根路径开销来实现调整指定端口的目的。因为决定 S2 根路径开销大小的是 S2 的根端口 G0/0/2 的端口开销值，所以通过增加该端口的开销值可以达到调整指定端口的目的。具体命令如下。

```
[S2]interface GigabitEthernet 0/0/2
[S2- GigabitEthernet0/0/2]stp cost 20001
```

再次查看交换机 S4 的 STP 状态摘要信息，可发现此时指定端口已经为 S4 的 E0/0/2 端口。具体命令如下。

```
<S4>display stp brief
 MSTID  Port                        Role   STP State     Protection
  0      Ethernet0/0/2              DESI   FORWARDING    NONE
  0      Ethernet0/0/3              DESI   FORWARDING    NONE
  0      GigabitEthernet0/0/1       ROOT   FORWARDING    NONE
```

5．将端口配置为边缘端口

生成树的主要作用是将交换机之间的链路形成无环结构，而连接计算机的端口无须参加生成树计算。因为参加生成树计算需要 30s 端口才能进入数据转发状态，这延长了计算机接入网络的时间，所以管理员可以将连接计算机等终端的端口配置为边缘端口，以减少计算机接入网络的时间。

为了能够比较边缘端口的特点，利用交换机 S2 连接计算机的端口 E0/0/4 来演示生成树对接入网络的影响，先关闭端口再打开端口，观察下面的内容。

```
[S2]display stp brief
 MSTID  Port                        Role   STP State     Protection
  0      Ethernet0/0/4              DESI   FORWARDING    NONE
  0      Ethernet0/0/5              DESI   FORWARDING    NONE
……//省略部分内容
[S2]interface Ethernet0/0/4
[S2-Ethernet0/0/4]shutdown
[S2-Ethernet0/0/4]undo shutdown
[S2-Ethernet0/0/4]display stp brief
 MSTID  Port                        Role   STP State     Protection
  0      Ethernet0/0/4              DESI   DISCARDING    NONE
  0      Ethernet0/0/5              DESI   FORWARDING    NONE
//15s 后进入 LEARNING 状态
```

```
[S2-Ethernet0/0/4]display stp brief
 MSTID   Port                    Role   STP State       Protection
   0     Ethernet0/0/4           DESI   LEARNING          NONE
   0     Ethernet0/0/5           DESI   FORWARDING        NONE
//15s 后进入 FORWARDING 状态
[S2-Ethernet0/0/4]display stp brief
 MSTID   Port                    Role   STP State         Protection
   0     Ethernet0/0/4           DESI   FORWARDING          NONE
   0     Ethernet0/0/5           DESI   FORWARDING          NONE
```

根据学习情境要求，将交换机 S2 连接计算机的端口配置为边缘端口。利用下面的命令将相应端口改为边缘端口。

```
[S2]port-group 1
[S2-port-group-1]group-member Ethernet 0/0/4 to Ethernet 0/0/5
[S2-port-group-1]stp edged-port enable
```

再次利用 E0/0/4 端口演示，可观察到端口无须等待 30s 即可进入转发状态，如下所示。

```
[S2]interface Ethernet0/0/4
[S2-Ethernet0/0/4]shutdown
[S2-Ethernet0/0/4]undo shutdown
[S2-Ethernet0/0/4]display stp brief
 MSTID   Port                    Role   STP State        Protection
   0     Ethernet0/0/4           DESI   FORWARDING         NONE
   0     Ethernet0/0/5           DESI   FORWARDING         NONE
```

在实际使用中，可以将连接计算机、路由器的端口都配置为边缘端口，以减少设备接入网络的延迟时间。

4.3 快速生成树应用

快速生成树协议（Rapid Spanning Tree Protocol，RSTP）802.1w 由 802.1d 发展而成，由 IEEE 于 2001 年发布。该协议在网络结构发生变化时能更快地收敛网络。STP（802.1d）一个突出的缺点是收敛时间过长，为 30～50s，RSTP 收敛时间一般在 1～10s 之间。RSTP 之所以收敛时间变快了，是因为在 RSTP 中虽然有转发延迟，但如果处于阻塞状态的端口通过与邻居协商后发现其应该进入转发状态，则会立即进入转发状态，因而不会有 15s 的转发延迟。

RSTP 与 STP 具有以下相同之处。

- 使用同样的参数和方法选择根网桥。
- 使用同样的规则在非根网桥上选择根端口。
- 使用同样的规则为每个网段选择指定端口。

802.1w 比 802.1d 多了两种端口类型：预备（Alternate）端口和备份（Backup）端口。这两种端口的特点分别如下。

- 预备端口：交换机接收次优 BPDU（相对于根端口而言）的端口并处于阻塞状态。如果根端口失效，交换机上的 RSTP 就会选择预备端口作为新的根端口，即其替换的是本交换机上的根端口。

- 备份端口：一般交换机到某一网段有两条以上的链路才会有备份端口，作为本交换机指定端口的备份端口，当指定端口失效时，RSTP 可以立即将备份端口置成转发状态。

1．学习情境

计算机系实训中心的网络由三台交换机组成，S1 作为核心交换机，S2 和 S3 作为接入层交换机，三台交换机组成环形网络。为避免网络环路，要求所有交换机都运行生成树协议，并且为了提高生成树收敛速度，要求使用 RSTP，网络拓扑如图 4-10 所示。

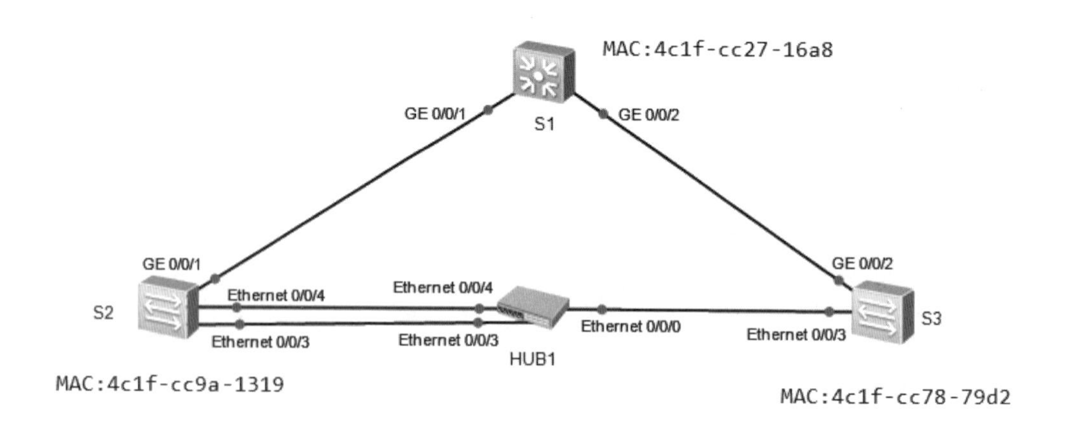

图 4-10　实验拓扑

2．配置 RSTP

（1）开启 RSTP

为了让整个网络都运行 RSTP，需要在每台交换机上开启 RSTP。

```
[S1]stp mode rstp
[S2]stp mode rstp
[S3]stp mode rstp
```

（2）查看生成树信息

```
[S1]display stp
-------[CIST Global Info][Mode RSTP]-------
CIST Bridge          :32768.4c1f-cc27-16a8
Config Times         :Hello 2s MaxAge 20s FwDly 15s MaxHop 20
Active Times         :Hello 2s MaxAge 20s FwDly 15s MaxHop 20
CIST Root/ERPC       :32768.4c1f-cc27-16a8 / 0
CIST RegRoot/IRPC    :32768.4c1f-cc27-16a8 / 0
CIST RootPortId      :0.0
......
[S2]display stp
-------[CIST Global Info][Mode RSTP]-------
CIST Bridge          :32768.4c1f-cc9a-1319
```

```
Config Times          :Hello 2s MaxAge 20s FwDly 15s MaxHop 20
Active Times          :Hello 2s MaxAge 20s FwDly 15s MaxHop 20
CIST Root/ERPC         :32768.4c1f-cc27-16a8 / 20000
CIST RegRoot/IRPC      :32768.4c1f-cc9a-1319 / 0
CIST RootPortId        :128.23
......
[S3]display stp
-------[CIST Global Info][Mode RSTP]-------
CIST Bridge           :32768.4c1f-cc78-79d2
Config Times          :Hello 2s MaxAge 20s FwDly 15s MaxHop 20
Active Times          :Hello 2s MaxAge 20s FwDly 15s MaxHop 20
CIST Root/ERPC         :32768.4c1f-cc27-16a8 / 20000
CIST RegRoot/IRPC      :32768.4c1f-cc78-79d2 / 0
CIST RootPortId        :128.24
......
```

上面显示的信息表明三台交换机当前运行的都是 RSTP，并且交换机 S1 为根桥。

（3）测试 RSTP 的根端口替换速度

1）查看每台交换机的端口状态。

```
[S1]display stp brief
 MSTID  Port                        Role  STP State     Protection
   0    GigabitEthernet0/0/1        DESI  FORWARDING      NONE
   0    GigabitEthernet0/0/2        DESI  FORWARDING      NONE
[S2]display stp brief
 MSTID  Port                        Role    STP State     Protection
   0    Ethernet0/0/3               ALTE    DISCARDING      NONE
   0    Ethernet0/0/4               ALTE    DISCARDING      NONE
   0    GigabitEthernet0/0/1        ROOT    FORWARDING      NONE
[S3]display stp brief
 MSTID  Port                        Role    STP State     Protection
   0    Ethernet0/0/3               DESI    FORWARDING      NONE
   0    GigabitEthernet0/0/2        ROOT    FORWARDING      NONE
```

上面的显示结果表明交换机 S2 的 E0/0/3 和 E0/0/4 端口都是预备端口，根据 RSTP 的工作原理可知此端口用于在根端口失效时快速替代根端口。

2）测试根端口失效后的替换速度。

可先关闭交换机 S2 的根端口 G0/0/1，然后立即查看端口状态，看是否已有新的根端口。如果是 STP，则需要较长时间才能有新的根端口产生。

```
[S2]interface GigabitEthernet 0/0/1
[S2-GigabitEthernet0/0/1]shutdown
[S2-GigabitEthernet0/0/1]dis stp brief
 MSTID  Port                        Role    STP State     Protection
   0    Ethernet0/0/3               ROOT    FORWARDING      NONE
   0    Ethernet0/0/4               ALTE    DISCARDING      NONE
```

通过操作可以发现，E0/0/3 端口立即切换为根端口，并处于转发状态。G0/0/1 端口恢复后，根端口又立即切换到 G0/0/1 端口，读者可自行测试。

（4）测试 RSTP 的指定端口替换速度

为了测试指定端口的替换速度，需要将交换机 S2 的 E0/0/3 或 E0/0/4 端口配置为指定端口，根据 STP 对指定端口的选择规则，可通过修改 S2 的优先级来实现。为了防止根桥的变化，需要同时修改 S1 的优先级，保证 S1 仍然是根桥。

1）配置 S1 和 S2 的交换机优先级。

```
[S1]stp root primary
[S2]stp root secondary
```

注：RSTP 对根桥、根端口和指定端口的选择规则与 STP 一样。

2）查看 S2 的端口状态。

```
[S2]display stp brief
 MSTID  Port                      Role   STP State      Protection
   0    Ethernet0/0/3             DESI   FORWARDING       NONE
   0    Ethernet0/0/4             BACK   DISCARDING       NONE
   0    GigabitEthernet0/0/1      ROOT   FORWARDING       NONE
```

上面的显示结果表明当前 E0/0/3 为指定端口，E0/0/4 为指定端口的备份端口。

3）测试从备份端口切换到指定端口的速度。

在交换机 S2 上关闭 E0/0/3 端口，然后立即查看 STP 的端口状态。

```
[S2]interface Ethernet0/0/3
[S2-Ethernet0/0/3]shutdown
[S2]display stp brief
 MSTID  Port                      Role   STP State      Protection
   0    Ethernet0/0/4             DESI   LEARNING         NONE
   0    GigabitEthernet0/0/1      ROOT   FORWARDING       NONE
```

从操作过程可看出，E0/0/4 端口在较短的时间内就切换为指定端口。

读者可自行将上面所有的切换过程与 STP 下的切换过程进行比较，以便对收敛时间有一个比较直观的感受。

4.4 链路聚合技术

4.4.1 链路聚合基本知识

在实际应用中，为了提高网络的性能，常常将两台核心交换机之间采用多条链路连接。例如在核心交换网络结构中，网络的核心交换机之间就采用多条链路进行连接，提高了核心交换机之间的传输带宽。但由于生成树协议的原因，实际工作的链路只有一条，这又降低了网络数据传输能力。当然，关闭生成树协议是不可行的，此时就需要一种叫作链路聚合的技术。

链路聚合技术可以将大量的物理链路在逻辑上组合成一条高带宽的线路，这样既消除了生成树协议的影响，也满足了提高数据传输速度的要求，如图 4-11 所示。

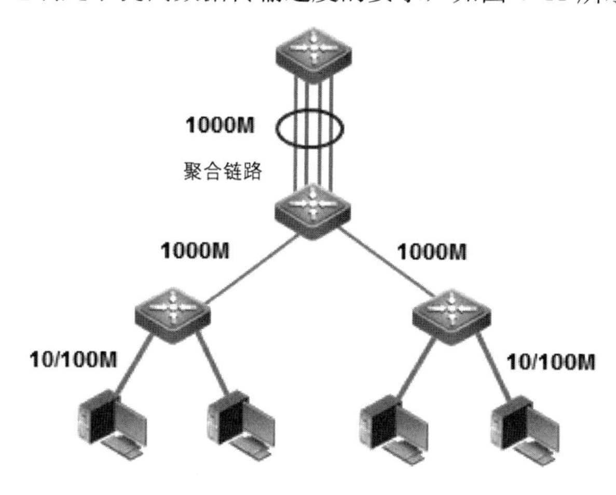

图 4-11　链路聚合示意图

链路聚合对应的国际标准为 IEEE 802.3ad，是应用在交换机之间的多链路捆绑技术。链路聚合的基本原理是将两台设备之间的多条物理链路在逻辑上组合成一条链路，实现增加链路带宽的目的。

链路聚合还具有冗余作用，当其中一条或多条链路出现问题时，只要还有链路是正常的，链路就可以继续转发数据。同时，链路聚合具有负载均衡的功能，这个功能可以根据源 IP 地址、目标 IP 地址、源 MAC 地址和目标 MAC 地址等实现。华为网络设备通过将多个以太网物理端口捆绑成一个逻辑接口，例如 Eth-Trunk 接口，来实现链路聚合功能。

1．链路聚合的模式

链路聚合包含两种模式，分别为手工负载均衡模式和静态 LACP（Link Aggregation Control Protocol，链路聚合控制协议）模式。

在手工负载均衡模式下，Eth-Trunk 接口的建立、成员接口的加入由手工配置，没有链路聚合控制协议的参与。该模式下所有活动链路都参与数据的转发，平均分担流量，因此又称为负载均衡模式。如果某条活动链路故障，剩余的活动链路自动平均分担流量。当需要在两个直连设备间提供一个较大的链路带宽而设备又不支持 LACP 时，可以使用手工负载均衡模式。

在静态 LACP 模式下，链路两端的设备相互发送 LACP 报文，协商聚合参数。协商完成后，两台设备确定活动端口和非活动端口。在静态 LACP 模式中，需要手动创建一个 Eth-Trunk 接口，并添加成员端口。LACP 协商选择活动端口和非活动端口。

两种链路聚合模式的主要区别是：在静态 LACP 模式下，一些链路充当备份链路；在手工负载均衡模式下，所有的成员端口都处于转发状态。

2．负载分担方式

- 根据报文的源 MAC 地址进行负载均衡。
- 根据报文的目的 MAC 地址进行负载均衡。
- 根据报文的源 IP 地址进行负载均衡。

- 根据报文的目的 IP 地址进行负载均衡。
- 根据报文的源 MAC 地址和目的 MAC 地址进行负载均衡。
- 根据报文的源 IP 地址和目的 IP 地址进行负载均衡。
- 根据报文的 VLAN、源物理端口等对 L2、IPv4、IPv6 和 MPLS 报文进行增强型负载均衡。

3．链路聚合使用规则

- 只能删除不包含任何端口的 Eth-Trunk 接口。
- 把端口加入二层 Eth-Trunk 接口的必须是二层端口，加入三层 Eth-Trunk 接口的必须是三层端口。
- 一个 Eth-Trunk 接口最多可以加入 8 个端口。
- 加入 Eth-Trunk 接口的端口必须是 Hybrid 端口（默认的端口类型）。
- 一个 Eth-Trunk 接口不能充当其他 Eth-Trunk 接口的端口。
- 一个以太网端口只能加入一个 Eth-Trunk 接口。如果把一个以太网端口加入另一个 Eth-Trunk 接口，必须先把该以太网端口从当前所属的 Eth-Trunk 接口中删除。
- 加入同一个 Eth-Trunk 接口的端口类型必须相同。例如，一个快速以太网端口和一个千兆以太网端口不能加入同一个 Eth-Trunk 接口。
- 位于不同接口板（LPU）上的以太网端口可以加入同一个 Eth-Trunk 接口。如果一个对端端口直接和本端 Eth-Trunk 接口的一个端口相连，该对端端口也必须加入一个 Eth-Trunk 接口，否则两端无法通信。
- 将端口加入 Eth-Trunk 接口后，Eth-Trunk 接口学习 MAC 地址，端口不再学习。

4.4.2 链路聚合应用

1．学习情境

计算机系网络中心的核心交换由两台三层交换机组成，为了提高核心交换之间的带宽和冗余，交换机之间采用了三条物理链路连接，并采用链路聚合实现上述需求。本实验网络拓扑如图 4-12 所示，其中两台 PC 用于测试。

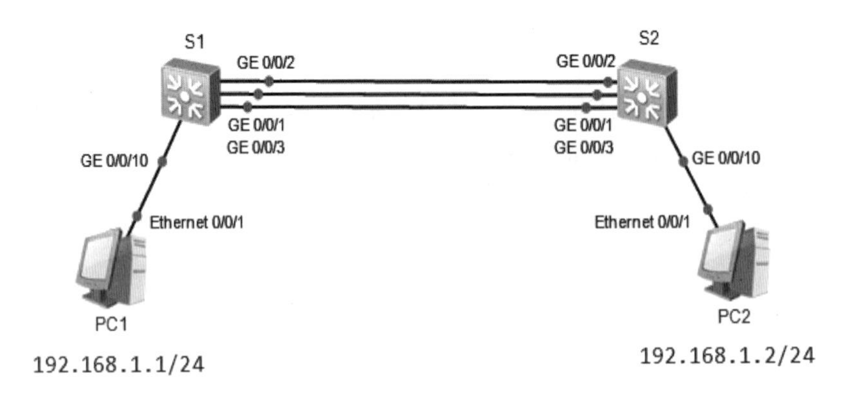

图 4-12 网络拓扑

2．未配置链路聚合的状态

（1）配置 PC 的 IP 地址参数

根据图 4-12 对 PC 进行配置，完成后测试连通性，显示为可以连通。

（2）查看 S1 和 S2 的 STP 端口状态

```
[S1]display stp brief
 MSTID  Port                        Role  STP State     Protection
   0    GigabitEthernet0/0/1        DESI  FORWARDING      NONE
   0    GigabitEthernet0/0/2        DESI  FORWARDING      NONE
   0    GigabitEthernet0/0/3        DESI  FORWARDING      NONE
……
[S2]display stp brief
 MSTID  Port                        Role  STP State     Protection
   0    GigabitEthernet0/0/1        ROOT  FORWARDING      NONE
   0    GigabitEthernet0/0/2        ALTE  DISCARDING      NONE
   0    GigabitEthernet0/0/3        ALTE  DISCARDING      NONE
……
```

上面显示的内容表明，虽然 S1 和 S2 之间有三条物理链路连接，但在生成树协议的作用下只有 G0/0/1 端口所连的链路是真正连通的，因此仅通过增加物理链路无法实现增加带宽的目的。

3．手工负载均衡模式配置链路聚合

（1）配置链路聚合端口

要配置链路聚合，首先需要在相应交换机上创建 Eth-Trunk 接口，并指定接口工作模式。

```
[S1] interface Eth-Trunk 1              //创建 Eth-Trunk 接口
[S1-Eth-Trunk1] mode manual load-balance          //指定接口工作模式为手工负载均衡
[S2] interface Eth-Trunk 1
[S2-Eth-Trunk1] mode manual load-balance
```

（2）将物理端口加入到 Eth-Trunk 接口

```
[S1]interface GigabitEthernet 0/0/1
[S1-GigabitEthernet0/0/1] eth-trunk 1          //将 G0/0/1 加入到 Eth-Trunk 1 接口
[S1]interface GigabitEthernet 0/0/2
[S1-GigabitEthernet0/0/2] eth-trunk 1
[S1]interface GigabitEthernet 0/0/3
[S1-GigabitEthernet0/0/3] eth-trunk 1
[S2]interface GigabitEthernet 0/0/1
[S2-GigabitEthernet0/0/1] eth-trunk 1
[S2]interface GigabitEthernet 0/0/2
[S2-GigabitEthernet0/0/2] eth-trunk 1
[S2]interface GigabitEthernet 0/0/3
[S2-GigabitEthernet0/0/3] eth-trunk 1
```

（3）查看 Eth-Trunk 接口信息

利用“display eth-trunk 1”命令查看 Eth-Trunk 接口信息。

```
[S1] display eth-trunk 1              //查看 Eth-Trunk 1 接口信息
Eth-Trunk1's state information is:
WorkingMode: NORMAL              Hash arithmetic: According to SIP-XOR-DIP
Least Active-linknumber: 1    Max Bandwidth-affected-linknumber: 8
Operate status: up              Number Of Up Port In Trunk: 3
--------------------------------------------------------------------------------
PortName                          Status        Weight
GigabitEthernet0/0/1               Up             1
GigabitEthernet0/0/2               Up             1
GigabitEthernet0/0/3               Up             1
[S2] display eth-trunk 1
Eth-Trunk1's state information is:
WorkingMode: NORMAL              Hash arithmetic: According to SIP-XOR-DIP
Least Active-linknumber: 1    Max Bandwidth-affected-linknumber: 8
Operate status: up              Number Of Up Port In Trunk: 3
--------------------------------------------------------------------------------
PortName                          Status        Weight
GigabitEthernet0/0/1               Up             1
GigabitEthernet0/0/2               Up             1
GigabitEthernet0/0/3               Up             1
```

上面显示的内容表明，交换机 S1 和 S2 之间的链路聚合模式为“NORMAL”，表示为手工负载均衡模式。当前 Eth-Trunk 接口中的两个物理端口都为“UP”状态。

另外，可以利用“display interface Eth-Trunk 1”命令查看 Eth-Trunk 接口的信息，这里以 S1 为例。

```
[S1] display interface Eth-Trunk 1
Eth-Trunk1 current state : UP
Line protocol current state : UP
Description:
Switch Port, PVID :      1, Hash arithmetic : According to SIP-XOR-DIP,Maximal BW:
 3G, Current BW: 3G, The Maximum Frame Length is 9216
IP Sending Frames' Format is PKTFMT_ETHNT_2, Hardware address is 4c1f-cc8b-2c05
Current system time: 2017-10-08 21:25:46-08:00
    Input bandwidth utilization   :    0%
    Output bandwidth utilization :    0%
-----------------------------------------------------
PortName                       Status        Weight
-----------------------------------------------------
GigabitEthernet0/0/1           UP            1
GigabitEthernet0/0/2           UP            1
GigabitEthernet0/0/3           UP            1
-----------------------------------------------------
The Number of Ports in Trunk : 3
The Number of UP Ports in Trunk : 3
```

上面显示的内容表明，Eth-Trunk 1 接口的带宽是 3Gbit/s，是三个物理端口的带宽之和。

下面查看 STP 端口的状态信息。

```
[S1] display stp brief
 MSTID  Port                          Role  STP State        Protection
   0    Eth-Trunk1                    DESI  FORWARDING        NONE
......
[S2] display stp brief
 MSTID  Port                          Role  STP State        Protection
   0    Eth-Trunk1                    ROOT  FORWARDING        NONE
......
```

上面的结果表明，两台交换机的 Eth-Trunk 1 接口都处于转发状态。

（4）链路聚合测试

利用 ping 命令连续测试两台 PC 之间的连通性，然后在交换机 S1 上关闭 G0/0/1 或 G0/0/2 端口模拟故障，测试结果如下。

```
PC> ping 192.168.1.2 -t
Ping 192.168.1.2: 32 data bytes, Press Ctrl_C to break
From 192.168.1.2: bytes=32 seq=9 ttl=128 time=78 ms
From 192.168.1.2: bytes=32 seq=10 ttl=128 time=62 ms
From 192.168.1.2: bytes=32 seq=11 ttl=128 time=47 ms
From 192.168.1.2: bytes=32 seq=12 ttl=128 time=78 ms
Request timeout!
Request timeout!
From 192.168.1.2: bytes=32 seq=30 ttl=128 time=63 ms
From 192.168.1.2: bytes=32 seq=31 ttl=128 time=47 ms
From 192.168.1.2: bytes=32 seq=32 ttl=128 time=46 ms
```

上面显示的内容表明，当链路发生故障时，只要物理链路还有可正常工作的，Eth-Trunk 接口就不会中断，仍可保证数据转发，可见链路聚合不仅提高了带宽还实现了链路冗余。

4．静态 LACP 模式配置链路聚合

前面通过手工负载均衡模式配置了链路聚合，但如果有一条物理链路出现故障，虽然能够保证数据转发，但带宽下降了。为了避免这种情况，可以再添加一条物理链路作为备份。当一条链路出现故障时，备份链路将自动进行数据转发，保证了带宽的稳定。为了实现这一需求，就必须采用静态 LACP 模式配置 Eth-Trunk 接口。

在图 4-12 所示的网络拓扑中，采用交换机的 G0/0/1 和 G0/0/2 端口所连线路作为正常数据转发链路，G0/0/3 端口所连线路用作备份链路。

（1）配置链路聚合端口

采用静态 LACP 模式配置链路聚合端口，操作过程如下。

```
[S1]interface Eth-Trunk 1
[S1-Eth-Trunk1] mode lacp-static          //配置链路聚合模式为静态 LACP
[S2]interface Eth-Trunk 1
[S2-Eth-Trunk1] mode lacp-static          //配置链路聚合模式为静态 LACP
```

（2）将物理端口加入到 Eth-Trunk 端口

```
[S1]interface GigabitEthernet 0/0/1
[S1-GigabitEthernet0/0/1]eth-trunk 1
[S1]interface GigabitEthernet 0/0/2
[S1-GigabitEthernet0/0/2]eth-trunk 1
[S1]interface GigabitEthernet 0/0/3
[S1-GigabitEthernet0/0/3]eth-trunk 1

[S2]interface GigabitEthernet 0/0/1
[S2-GigabitEthernet0/0/1]eth-trunk 1
[S2]interface GigabitEthernet 0/0/2
[S2-GigabitEthernet0/0/2]eth-trunk 1
[S2]interface GigabitEthernet 0/0/3
[S2-GigabitEthernet0/0/3]eth-trunk 1
```

以 S1 为例，查看 Eth-Trunk 接口的状态。

```
[S1]display eth-trunk 1
Eth-Trunk1's state information is:
Local:
LAG ID: 1                      WorkingMode: STATIC
Preempt Delay: Disabled        Hash arithmetic: According to SIP-XOR-DIP
System Priority: 32768         System ID: 4c1f-cc8b-2c05
Least Active-linknumber: 1     Max Active-linknumber: 8
Operate status: up             Number Of Up Port In Trunk: 3
--------------------------------------------------------------------------------
ActorPortName           Status     PortType PortPri PortNo PortKey PortState Weight
GigabitEthernet0/0/1    Selected 1GE       32768    2       305     10111100   1
GigabitEthernet0/0/2    Selected 1GE       32768    3       305     10111100   1
GigabitEthernet0/0/3    Selected 1GE       32768    4       305     10111100   1
Partner:
--------------------------------------------------------------------------------
ActorPortName          SysPri    SystemID        PortPri PortNo PortKey PortState
GigabitEthernet0/0/1   32768    4c1f-ccd7-1b0e   32768    2      305     10111100
GigabitEthernet0/0/2   32768    4c1f-ccd7-1b0e   32768    3      305     10111100
GigabitEthernet0/0/3   32768    4c1f-ccd7-1b0e   32768    4      305     10111100
```

上面的内容表明，S1 的三个端口都处于活动状态（Selected），后半部分显示的三个端口是对端 S2 所连的端口。

（3）将交换机 S1 配置为主动端

将 S1 配置为主动端后，两台交换机会根据 S1 的端口优先级选择活动端口，并设置活动链路进行数据转发。

1）修改 S1 的端口优先级。

配置主动端的方法是将 S1 的 LACP 的系统优先级值从默认的 32768 降低（值越小，优先级越高），操作过程如下。

```
[S1] lacp priority 100        //设置优先级值为 100
```

2）配置 S1 的活动端口数量。

配置活动端口数量的目的是配置 Eth-Trunk 接口中最多可以有几个端口进行数据转发。

```
[S1] interface Eth-Trunk 1
[S1-Eth-Trunk1] max active-linknumber 2             //设置活动端口数量为 2
```

3）配置 S1 上的活动端口。

在配置交换机 S1 的活动端口数量后，需要确定 S1 上的 Eth-Trunk 接口中哪些物理端口为活动端口。正常情况下，活动端口组成的链路进行数据转发。配置方法是将需要配置为活动端口的端口优先级值从默认的 32 768 降低。下面将 S1 的 G0/0/1 和 G0/0/2 端口配置为活动端口。

```
[S1] interface GigabitEthernet 0/0/1
[S1-GigabitEthernet0/0/1] lacp priority 100          //配置端口优先级为 100
[S1] interface GigabitEthernet 0/0/2
[S1-GigabitEthernet0/0/2] lacp priority 100          //配置端口优先级为 100
```

4）查看 S1 的 Eth-Trunk 接口信息。

```
[S1]display eth-trunk 1
Eth-Trunk1's state information is:
Local:
LAG ID: 1                      WorkingMode: STATIC
Preempt Delay: Disabled        Hash arithmetic: According to SIP-XOR-DIP
System Priority: 100           System ID: 4c1f-cc8b-2c05
Least Active-linknumber: 1     Max Active-linknumber: 2
Operate status: up             Number Of Up Port In Trunk: 2
--------------------------------------------------------------------------------
ActorPortName          Status   PortType PortPri PortNo PortKey PortState Weight
GigabitEthernet0/0/1   Selected 1GE      100     2      305     10111100  1
GigabitEthernet0/0/2   Selected 1GE      100     3      305     10111100  1
GigabitEthernet0/0/3   Unselect 1GE      32768   4      305     10100000  1
Partner:
......
```

上面的内容表明，在 Eth-Trunk 1 接口中，G0/0/1 和 G0/0/2 端口为活动状态（Selected），G0/0/3 为非活动状态（Unselect）。处于活动状态的两个端口的链路可以采用负载均衡的方式进行数据转发，非活动端口属于备份链路。当活动链路出现故障时，备份链路将替代故障链路进行数据转发。可通过关闭 G0/0/1 端口后查看 Eth-Trunk 接口信息的方法来验证。

```
[S1]interface GigabitEthernet 0/0/1
[S1-GigabitEthernet0/0/1] shutdown          //关闭端口
[S1]display eth-trunk 1
Eth-Trunk1's state information is:
Local:
LAG ID: 1                      WorkingMode: STATIC
Preempt Delay: Disabled        Hash arithmetic: According to SIP-XOR-DIP
```

```
System Priority: 100            System ID: 4c1f-cc8b-2c05
Least Active-linknumber: 1   Max Active-linknumber: 2
Operate status: up              Number Of Up Port In Trunk: 2
--------------------------------------------------------------------------------
ActorPortName            Status     PortType PortPri PortNo PortKey PortState Weight
GigabitEthernet0/0/1     Unselect 1GE       100      2      305     10100010   1
GigabitEthernet0/0/2     Selected 1GE       100      3      305     10111100   1
GigabitEthernet0/0/3     Selected 1GE       32768    4      305     10111100   1
Partner:
……
```

上面内容表明，当前的活动端口为 G0/0/2 和 G0/0/3，而 G0/0/1 由活动状态转为非活动状态。如果 G0/0/1 恢复，则活动端口又会恢复到原先指定的状态，这个过程也可从模拟器中的交换机端口指示灯观察到。

4.5 项目演示：核心网络性能优化

1. 项目任务

此项目对计算机系网络中心的核心交换网络和教学管理网络进行性能优化，主要有以下几个目标。

- 在网络中配置生成树协议。
- 在网络中配置链路聚合，提高网络的运载与冗余能力。

2. 项目拓扑

图 4-13 为本项目演示的网络拓扑，可在 eNSP 上自行创建。

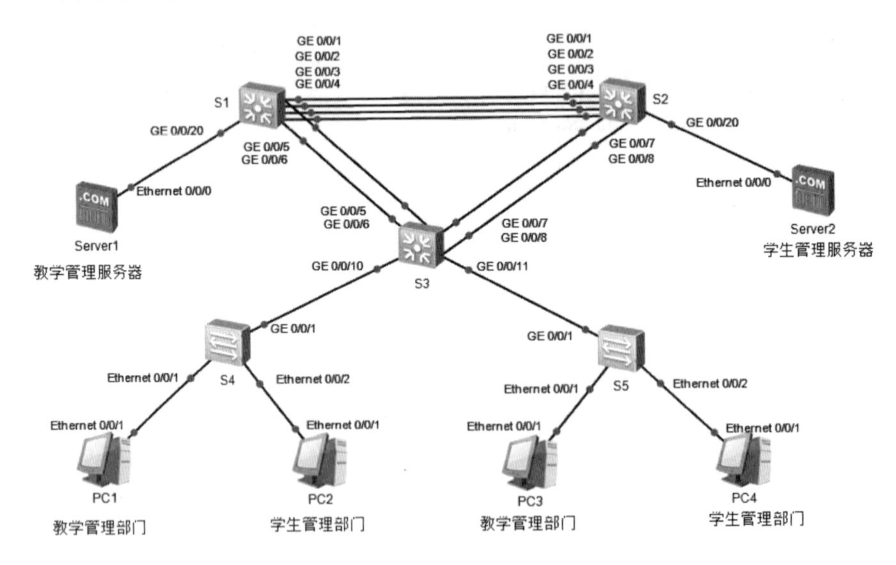

图 4-13　网络拓扑

3. 设备网络参数

表 4-3 所示为对应设备的网络参数。

表 4-3　网络参数

计算机名	IP 地址
PC1	192.168.10.1/24
PC2	192.168.10.2/24
PC3	192.168.10.3/24
PC4	192.168.10.4/24
Server 1	192.168.10.5/24
Server 2	192.168.10.6/24

4．配置过程

（1）配置计算机的 IP 地址参数

请读者根据表 4-3 自行配置 IP 地址参数。

（2）配置链路聚合

根据网络拓扑图可知，配置过程主要是在交换机 S1、S2 和 S3 上进行操作，目的是提高三台交换机之间的带宽和链路可靠性。

1）配置 S1 和 S2 之间的链路聚合。

S1 和 S2 之间使用了 4 根物理链路进行连接，这里采用静态 LACP 模式实现链路聚合，其中 G0/0/4 端口所连链路为备份链路。

交换机 S1 的配置如下。

```
[S1]interface Eth-Trunk 1
[S1-Eth-Trunk1]mode lacp-static
[S1-Eth-Trunk1]max active-linknumber 3
//配置 Eth-Trunk 1 接口为静态 LACP 模式，并设置活动端口数量为 3
[S1]lacp priority 100
//设置 LACP 的系统优先级为 100，目的是使 S1 为主动端
[S1]interface GigabitEthernet 0/0/1
[S1-GigabitEthernet0/0/1]eth-trunk 1
[S1-GigabitEthernet0/0/1]lacp priority 100
[S1]interface GigabitEthernet 0/0/2
[S1-GigabitEthernet0/0/2]eth-trunk 1
[S1-GigabitEthernet0/0/2]lacp priority 100
[S1]interface GigabitEthernet 0/0/3
[S1-GigabitEthernet0/0/3]eth-trunk 1
[S1-GigabitEthernet0/0/3]lacp priority 100
[S1]interface GigabitEthernet 0/0/4
[S1-GigabitEthernet0/0/4]eth-trunk 1
//将端口加入 Eth-Trunk 1 接口，并设置 G0/0/1、G0/0/2、G0/0/3 端口 LACP 优先级为 100
```

交换机 S2 的配置如下。

```
[S2]interface Eth-Trunk 1
[S2-Eth-Trunk1]mode lacp-static
//配置 Eth-Trunk 1 接口为静态 LACP 模式
```

```
[S2]interface GigabitEthernet 0/0/1
[S2-GigabitEthernet0/0/1]eth-trunk 1
[S2]interface GigabitEthernet 0/0/2
[S2-GigabitEthernet0/0/2]eth-trunk 1
[S2]interface GigabitEthernet 0/0/3
[S2-GigabitEthernet0/0/3]eth-trunk 1
[S2]interface GigabitEthernet 0/0/4
[S2-GigabitEthernet0/0/4]eth-trunk 1
//将端口加入 Eth-Trunk 1 端口
```

配置完成后查看 S1 的 Eth-Trunk 1 接口信息。

```
[S1]display eth-trunk 1
Eth-Trunk1's state information is:
Local:
LAG ID: 1                          WorkingMode: STATIC
Preempt Delay: Disabled        Hash arithmetic: According to SIP-XOR-DIP
System Priority: 100            System ID: 4c1f-ccf2-1e3f
Least Active-linknumber: 1   Max Active-linknumber: 3
Operate status: up               Number Of Up Port In Trunk: 3
--------------------------------------------------------------------------------
ActorPortName            Status     PortType PortPri PortNo PortKey PortState Weight
GigabitEthernet0/0/1    Selected 1GE        100      2       305      10111100   1
GigabitEthernet0/0/2    Selected 1GE        100      3       305      10111100   1
GigabitEthernet0/0/3    Selected 1GE        100      4       305      10111100   1
GigabitEthernet0/0/4    Unselect 1GE        32768    5       305      10100000   1
Partner:
......
```

上面的内容表明，G0/0/1、G0/0/2 和 G0/0/3 都处于活动状态，而 G0/0/4 处于非活动状态（备份）。同时再查看 S2 的 Eth-Trunk 1 接口信息，这里不再重复。至此，S1 和 S2 之间的链路聚合配置完成。

2）配置 S1 与 S3 之间的链路聚合。

S1 和 S3 之间使用两根物理链路进行连接，这里采用手工负载均衡模式配置链路聚合。

交换机 S1 的配置如下。

```
[S1]interface Eth-Trunk 2
[S1-Eth-Trunk2]mode manual load-balance
//创建 Eth-Trunk 2 接口，配置为手工负载均衡模式
[S1]interface GigabitEthernet 0/0/5
[S1-GigabitEthernet0/0/5]eth-trunk 2
[S1]interface GigabitEthernet 0/0/6
[S1-GigabitEthernet0/0/6]eth-trunk 2
//将端口加入到 Eth-Trunk 2 接口
```

注意：交换机 S1 上需要创建新的 Eth-Trunk 接口，而不能使用已有的 Eth-Trunk 1 接口。

交换机 S3 的配置如下。

```
[S3]interface Eth-Trunk 2
[S3-Eth-Trunk2]mode manual load-balance
//创建 Eth-Trunk 2 接口，配置为手工负载均衡模式
[S3]interface GigabitEthernet 0/0/5
[S3-GigabitEthernet0/0/5]eth-trunk 2
[S3]interface GigabitEthernet 0/0/6
[S3-GigabitEthernet0/0/6]eth-trunk 2
//将端口加入到 Eth-Trunk 2 接口
```

配置完成后查看 S1 的 Eth-Trunk 2 接口信息。

```
[S1]display eth-trunk 2
Eth-Trunk2's state information is:
WorkingMode: NORMAL              Hash arithmetic: According to SIP-XOR-DIP
Least Active-linknumber: 1   Max Bandwidth-affected-linknumber: 8
Operate status: up               Number Of Up Port In Trunk: 2
--------------------------------------------------------------------------------
PortName                         Status         Weight
GigabitEthernet0/0/5             Up             1
GigabitEthernet0/0/6             Up             1
```

上面的内容表明，Eth-Trunk 2 接口的模式为手工负载均衡，包含 G0/0/5 和 G0/0/6 端口。S3 的相关信息由读者自行查看，这里不再重复。至此，S1 和 S3 之间的链路聚合配置完成。

3）配置 S2 与 S3 之间的链路聚合。

除了在两台交换机上新创建的 Eth-Trunk 3 接口外，交换机 S2 和 S3 之间的链路聚合配置方法与前面的方法一样，配置完成后的 S2 上的 Eth-Trunk 3 接口信息如下。

```
[S2]display eth-trunk 3
Eth-Trunk3's state information is:
WorkingMode: NORMAL              Hash arithmetic: According to SIP-XOR-DIP
Least Active-linknumber: 1   Max Bandwidth-affected-linknumber: 8
Operate status: up               Number Of Up Port In Trunk: 2
--------------------------------------------------------------------------------
PortName                         Status         Weight
GigabitEthernet0/0/7             Up             1
GigabitEthernet0/0/8             Up             1
```

上面的内容表明，Eth-Trunk 3 接口的模式为手工负载均衡，包含 G0/0/7 和 G0/0/8 端口。S3 的相关信息由读者自行查看，这里不再重复。至此，S2 和 S3 之间的链路聚合配置完成。

（3）配置生成树

默认情况下，交换机自动开启 STP（华为交换机开启的是 MSTP）。为了不影响网络性能，需要人为地对生成树进行参数调整，例如运行的生成树协议、根桥的指定等。

1）指定主根桥和备份根桥。

这里要求所有交换机都运行 RSTP，并且交换机 S1 为主根桥，S2 为备份根桥。

配置所有交换机运行 RSTP 的命令如下。

```
[S1]stp mode rstp
```

其他交换机的配置方法一样，这里就不再重复。

配置 S1 为主根桥的命令如下。

```
[S1]stp root primary
```

配置 S2 为备份根桥的命令如下。

```
[S2]stp root secondary
```

查看 S1 的 STP 信息。

```
[S1]display stp
-------[CIST Global Info][Mode RSTP]-------
CIST Bridge             :0     .4c1f-ccf2-1e3f
Config Times            :Hello 2s MaxAge 20s FwDly 15s MaxHop 20
Active Times            :Hello 2s MaxAge 20s FwDly 15s MaxHop 20
CIST Root/ERPC          :0     .4c1f-ccf2-1e3f / 0
CIST RegRoot/IRPC       :0     .4c1f-ccf2-1e3f / 0
CIST RootPortId         :0.0
BPDU-Protection         :Disabled
CIST Root Type          :Primary root
……
```

上面内容表明，S1 为根桥。其他交换机的 STP 信息读者可自行查看，这里不再重复。

2）配置所有连接终端的端口为边缘端口。

配置为边缘端口可以提高终端接入网络的速度，根据网络拓扑图可知，只有 S3 没有连接终端设备。这里以 S1 为例进行介绍，其他的请读者自行配置。

```
[S1]interface GigabitEthernet 0/0/20
[S1-GigabitEthernet0/0/20]stp edged-port enable
```

至此所有配置都已完成，读者可自行对终端设备的通信情况、STP 边缘端口情况进行测试，这里不再演示操作过程。

4.6 课后实验

实验 1　生成树应用

实验目的：

- 掌握调整生成树参数的方法。
- 掌握查询生成树信息的方法。

实验拓扑：

本实验网络拓扑如图 4-14 所示。

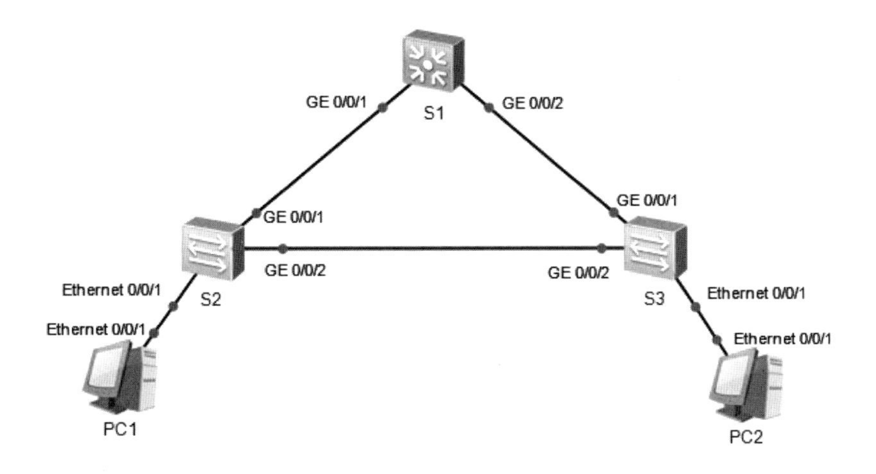

图 4-14　实验 1 网络拓扑

实验内容：

1）开启 RSTP。

2）指定 S1 为根桥。

3）指定 S2 的 G0/0/2 端口为指定端口。

4）所有连接 PC 的端口都配置为边缘端口。

5）查询相关的 STP 信息，判断配置是否正确。

实验 2　链路聚合应用

实验目的：

- 掌握应用链路聚合的方法。
- 掌握查询链路聚合信息的方法。

实验拓扑：

本实验网络拓扑如图 4-15 所示。

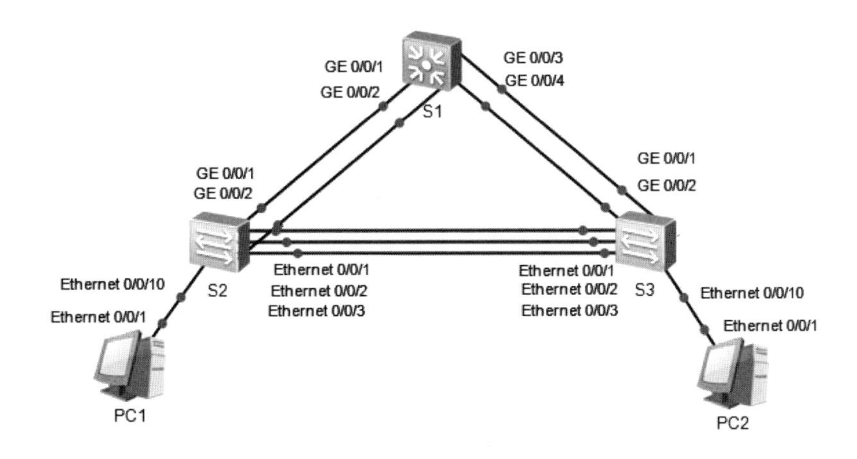

图 4-15　实验 2 网络拓扑

图 4-15 中，S1 为 S5700 交换机，S2 和 S3 为 S3700 交换机。

实验内容：

1）交换机 S1 与 S2、S1 与 S3 之间配置手工负载均衡模式的链路聚合。

2）在交换机 S2 与 S3 之间配置的链路聚合中，E0/0/3 端口所连链路为备份链路。

3）通过修改交换机 LACP 优先级，使 S2 为主动端。

4）交换机之间的链路为中继链路。

5）查看链路聚合信息，并检查数据配置是否正确。

第 5 章　静态路由实现网络互联

本章要点

- IPv4 编址
- 路由的基本概念
- 路由器基本配置
- 静态路由

5.1　IPv4 地址简介

IP（Internet Protocol，网际协议）有两个重要的版本，分别是 IPv4（Internet Protocol version 4，网际协议版本 4）和 IPv6（Internet Protocol version 6，网际协议版本 6），通常提到的互联网通信协议或 IP 是指 IPv4。IPv4 是当前 TCP/IP 网络体系中的核心协议之一，是网络层使用最广泛的协议。IP 用于在多个互联的网络之间传递数据报文，IP 利用其 IP 寻址功能在源设备和目的设备之间传递数据包，并提供对数据包的分包和组包功能，以适应不同网络对数据包大小的要求。

IP 根据接收的数据包中包含的目的地址，选择到目的地的最佳路径传递数据包。这种选择最佳路径并传递数据包的过程称为路由，而这正是 IP 寻址功能的体现。在数据链路层，用于寻址的是 MAC 地址，即物理地址；在网络层，用于寻址的是 IP 地址，即逻辑地址。在 TCP/IP 网络中，每台设备都必须设置正确的 IP 地址，否则无法通信。本章仅对 IPv4 地址的知识作介绍。

5.1.1　IPv4 地址

1．IPv4 地址的定义

在 TCP/IP 网络中，IP 地址属于网络设备的接口属性，网络设备的每个在用接口至少需要一个 IP 地址。使用 IP 地址的接口通常是计算机和路由器的接口，把路由器和计算机称为“主机”（Host），给主机接口配置的 IP 地址称为主机 IP 地址。

IPv4 地址是一个 32 位的二进制数，并且具有层次结构，IPv4 地址由网络标识位（Network ID，也称为网络位或网络号）和主机标识位（Host ID，也称为主机位或主机号）构成。网络标识位用于识别主机接口所在的网络，网络标识位所定义的网络范围被称为一个网段。主机标识位用于识别网络标识位所指网络范围内的某个主机接口。网络中主机地址不同，如果主机号不同，网络号相同，则说明主机处于同一个网段。路由器是利用目标 IP 地址的网络标识位进行路由。由于人们日常生活中习惯使用十进制数，因此将 32 位的 IP 地址以 8 位为一组，分成 4 组，每组用“.”隔开，再将每组二进制数转换为十进制数，就得到了点分十进制数表示的 IP 地址，如图 5-1 所示。

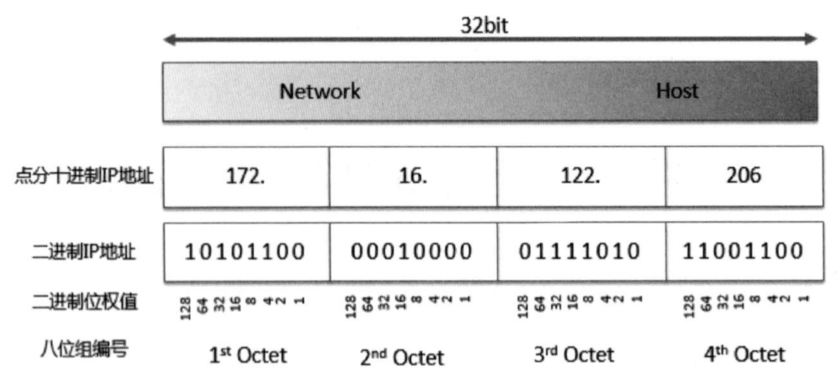

图 5-1　IP 地址的结构

2．有类 IPv4 地址

早期的 IP 地址分成 5 类，分别是 A 类、B 类、C 类、D 类、E 类。如图 5-2 所示，5 类 IP 地址的主要区别在于最高的几个二进制位取值不同，而且网络标识位的长度不同。因为网络标识位和主机标识位的位数一共是 32 位，所以当网络标识位位数增加时，主机标识位位数就会减少；而网络标识位位数减少时，主机标识位位数增加。其中，D 类 IP 地址是组播地址，用于将数据包发给特定组内的所有主机；E 类 IP 地址被保留用于科学实验；只有 A 类、B 类和 C 类 IP 地址才可以分配给主机的接口使用。根据第一个八位组的十进制取值，可以判断主机地址是哪一类地址，进而可以区分主机地址中的网络标识位和主机标识位，由此得知主机接口所在网络。

图 5-2　有类 IP 地址

从图 5-2 可以看到，每个网段可以分配的主机地址个数是 2^n-2。例如 C 类地址中主机标识位的位数是 8，那么一个 C 类网段中可以有的主机地址数量为 $2^8-2=254$ 个。这里减去 2，是因为全 0 的主机标识位和全 1 的主机标识位不能在主机地址中出现，也就是说，主机 IP 地址是由有效的网络标识位和有效的主机标识位构成的。由有效的网络标识位和全 0 的主机标识位构成的 IP 地址就是用于标识某个网络地址段的网络地址；由有效网络标识位加全 1 的主机标识位构成的地址被称为广播地址。每个网络地址段都有自己的网络地址和广播地址，而这两个地址分别是网段地址范围中的第一个地址和最后一个地址。

3．IPv4 地址的使用

（1）私有 IP 地址

在互联网中，IP 地址是由 ICANN（The Internet Corporation for Assigned Names and Numbers，互联网名称与数字地址分配机构）来管理和分配的。IP 地址分为公网 IP 地址和私有 IP 地址。公网 IP 地址是在互联网中使用的 IP 地址，由 ICANN 来管理分配。而私有 IP 地址则是在局域网中使用的 IP 地址。

私有 IP 地址是 A、B、C 三类地址中分别预留出的一些 IP 地址，只能在局域网中使用，无法在互联网上使用。这些地址无须向 ICANN 申请。在私有网络中，只要同一网络中网络设备的 IP 地址不发生冲突即可。

- A 类：10.0.0.1 到 10.255.255.254。
- B 类：172.16.0.1 到 172.31.255.254。
- C 类：192.168.0.1 到 192.168.255.254。

互联网上的网络设备不会接收和发送含有私有地址的数据包，使用私有地址的计算机不能直接与外部网络通信。私有网络与互联网之间的通信，需要用到一种被称为网络地址转换（Network Address Translation，NAT）的技术。进行浏览网页、收发 e-mail 等操作时，需要 NAT 等技术的协助。

（2）特殊地址

有些 IP 地址不能用来标识网络里的主机，而是有特殊含义和用途。

1）127.0.0.0/8 称为本地回环地址（Loopback Address）。回环地址主要用于测试，代表主机本身。通过 ping 这个地址可以检验本地网卡以及 TCP/IP 的安装配置是否正确。

2）255.255.255.255 称为有限广播地址。这个地址是指本网段内的所有主机，路由器不会转发目的地址为有限广播地址的数据包。

3）0.0.0.0 代表任何网络的网络地址及主机地址。例如在默认路由中，0.0.0.0 可以匹配任意目标网络地址；在尚未获得 IP 地址的主机发出的 DHCP 请求报文中，用 0.0.0.0 作为报文的源 IP 地址。

4）169.254.0.0/16 称为自动分配私有 IP 地址（Automatic Private IP Addressing，APIPA）。如果主机无法从 DHCP 服务器租用到 IP 地址，主机会自动使用 169.254.0.0/16 网段中的某个临时地址，与同一个网络内也使用 169.254.x.y 地址的计算机通信。

5.1.2 子网

1．子网与子网掩码

由于有类地址的网络标识位和主机标识位的位数有限，因此网络划分受到很大限制，不同网络容量的适应性较差，IP 地址得不到充分利用，从而造成大量的 IP 地址资源的浪费。

当前网络的实际应用中，IP 地址中的网络标识位和主机标识位不再受到地址类别的限制，通过调整网络标识位和主机标识位的位数，可以细分出与有类地址网络相比更小的网络。具体的操作方法是将原来的 A 类、B 类、C 类等有类地址中主机标识位的一部分用作子网地址，从而扩展网络标识位的位数，主机标识位位数因此而缩减，结果是网络中所容纳的主机数量减少，这样就可以得到一个粒度更小的网络，把这些划分出来的更小的网络称为子网。根据网络容量的大小，确定出合适的主机标识位和网络标识位位数，提高 IP 地址的利用率，也使 IP 地址的分配更加灵活。

摆脱了有类地址的限制，如何从给定的 IP 地址判断出该地址所属的网络呢？这时需要引入一个新的概念——子网掩码。子网掩码用二进制数表示，和 IP 地址一样也是 32 位。同样，子网掩码也可以像 IP 地址一样用点分十进制数标识。子网掩码由若干个连续的二进制“1”和若干个连续的二进制“0”构成。子网掩码对应 IP 地址中网络标识位的相应位置“1”；对应 IP 地址中主机标识位的相应位置“0”。由此，一个 IP 地址就有两个识别码，即 IP 地址本身和用于识别网络标识位的子网掩码。图 5-3 所示为 IP 地址及其子网掩码。

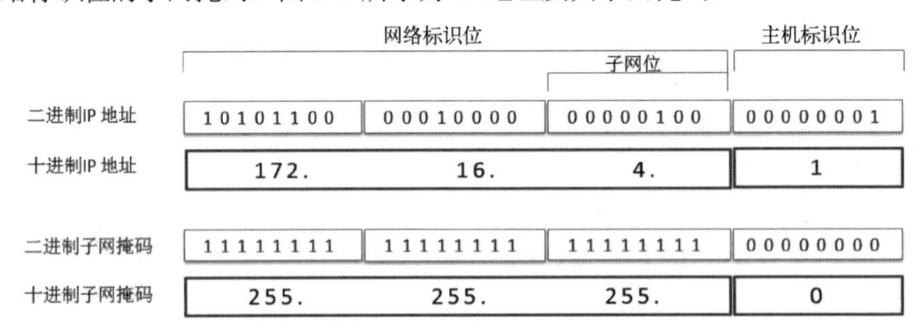

图 5-3　IP 地址及其子网掩码

子网掩码可以判断地址中哪些位是网络标识位，哪些位是主机标识位。图 5-3 中所示 IP 地址 172.16.4.1 中有 24 位是网络标识位，有 8 位是主机标识位。与有类地址相比较，172.16.4.1 这个地址是 B 类，有 16 位网络标识位和 16 位主机标识位。图 5-3 中的子网掩码指明这个地址的网络标识位是 24 位，那么多出来的 8 个网络标识位称为子网位，用于标识子网。从图中可以看出，子网位是从原来有类地址的主机标识位借来了 8 位，主机标识位因此减少为 8 位。借来的子网位位数与形成的子网数量之间的关系是：如果子网位位数是 n，那么子网数量为 2^n。

子网掩码中连续“1”的个数，称为网络前缀长度，也是 IP 地址中网络标识位的位数。图 5-3 所示的子网掩码 255.255.255.0 的网络前缀长度为 24。在实际应用当中，图 5-3 中的子网掩码与 IP 地址也可以表示成 172.16.4.1/24。

利用 IP 地址及其子网掩码，可以通过逻辑与运算计算出该 IP 地址所属网络的网络地址，并进一步计算出所属网络的广播地址和有效的主机地址范围。如图 5-4 所示，已知地址 172.16.2.155/26，从子网掩码可知，网络标识位长度是 26 位，剩下的 6 位是主机标识位。按照有类地址来判断，该 IP 地址是 B 类地址，B 类地址的网络标识位有 16 位，当前网络标识位多出的 10 位即为子网位。计算机所在网络的网络地址首先要把十进制的 IP 地址和子网掩码转换成二进制，然后将二进制的 IP 地址和子网掩码的对应位进行逻辑与运算，所得结果即为网络地址，再把二进制的网络地址转换成点分十进制数，就得到了 172.16.2.128 这个网络地址。将网络地址的第 4 个八位组中最后 6 个比特位从“0”翻转成“1”，就可以得到主机所在网络的广播地址 172.16.2.191。由于网络地址和广播地址分别是整个网络地址段的第一个地址和最后一个地址，因此该主机所在的地址段从 172.16.2.128/26 开始到 172.16.2.191/26 结束。由此可知，有效的主机地址范围是从 172.16.2.129/26 到 172.16.2.190/26。

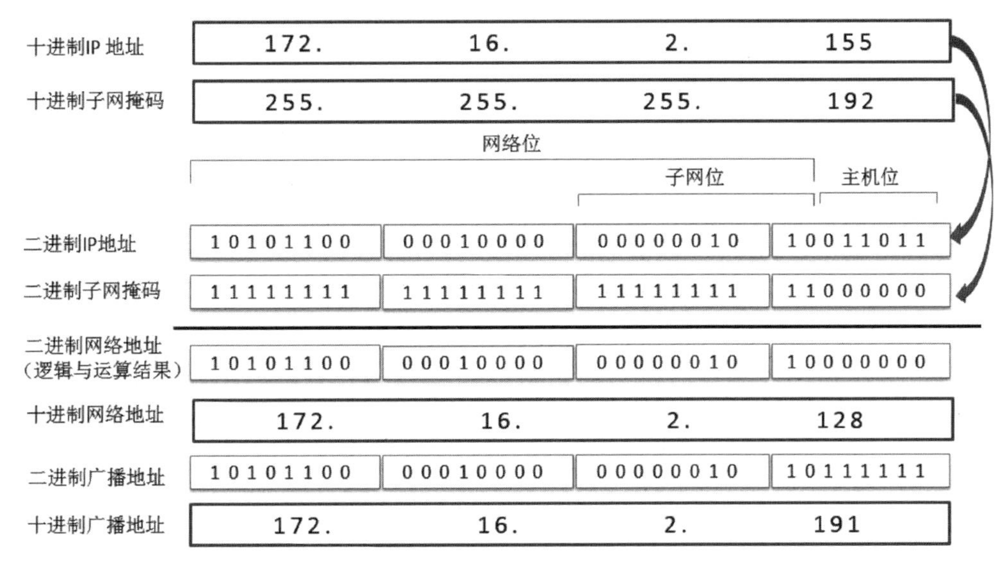

图 5-4　计算网络地址和广播地址

2．子网划分

子网划分是将一个大的地址空间进一步划分成更小的网络，每个子网对应一个广播域。子网划分是通过借用主机位作为子网位来实现的。通过子网掩码隐藏了子网位，从而在网络外部看不到网络内部的变化。

子网划分有两种方法，第一种方法是固定长度子网划分，就是将给定的地址空间等分成几个大小相同的子网，这意味着划分出来的子网具有相同的子网掩码，即网络前缀长度是一样的，这被称为 FLSM（Fixed-Length Subnet Masking，固定长度子网掩码）。第二种子网划分方法是可以根据每个子网的具体需求划分出能容纳不同数量主机的子网，大小不同的子网，其子网掩码是不一样的，即网络前缀长度不一样，需要用到 VLSM（Variable Length Subnet Mask，可变长子网掩码）技术。下面将分别介绍两种子网划分方法。

（1）固定长度子网划分

给定 IP 地址空间，要求划分出指定个数的子网。同时需要计算出子网掩码，每个子网的网络地址、广播地址及可用的主机地址范围。具体计算步骤如下。

- 计算所需子网位的个数。
- 计算子网的子网掩码。
- 计算子网的分段基数。
- 确定每个子网的地址范围。
- 确定子网的网络地址和广播地址。
- 确定可用的主机地址范围。

下面通过一个例子来说明具体的子网划分步骤。将 192.168.1.0/24 划分为 4 个子网。

1）计算子网位的位数。

对给定地址段的子网掩码分析可知，给定地址段的网络标识位为 24 位，主机标识位为

8 位，如图 5-5 所示。子网数量为 2^n，已知子网数量是 4，所以需要 2 个子网位，这两个子网位需要从主机标识位借。如图 5-5 所示，当两个子网位取值不同时，就得到了 4 个子网的子网地址。

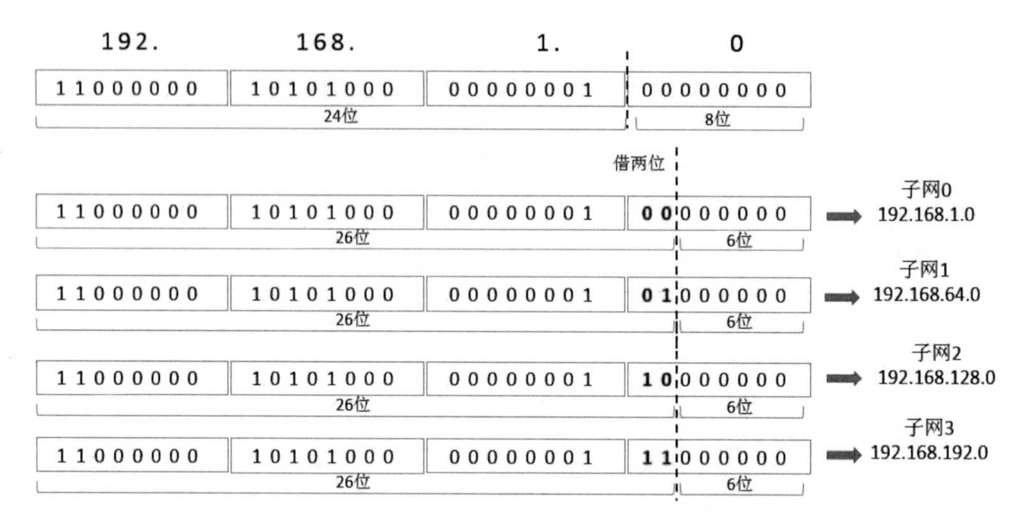

图 5-5　计算子网位的位数

2）计算子网的子网掩码。

从主机标识位借两个子网位，如图 5-5 所示，于是主机标识位就由原来的 8 位减少到 6 位，网络标识位的位数因此增加到 26 位。由此得到子网的子网掩码 255.255.255.192，如图 5-6 所示。由于每个子网的大小相同，因此四个子网的子网掩码都相同。

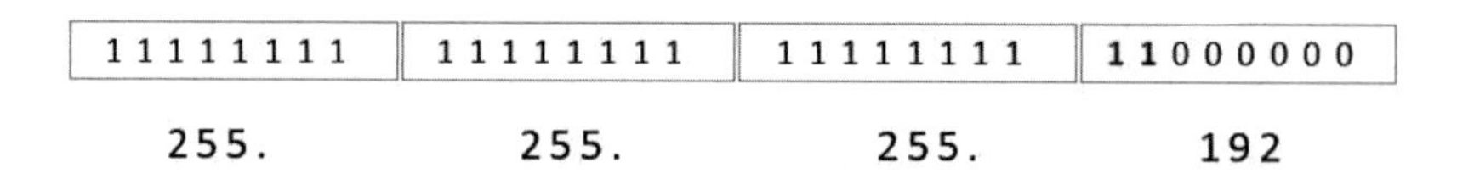

图 5-6　子网的子网掩码

3）计算子网的分段基数。

子网的分段基数就是子网的地址空间大小，即子网中的地址数量。计算分段基数，可以用 256 减去子网位所在八位组的十进制值，或者用主机标识位位数与分段基数关系式求得：分段基数=2^n，n 是主机标识位位数。在上一步骤得到的子网掩码为 255.255.255.192，子网位在第 4 个八位组，那么分段基数为 256-192=64。该子网掩码中主机标识位有 6 个，因此通过 2^6=64 也可以计算出分段基数。分段基数是 64，意味着每个子网中总共包含 64 个 IP 地址。

4）确定每个子网的地址范围。

第一个子网（即子网 0）的起始 IP 地址为给定地址空间的第一个地址，即 192.168.1.0。分段基数是 64，所以第二个子网（子网 1）的第一个地址为 192.168.1.64。第三个子网（子网 2）的第一个地址为 192.168.1.128，第四个子网（子网 3）的第一个地址为 192.168.1.192。用分段基数可以计算出第一个子网的最后一个地址为 192.168.1.63。每个子网的最后一个地址的差也是分段基数。以此类推，可以计算出所有子网的地址范围，如图 5-7 所示。

子网	子网第一个地址	子网最后一个地址
0	192.168.1.0	192.168.1.63
1	192.168.1.64	192.168.1.127
2	192.168.1.128	192.168.1.191
3	192.168.1.192	192.168.1.255

图 5-7　子网地址范围

5）确定子网的网络地址和广播地址。

每个子网的网络地址是子网地址范围中的第一个地址，而广播地址是最后一个地址，所以从图 5-7 就可以直接得到每个子网的网络地址和广播地址。以子网 2 为例，网络地址就是子网的起始地址 192.168.1.128，子网 2 的广播地址是 192.168.1.191。从图 5-7 可以看到，子网与子网之间的地址段是连续的，没有间隔。

6）确定可用的主机地址范围。

将每个子网地址段中的网络地址和广播地址去掉，其余的地址就可以做主机地址使用，如图 5-8 所示。

子网	子网起始地址（网络地址）	子网最后一个地址（广播地址）	可用主机地址范围
0	192.168.1.0	192.168.1.63	192.168.1.1-192.168.1.62
1	192.168.1.64	192.168.1.127	192.168.1.65-192.168.1.126
2	192.168.1.128	192.168.1.191	192.168.1.129-192.168.1.190
3	192.168.1.192	192.168.1.255	192.168.1.193-192.168.1.254

图 5-8　可用的主机地址范围

（2）可变长度子网划分

在实际网络当中，很可能需要划分出不同大小的子网。例如，一个网络管理者有一个地址空间 192.168.1.0/24，并且有四个主机数量不同的部门，分别是销售部有 100 台计算机，采购部有 50 台计算机，财务部有 25 台计算机，行政部有 5 台计算机。在这种情况下，如果子网划分采用前述的固定长度子网划分的方法，会出现有的部门地址不够用，而对有的部门地址存在浪费的问题。VLSM 技术允许根据网络大小的特定需求划分出合适的子网，使每个子网的地址数量能够符合实际应用，使 IP 地址空间得到有效利用。

VLSM 是无类编址技术，不需要区分地址的类别。VLSM 子网划分通常遵循从大到小、子网地址连续的规则，即先划分出大的子网地址段，再划分较小的子网地址段，且每个子网的地址空间是连续的。和前述划分大小相同子网的步骤不同的地方是确定子网掩码的方法不一样，其余步骤相似。具体操作步骤如下。

1）计算所需主机标识位的位数。

2）计算子网的子网掩码。

3）计算子网的分段基数并确定子网地址范围。

4）确定子网的网络地址和广播地址。

5）确定可用的主机地址范围。

例如，已知地址空间 172.16.0.0/22，需要划分两个子网，子网 A 和子网 B。子网 A 有 110 台计算机，子网 B 有 50 台计算机。

对给定地址段的子网掩码分析可知，给定地址段的网络标识位为 22 位，那么主机标识位为 10 位。按照由大到小的原则，先划分出子网 A 的地址段。

1）计算所需主机标识位的位数。

子网 A 有 110 台主机，那么子网 A 至少需要 110 个主机地址。利用主机数量的计算公式 2^n-2，n 取满足子网需求的最小值。当 n 取值为 7 时，主机数量为 $2^7-2=126$，即有 126 个可用的主机地址，能够满足子网 A 的要求。考虑到 n 的取值大于 7 就会造成地址的浪费，所以子网 A 的主机标识位确定为 7 位。

2）计算子网的子网掩码。

第一步计算出子网 A 的主机标识位是 7 位，因为二进制子网掩码和 IP 地址一样有 32 个比特位，所以可以计算出 32−7=25 个网络标识位，则子网 A 的子网掩码由 25 个“1”和 7 个“0”构成，如图 5-9 所示。将二进制的子网掩码转换成点分十进制表示为 255.255.255.128。

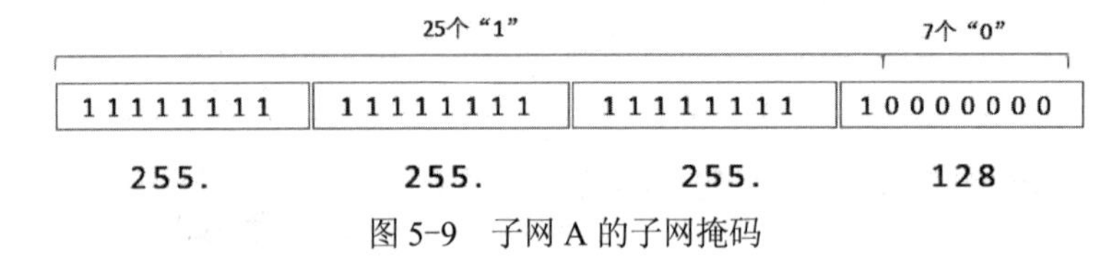

图 5-9　子网 A 的子网掩码

3）计算子网的分段基数并确定子网地址范围。

由于子网 A 的子网掩码明确有 7 个主机标识位，因此分段基数为 $2^7=128$。这说明子网 A 有 128 个地址。给定地址空间的第一个地址 172.16.0.0 也是子网 A 的第一个地址，所以子网 A 的地址范围是 172.16.0.0/25～172.16.0.127/25。

4）确定网络地址、广播地址和可用主机地址范围。

根据步骤 3）中子网 A 的地址范围，可以确定子网 A 的网络地址为第一个地址 172.16.0.0/25，子网 A 的最后一个地址是广播地址 172.16.0.127/25。除去一头一尾的两个地址，可用的主机地址范围为 172.16.0.1/25～172.16.0.126/25。

当子网 A 的地址范围确定后，子网 B 的地址范围可以从其余的地址空间中划分出来。为保证地址的连续使用，子网 A 的最后一个地址 172.16.0.127 加“1”就是子网 B 的第一个地址，即为 172.16.0.128，如图 5-10 所示。

给定地址空间172.16.0.0/22			
子网第一个地址	172.16.0.0 ……	255.255.255.128	子网A
子网最后一个地址	172.16.0.127	255.255.255.128	
	172.16.0.128 …… 172.16.3.255		其余地址

图 5-10　子网 A 地址范围

对于子网 B 的划分步骤和子网 A 是一致的。首先，根据 50 台计算机的需求，子网 B 的可用主机地址不能少于 50 个。由于 $2^6-2=62>50$，因此子网 B 的主机标识位位数至少为 6。

二进制子网掩码一共 32 位，所以此时网络标识位有 26 位。可以得出子网 B 的十进制子网掩码为 255.255.255.192。

因为子网 B 的第一个地址是 172.16.0.128/26，且子网 B 的分段基数为 $2^6=64$，所以可以计算出子网 B 的最后一个地址为 172.16.0.191/26。

子网 B 的地址范围为 172.16.0.128/26～172.16.0.191/26，所以子网 B 的网络地址为 172.16.0.128/26，广播地址为 172.16.0.191/26，由此得出可用的主机地址范围是从 172.16.0.129/26 到 172.16.0.190/26，如图 5-11 所示。在子网 A 和子网 B 划分完成后，给定地址空间还有一些空闲地址可以留作网络扩容时使用。

给定地址空间172.16.0.0/22			
子网第一个地址	172.16.0.0	255.255.255.128	子网A
子网最后一个地址	172.16.0.127	255.255.255.128	
子网第一个地址	172.16.0.128	255.255.255.192	子网B
子网最后一个地址	172.16.0.191	255.255.255.192	
	172.16.0.192 …… 172.16.3.255		空闲地址

图 5-11　子网 A 和子网 B 的地址范围

5.2　路由的概念

在 TCP/IP 模型的互联网层（Internet Layer）需要实现的一个重要功能是路由功能。能实现三层路由功能的常见设备有路由器和三层交换机。在网络中，常被提到的路由（Routing）是指在网络中或多个网络之间为发送数据包选择路径的过程。以路由器为例，路由器是根据接收数据包中的目的 IP 地址，结合路由器中的路由表（Routing Table）确定转发数据包的路径。路由表是若干路由信息的集合。路由表中的每一个路由条目，被称为路由（Route），是转发数据包的路径信息。

如图 5-12 所示，路由表的每一行就是一条路由，每条路由都会包含目标网络地址/掩码（Destination/Mask）、下一跳地址（Nexthop）、转出端口（Interface）这三个主要元素。此外，还包含路由的属性，如 Proto（Protocol）指示用来产生该条路由的协议，Pre（Preference）指示路由的优先级，Cost 指示路由开销。此外，Flag 用来标识该条路由是迭代路由（R）或者是否被下载到 FIB（Forwarding Information Base，转发信息库）表。路由器通过路由表选择路由，通过 FIB 表指导数据包的转发。

```
<R1>display ip routing-table
Route Flags: R - relay, D - download to fib
------------------------------------------------------------------------------
Routing Tables: Public
         Destinations : 16       Routes : 16

Destination/Mask    Proto   Pre  Cost      Flags NextHop         Interface

      10.0.1.0/24   Direct  0    0           D   10.0.1.1        LoopBack0
      10.0.1.1/32   Direct  0    0           D   127.0.0.1       LoopBack0
    10.0.1.255/32   Direct  0    0           D   127.0.0.1       LoopBack0
      10.0.2.0/24   RIP     100  1           D   10.0.123.2      GigabitEthernet0/0/0
      10.0.3.0/24   RIP     100  1           D   10.0.123.3      GigabitEthernet0/0/0
     10.0.14.0/24   Direct  0    0           D   10.0.14.1       Serial2/0/0
     10.0.14.1/32   Direct  0    0           D   127.0.0.1       Serial2/0/0
     10.0.14.4/32   Direct  0    0           D   10.0.14.4       Serial2/0/0
   10.0.14.255/32   Direct  0    0           D   127.0.0.1       Serial2/0/0
    10.0.123.0/24   Direct  0    0           D   10.0.123.1      GigabitEthernet0/0/0
    10.0.123.1/32   Direct  0    0           D   127.0.0.1       GigabitEthernet0/0/0
  10.0.123.255/32   Direct  0    0           D   127.0.0.1       GigabitEthernet0/0/0
      127.0.0.0/8   Direct  0    0           D   127.0.0.1       InLoopBack0
     127.0.0.1/32   Direct  0    0           D   127.0.0.1       InLoopBack0
127.255.255.255/32  Direct  0    0           D   127.0.0.1       InLoopBack0
255.255.255.255/32  Direct  0    0           D   127.0.0.1       InLoopBack0
```

图 5-12　路由表

5.2.1　路由的分类

根据路由信息的不同来源，路由表中的路由通常可分为以下三类。

1．直连路由

设备自动发现的路由信息称为直连路由（Direct Route）。当路由器的接口被激活，并且配置了 IP 地址，且其物理层和数据链路层状态均为 UP 时，路由器可以自动发现与自己直接相连的网络，从而在路由表中自动生成路由信息。当某个网络与设备的接口直接相连时，这个网络被称为直连网络。如图 5-13 所示，路由器 R1 有两个接口分别连接路由器 R2 和计算机 PC1。显然，R1 可以自动发现与之相连的 10.10.10.0/30 和 192.168.1.0/24 两个网络，从而在路由表中生成相应的直连路由，比如图 5-14 中实线框里的两条路由。

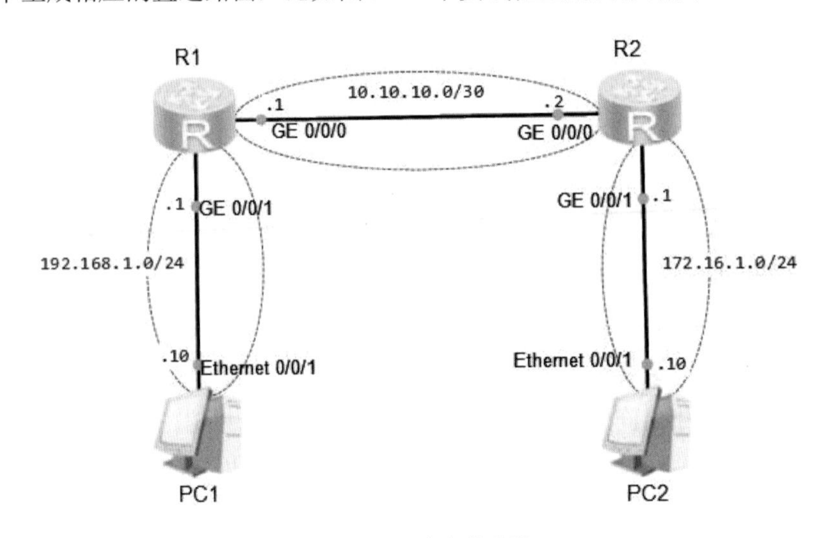

图 5-13　路由的分类

```
[R1]display ip routing-table
Route Flags: R - relay, D - download to fib
------------------------------------------------------------------------------
Routing Tables: Public
         Destinations : 10        Routes : 10

Destination/Mask    Proto   Pre  Cost      Flags NextHop         Interface

     10.10.10.0/30  Direct  0    0           D   10.10.10.1      GigabitEthernet0/0/0
     10.10.10.1/32  Direct  0    0           D   127.0.0.1       GigabitEthernet0/0/0
     10.10.10.3/32  Direct  0    0           D   127.0.0.1       GigabitEthernet0/0/0
      127.0.0.0/8   Direct  0    0           D   127.0.0.1       InLoopBack0
      127.0.0.1/32  Direct  0    0           D   127.0.0.1       InLoopBack0
127.255.255.255/32  Direct  0    0           D   127.0.0.1       InLoopBack0
    192.168.1.0/24  Direct  0    0           D   192.168.1.1     GigabitEthernet0/0/1
    192.168.1.1/32  Direct  0    0           D   127.0.0.1       GigabitEthernet0/0/1
  192.168.1.255/32  Direct  0    0           D   127.0.0.1       GigabitEthernet0/0/1
255.255.255.255/32  Direct  0    0           D   127.0.0.1       InLoopBack0
```

图 5-14　直连路由

图 5-14 中的直连路由不止两条，其他的直连路由的出现和 VRP 版本有关，其中 10.10.10.3/32 和 192.168.1.255/32 是 R1 所连两个直连网络的广播地址；10.10.10.1/32 和 192.168.1.1/32 是 R1 所连两个直连网络的端口地址。这些直连路由是系统自动生成的，在查看路由表时，更应关注的是图 5-14 方框中的两条直连路由，即直连网络的路由。

2．静态路由

手工配置的路由信息称为静态路由（Static Route）。图 5-13 所示的三个网络中，网络

172.16.1.0/24 与路由器 R1 没有直连，R1 无法自动发现到网络 172.16.1.0/24 的路由。这种非直连的网络，称为远程网络。通往远程网络的路由，可以通过静态路由配置和动态路由配置两种方式获取。图 5-13 中的路由器 R1 可以通过人工配置一条以 172.16.1.0/24 为目的网络的静态路由来实现到目的网络的数据转发。

3．动态路由

图 5-13 所示的网络结构比较简单，可以通过人工配置静态路由实现网络间的互通。如果远程网络的数量庞大，通过人工配置静态路由实现网络互通耗时耗力，在现实中这样做是不可取的，甚至是不可行的。在这种情况下，可以采用动态路由。动态路由是网络设备通过运行路由协议而获取的路由。路由协议也可以称为动态路由协议（Dynamic Routing Protocol），一台路由器中可以同时运行多种路由协议。运行了路由协议的路由器，彼此之间通过路由信息的交换在路由表中自动生成路由，路由表中的动态路由不需要人工维护，在网络拓扑结构发生改变时，动态路由协议会自动更新路由表。

5.2.2 确定最佳路由

当人们准备出门旅行时，首先需要选择到达目的地的交通方式，轮船、火车、飞机选择哪个好呢？同样，在网络中也存在路由选择的问题，下面通过两个路由属性介绍最佳路由的选择问题。

1．路由的优先级（Preference）

路由的优先级用于不同路由协议间最佳路由的选择。对于相同的目的地，使用不同的路由协议可能会有不同的路由，但不是所有能够到达目的地的路由都是最佳的。为了能够判断出最佳路由，不同的路由信息源都被定义了一个优先级。图 5-15 给出了华为 AR 路由器的部分路由协议及默认优先级值。当同一个目的地存在多条路由时，具有较高优先级的路由信息源的路由将成为最佳路由。优先级值是路由可信度的指标，优先级数值越小表明优先级越高。直连路由的优先级值为 0，其优先级最高。优先级值为 255 表示最不可信的路由。除直连路由外，各种路由协议的优先级都可手工进行配置和修改。另外，每条静态路由的优先级也可以配置不同的值。

路由种类/路由协议	优先级
DIRECT	0
STATIC	60
RIP	100
OSPF	10
IS-IS	15

图 5-15　路由优先级

假设一台路由器上同时启用了两种协议，即 RIP（Routing Information Protocol，路由信息协议）和 OSPF（Open Shortest Path First，开放式最短路径优先）协议。对于某个目标网络 A，RIP 和 OSPF 协议分别发现了一条去往目标网络 A 的路由，管理员也配置了一条去往目标网络 A 的静态路由，此时路由器获取了三条到达目标网络 A 的路由。路由器需要从这三条路由中选择出一条最佳路由用于数据包的转发。假设这三条路由的优先级值都使用默认值，经过比较 RIP 路由的优先级值 100 最大，OSPF 路由的优先级值 10 最小。所以，优先级值最小的 OSPF 路由是到达目标网络 A 的最佳路由。该 OSPF 路由会被写入 IP 路由表中用于到 A 网络的数据转发，其余两条路由则会处于未激活状态，不会出现在 IP 路由表中。

综上所述，如果路由器上的不同路由协议、直连路由或静态路由都有路由可以到达同一目标网络，路由器会通过比较各条路由的优先级来确定最佳路由，只有优先级最高（优先级值最小）的路由才会被写入 IP 路由表。

2．路由开销（Cost）

路由开销是指到达目标网络需要付出的代价值。如果同一种路由协议内部有多条路由可以到达同一个目标网络，通过比较这些路由的开销值可以确定最佳路由。路由开销值最小的路由将成为当前的最佳路由，也只有开销值最小的路由才被加入到本协议的路由表中。

不同的路由协议对于开销的定义是不同的，开销值只有在同一路由协议内部才有比较的意义。也就是说，在同一路由协议内部，可以通过比较到达同一个目标网络的各条路由的开销来确定最佳路由。例如，在 RIP 中用“跳数”作为开销。这里的“跳数”是指到达目标网络需要经过的路由器的个数。如图 5-16 所示，假设 R1、R2、R3 都运行了 RIP 路由协议。

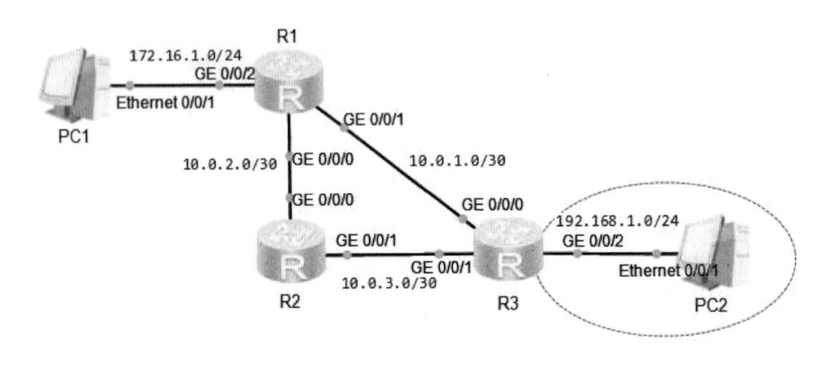

图 5-16　跳数作为开销

R1 上发现了两条去往目标网络 192.168.1.0/24 的路由。第一条路由从 R1 的 GE0/0/1 端口出发，经由路由器 R3 到达目标网络；第二条路由从 R1 的 GE0/0/0 端口出发经由路由器 R2 到 R3，再到目标网络。对路由器 R1 而言，数据包经第一条路由发送将经过 1 跳；数据包经第二条路由发送会经过 2 跳。显然，第一条路由的开销小于第二条路由的开销，所以第一条路由会被确定为最佳路径，并被写入 R1 的 RIP 路由表，如图 5-17 所示。

```
<R1>display ip routing-table protocol rip
display ip routing-table protocol rip
Route Flags: R - relay, D - download to fib
------------------------------------------------------------------------------
Public routing table : RIP
         Destinations : 2        Routes : 3

RIP routing table status : <Active>
         Destinations : 2        Routes : 3

Destination/Mask    Proto   Pre  Cost      Flags NextHop         Interface

       10.0.3.0/30  RIP     100  1           D   10.0.1.2        GigabitEthernet0/0/1
                    RIP     100  1           D   10.0.2.2        GigabitEthernet0/0/0
    192.168.1.0/24  RIP     100  1           D   10.0.1.2        GigabitEthernet0/0/1

RIP routing table status : <Inactive>
         Destinations : 0        Routes : 0
```

图 5-17　R1 的路由表

等价路由的情形如图 5-18 所示。假设路由器 R1、R2、R3、R4 都启用了 RIP。如果 PC1 发数据包到目标网络 192.168.1.0/24，路由器 R1 作为网络 172.16.1.0/24 的网关需要转发数据包。R1 发现有两条路由去往 192.168.1.0/24，第一条路由从 R1 的 GE0/0/1 端口，经 R3 到 R4 再到目标网络；第二条路由从 R1 的 GE0/0/0 端口到 R2 经 R4 到目标网络。对路由器 R1 来说，两条路由的跳数都是 2，即这两条路由的开销是相等的。在同一种路由协议中，到达同一个目标网络有多条不同路由，且这些路由的开销相同，那么这些路由称为等价路由。

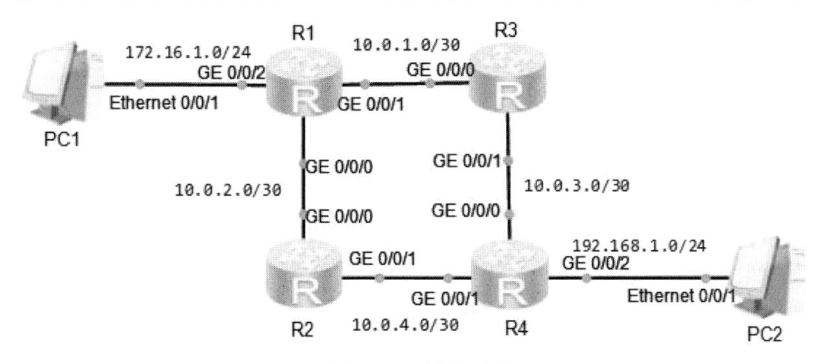

图 5-18　等价路由

在等价路由的情况下，两条路由都能够被写入 R1 的 RIP 路由表。如果这两条路由都能够作为最佳路由写入 IP 路由表，如图 5-19 所示，那么 R1 转发到 192.168.1.0/24 网络的数据流量是由这两条等价路由分担的，这种情况被称为负载均衡（Load Balance）。当其中一条路由出现故障时，另外一条路由仍然能够完成转发数据的任务。由此可见，等价路由有冗余备份的功能。

```
<R1>display ip routing-table
display ip routing-table
Route Flags: R - relay, D - download to fib
------------------------------------------------------------------------------
Routing Tables: Public
         Destinations : 16       Routes : 17

Destination/Mask    Proto   Pre  Cost      Flags NextHop         Interface

       10.0.1.0/30  Direct  0    0           D   10.0.1.1        GigabitEthernet0/0/1
       10.0.1.1/32  Direct  0    0           D   127.0.0.1       GigabitEthernet0/0/1
       10.0.1.3/32  Direct  0    0           D   127.0.0.1       GigabitEthernet0/0/1
       10.0.2.0/30  Direct  0    0           D   10.0.2.1        GigabitEthernet0/0/0
       10.0.2.1/32  Direct  0    0           D   127.0.0.1       GigabitEthernet0/0/0
       10.0.2.3/32  Direct  0    0           D   127.0.0.1       GigabitEthernet0/0/0
       10.0.3.0/30  RIP     100  1           D   10.0.1.2        GigabitEthernet0/0/1
       10.0.4.0/30  RIP     100  1           D   10.0.2.2        GigabitEthernet0/0/0
      127.0.0.0/8   Direct  0    0           D   127.0.0.1       InLoopBack0
      127.0.0.1/32  Direct  0    0           D   127.0.0.1       InLoopBack0
127.255.255.255/32  Direct  0    0           D   127.0.0.1       InLoopBack0
     172.16.1.0/24  Direct  0    0           D   172.16.1.1      GigabitEthernet0/0/2
     172.16.1.1/32  Direct  0    0           D   127.0.0.1       GigabitEthernet0/0/2
   172.16.1.255/32  Direct  0    0           D   127.0.0.1       GigabitEthernet0/0/2
    192.168.1.0/24  RIP     100  2           D   10.0.1.2        GigabitEthernet0/0/1
                    RIP     100  2           D   10.0.2.2        GigabitEthernet0/0/0
255.255.255.255/32  Direct  0    0           D   127.0.0.1       InLoopBack0
```

图 5-19　路由表中的等价路由

5.3　路由器的配置

5.3.1　路由器的硬件配置

这里以华为 AR2220-AC 路由器为例说明路由器的硬件配置情况，如图 5-20 所示。该型号的路由器配置有四核600MHz处理器，2GB内存和16MB的闪存。

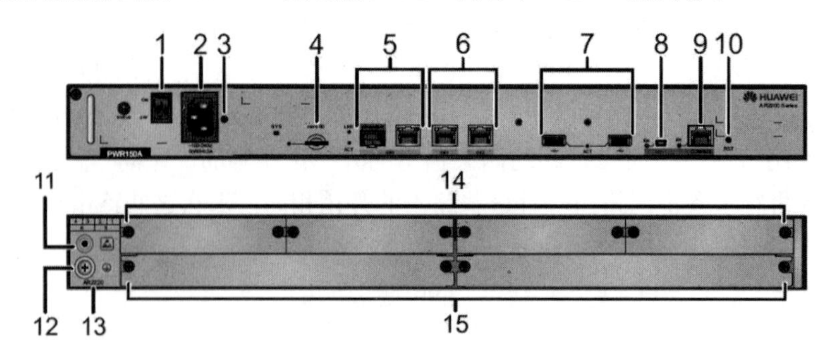

图5-20　AR2220-AC路由器

1—交流电源开关　2—交流电源插孔　3—电源线防松脱卡扣安装孔　4—Micro SD卡插槽　5—WAN侧端口；GE Combo端口　6—WAN侧端口；2个GE电接口　7—2个USB端口　8—MiniUSB端口　9—CON/AUX端口　10—RST按钮　11—ESD插孔　12—接地点　13—产品型号丝印　14—4个SIC槽位　15—2个WSIC槽位

图5-20中的第一个图片是路由器的正面，第二个图片是路由器的背面。华为AR2220-AC路由器是交流供电，采用150W可插拔交流电源模块，一体化主控板上支持固定3个千兆以太网端口，其中编号5所示的端口称为GE Combo端口。GE Combo端口是一个光电复用端口，一个Combo端口对应设备面板上一个GE电端口和一个GE光端口，而在设备内部只有一个转发端口。电端口与其对应的光端口是光电复用关系，默认自动识别，线缆连接电端口或光端口均可，但两者不能同时工作，当激活其中的一个端口时，另一个端口就自动处于禁用状态。用户可根据对端端口类型选择使用电端口或光端口。编号8和9分别是MiniUSB端口和CON/AUX端口，CON/AUX端口和MiniUSB端口是复用的，同一时刻只有一个可以使用。Console端口和MiniUSB端口都可以用于连接控制台，实现现场配置功能。MiniUSB端口和Console端口不能同时使用。默认情况下，Console端口工作。AUX端口用于远程配置，通过Modem拨号连接远程管理中心。编号11为ESD（Electro-Static Discharge）插孔，对设备进行维护操作时，需要佩戴防静电腕带。防静电腕带的一端要插在ESD插孔里。

AR2220-AC路由器的背面有4个SIC（Smart Interface Card，智能接口卡）槽位和2个WSIC（Wide SIC）槽位。如果主控板上的固定端口不够用时，可将端口单板插在相应槽位上来扩充端口。SIC是AR系列产品最小尺寸的灵活插卡，以SIC槽位的尺寸为单宽单高而论，WSIC为双宽单高。2个SIC槽位可以通过拆卸滑道合并为1个WSIC槽位，槽位合并后的新槽位号取两者中的较大者。

5.3.2　路由器的基本配置

在eNSP仿真软件上，利用AR2220路由器搭建如图5-21所示的网络拓扑。

图5-21所示的网络拓扑要求路由器之间使用串口连接，但AR2220路由器的主板上的固定接口没有串口，所以需要另外选择合适的单板插入到AR2220的槽位上来获得所需的串口。如图5-22所示，在eNSP的路由器设置窗口中，路由器处于关机的状态，在eNSP支持的接口卡中选择串口卡，并拖入到SCI的任意一个槽位上。如果把已经插入的某个接口卡拆下来，仍然需要在关机状态下将接口卡从槽位上拖出来。在实际操作中，需要佩戴防静电腕带，并在关机状态下插拔接口卡。

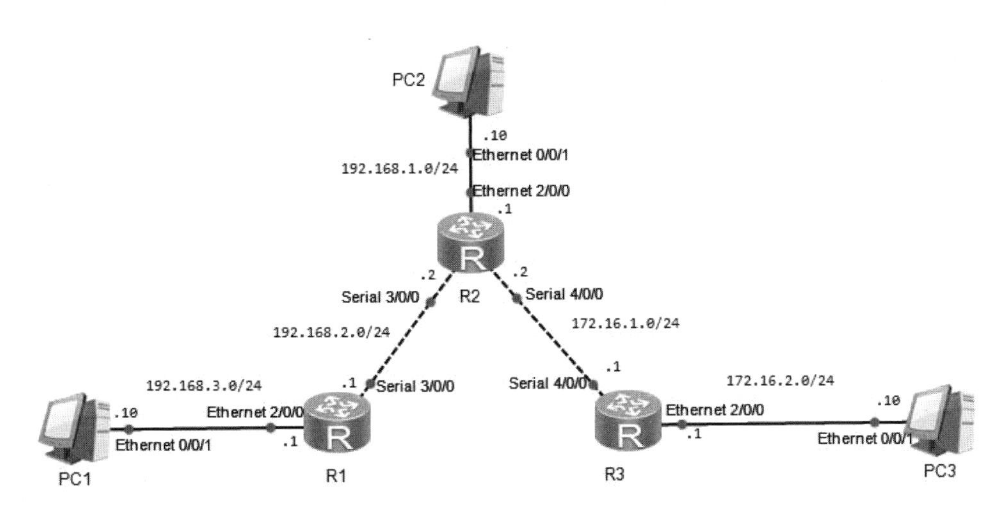

图 5-21　利用 AR2220 路由器搭建的网络拓扑

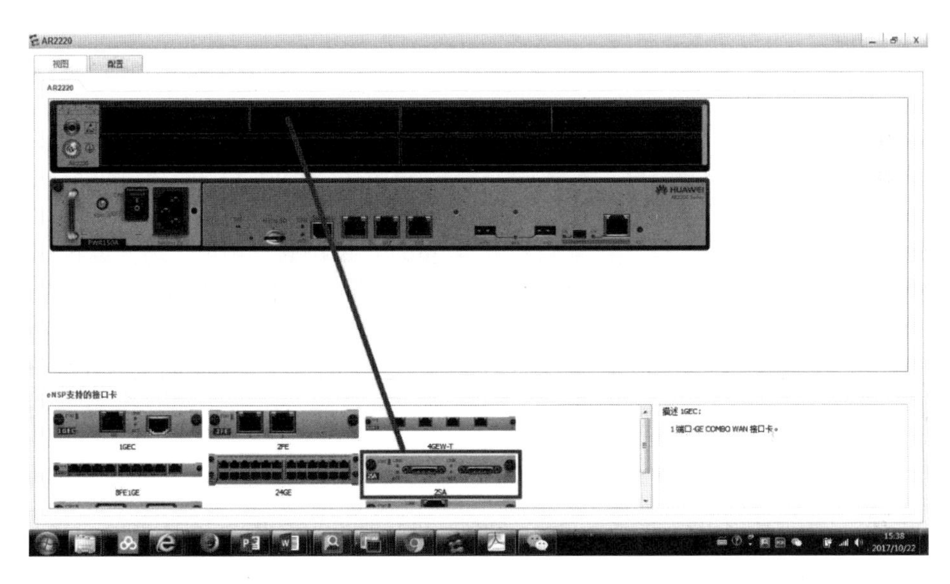

图 5-22　添加串口卡

在 eNSP 中搭建好图 5-21 所示的网络拓扑之后，接下来就需要进行数据配置了，首先需要进行路由器的基本配置。路由器的基本配置和交换机的基本配置相似，都需要配置主机名、Console 用户界面和 VTY 用户界面。而路由器的端口配置和交换机的端口配置是有差异的。

1．配置主机名

```
<Huawei>system-view
Enter system view, return user view with Ctrl+Z.
[Huawei]sysname R1                    //修改主机名称为 R1
[R1]
```

2．配置 Console 用户界面

```
<R1>system-view
```

```
[R1]user-interface console 0              //进入 Console 用户界面视图
[R1-ui-console0]authentication-mode password
Please configure the login password (maximum length 16):huawei            //设置验证模式为密码验证，并配置密码为 huawei
```

或者使用下面的命令配置密码，两种操作的效果一致。

```
[R1-ui-console0]set authentication password cipher huawei
```

3．配置 VTY 用户界面

配置用户 Telnet 远程登录设备，用户验证方式采用 AAA 验证，同时将用户级别设置为 2 级，即配置级，允许进行正常的业务配置。

```
[R1-ui-console0]user-interface vty 0 4       //进入 VTY 用户界面视图
[R1-ui-vty0-4]user privilege level 2          //配置 VTY 用户界面的用户级别为 2 级
[R1-ui-vty0-4]authentication-mode aaa         //配置用户验证方式为 AAA
[R1-ui-vty0-4]quit                            //退出 VTY 用户界面
[R1]aaa                                       //进入 AAA 视图
[R1-aaa]local-user testuser password cipher huawei   //配置用户名为 testuser，密码为 huawei
[R1-aaa]local-user testuser service-type telnet   //定义用户接入类型为 Telnet
```

4．配置接口

路由器上的物理接口有 LAN 侧端口和 WAN 侧端口。LAN 侧端口用于和局域网中的网络设备的连接，LAN 侧端口工作在数据链路层，处理二层协议，实现二层快速转发。WAN 侧端口工作在网络层，处理三层协议，提供路由功能。下面分别介绍这两种端口的配置。

（1）以太网端口配置

以太网端口包括 LAN 侧的二层端口和 WAN 侧的三层端口。两者的不同之处在于在三层以太网接口上可以配置 IP 地址。以太网端口的所有配置都有默认值，一般情况下，推荐使用默认值，如图 5-23 所示。

接口属性	默认值
自协商	自协商模式（auto）
双工模式	非自动协商双工模式为全双工
端口速率	自协商模式下，端口自动协商为端口支持的速率；非自协商模式下，默认速率为端口支持的最大速率
流量控制	自协商模式下流量控制处于关闭状态
出/入带宽利用率	阈值为100
网线类型（mdi）	自动识别所连接网线类型

图 5-23　端口属性的默认值

在某些特定情况下，需要对以太网端口属性进行修改和配置。

```
<R1>system-view
```

```
Enter system view, return user view with Ctrl+Z.
[R1]interface Ethernet 0/0/0                //进入接口视图
[R1-Ethernet0/0/0]undo negotiation auto     //配置以太网端口工作在非自协商模式
[R1-Ethernet0/0/0]speed 10                  //配置以太网端口的速率范围
[R1-Ethernet0/0/0]duplex full               //配置以太网端口的双工模式为全双工
[R1-Ethernet0/0/0]negotiation auto          //配置端口工作在自协商模式
[R1-Ethernet0/0/0]flow-control              //开启以太网端口的流量控制
[R1-Ethernet0/0/0]mdi across                //配置以太网端口的网线类型为交叉网线
[R1]interface Ethernet 3/0/0
[R1-Ethernet3/0/0]ip address 192.168.1.1 24 //配置三层以太网端口的 IP 地址
```

端口自动协商的主要功能是使物理链路两端的设备通过交互信息自动选择同样的工作参数。自动协商的内容主要包括双工模式、运行速率及流控等参数。一旦协商成功，链路两端的设备就锁定在同样的双工模式和运行速率。在非自动协商模式下，需要手工配置上述参数。

流量控制是一种防止出现丢包现象的技术。当端口上的流量控制开关打开后，如果端口的接收流量达到限值，端口会向对端发送一种特殊数据帧，通知对方本端的处理能力已经达到极限。如果对方端口也支持流量控制功能，就会调小发送速率，以保证本端口能够正常处理接收到的帧，从而避免丢包。

通过配置端口的网线类型可以改变引脚在通信中的角色，从而使得端口的网线适应方式与实际使用的网线相匹配。在默认情况下，网线适应方式为 auto 模式，表示端口可以自动识别网线，与该端口实际连接的网线类型既可以使用直通网线也可以使用交叉网线。across 表示端口的网线适应方式为交叉网线；normal 表示端口的网线适应方式为直通网线。建议使用自动适应模式 auto。

二层和三层的以太网端口都可以配置端口组，端口组的配置和交换机一样，这里不再赘述。三层以太网端口可以是 Combo 端口，即对于设备面板上的两个以太网端口，通常，一个是光口，另一个是电口，而在设备内部只有一个转发端口。Combo 电口与其对应的光口在逻辑上是光电复用的，默认情况下，Combo 端口的工作模式为 auto，即自动选择模式为光口模式或电口模式。用户可根据实际组网情况选择其中的一个使用，但两者不能同时工作，当激活其中的一个端口时，另一个端口就自动处于禁用状态。执行命令“combo-port { copper | fiber }”，可以将 Combo 端口强制设置为电口或者光口工作模式。

（2）串行接口配置

串行（Serial）端口是最常用的 WAN 端口，可以工作在同步方式和异步方式下，默认情况下，串行端口工作在同步方式。这里以同步方式下的串行端口为例介绍配置方法。

同步方式下的串行端口需要配置接口的物理属性和链路层属性，使同步方式下串行端口的物理层和链路层状态为 Up。

```
// 配置同步方式下串行（DCE）端口的物理属性
[R1]interface Serial 2/0/1
[R1-Serial2/0/1]baudrate 64000   //配置串行（DCE）端口的波特率为 64000bit/s（默认值）
[R1-Serial2/0/1]detect dsr-dtr   //配置串行端口的能够检测 DSR（Data Set Ready）和 DTR（Data Terminal Ready）信号
```

```
// 配置同步方式下串行（DTE）端口的物理属性
[R2]interface Serial 2/0/0
[R2-Serial2/0/0]virtualbaudrate 64000  //配置串行（DTE）端口的虚拟波特率。使用 X.21 线缆时需要配置
[R2-Serial2/0/0]clock rc              //配置串行（DTE）端口为接收时钟模式

// 配置同步方式下串行（DTE&DCE）端口的链路层属性
[R1]interface Serial 2/0/1
[R1-Serial2/0/1]physical-mode sync     //配置串行端口工作在同步方式
[R1-Serial2/0/1]link-protocol ppp      //配置串行端口封装的链路层协议为 PPP
Warning: The encapsulation protocol of the link will be changed. Continue? [Y/N]
[R1-Serial2/0/1]mtu 1000               //配置串行端口的最大传输单元 MTU 为 1000 字节
Warning: Please shutdown and then undo shutdown the interface to make changes take effect.
[R1-Serial2/0/1]crc 32                 //配置串行端口采用 32 位 CRC 校验方式
[R1-Serial2/0/1]code nrz               //配置串行端口的链路编码为不归零码

// 配置同步方式下串行（DTE&DCE）端口的网络层 IP 地址
[R1]interface Serial 2/0/1
[R1-Serial2/0/1]ip address 10.0.0.1 30
[R2]interface Serial 2/0/0
[R2-Serial2/0/0] ip address 10.0.0.2 30
```

（3）逻辑接口配置

除了物理端口外，路由器还支持几种类型的逻辑接口，如子接口、Loopback 接口、Null 接口。子接口主要用于实现与多个远端进行通信。Loopback 接口总是处于 UP 状态，可以配置 IP 地址。Null 接口不转发数据，任何送到该接口的数据报文都会被丢弃，因此可以用于路由过滤。

5.4 静态路由

除了直连网络以外，路由器不能直接获取远程网络的路由，到达远程网络的路由可以通过两种方法获得：静态路由和动态路由。前已述及，静态路由是网络管理员通过手工配置在路由表中添加到达远程网络的路由。动态路由是在网络中的路由器上运行动态路由协议，运行了相同动态路由协议的路由器彼此之间通过交换路由更新消息获得路由信息，由此获得远程网络的路由信息并写入到路由表中。与动态路由相比较，静态路由不需要在路由器之间进行静态路由信息的交换，所以网络安全性相对较高，并且不占用网络带宽。但是，静态路由无法自动适应网络的变化，当网络拓扑结构或链路状态发生变化时，网络管理员需要人工进行路由数据的调整来应对网络变更。

静态路由的配置很简单，但是扩展性差，适用于网络拓扑结构简单、规模较小的网络环境，并不适用于大型复杂的网络。静态路由可用于路由备份和路由表的简化。下面通过静态路由的配置进一步介绍静态路由的应用。

5.4.1 静态路由的配置

静态路由的配置命令是 ip route，需要在系统视图下执行静态路由的配置命令，基本的配置命令语法如下。

```
ip route-static dest.-address [mask | mask-length] [gateway-address | exit-interface] { preference preference-value}
```

- dest.-address [*mask* | *mask-length*] 是指目标网络地址及其子网掩码，子网掩码可以用点分十进制数或者 CIDR 值（即网络前缀长度）表示。
- gateway-address | exit-interface 静态路配置时可以使用下一跳参数（gateway-address）或者出接口参数（exit-interface）。当选择使用 gateway-address 时，是将静态路由的数据转发方向指向下一个直连路由器的端口地址，也称为下一跳地址；当选择 exit-interface 时，静态路由的数据转发方向指向本机连接下一个路由器的端口，即数据的转出端口。
- **preference** preference-value 是路由优先级，用于描述路由的可信度。在配置静态路由时，这个关键字是可选的，可以使用这个选项来指定所需的路由优先级值。通常情况下，静态路由的路由优先级为默认值 60。

在图 5-24 所示的网络拓扑中，主机 PC1、PC2、PC3 不在同一个网络，需要通过配置静态路由实现三台主机之间的互通。假设图中的主机已经配置好主机地址及网关地址，下面以网络拓扑中的路由器 R1、R2 和 R2 为例讲述静态路由的配置过程。

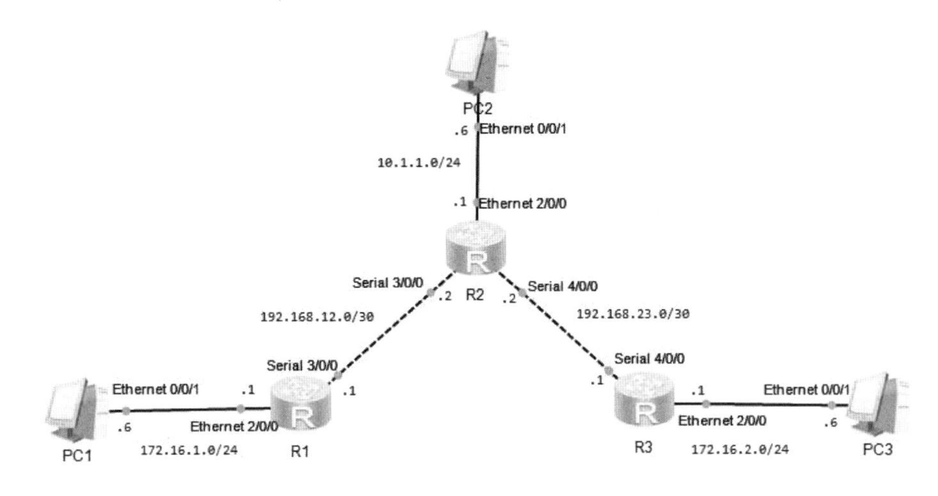

图 5-24　静态路由的配置

1. 配置路由器的端口 IP 地址

图中共有 5 个网络。对于路由器 R1 来说，网络 172.16.1.0/24 和 192.168.12.0/30 是直接连接的网络，所以当路由器端口 Ethernet 2/0/0 和 Serial 3/0/0 配置了相应网络的 IP 地址并处于激活状态时，在路由器 R1 的路由表中会有两条直连路由。

```
<R1>system-view
[R1]interface Serial 3/0/0
```

```
[R1-Serial3/0/0]ip address 192.168.12.1 30
[R1-Serial3/0/0]interface Ethernet 2/0/0
[R1-Ethernet2/0/0]ip address 172.16.1.1 24
[R1-Ethernet2/0/0]display ip interface brief
……//此处省略
Interface                 IP Address/Mask      Physical   Protocol
Ethernet2/0/0             172.16.1.1/24        up         up
Ethernet2/0/1             unassigned           down       down
GigabitEthernet0/0/0      unassigned           down       down
GigabitEthernet0/0/1      unassigned           down       down
GigabitEthernet0/0/2      unassigned           down       down
NULL0                     unassigned           up         up(s)
Serial3/0/0               192.168.12.1/30      up         up
Serial3/0/1               unassigned           down       down
Serial4/0/0               unassigned           down       down
Serial4/0/1               unassigned           down       down
```

由于路由器端口是默认激活的，因此只要直连的两个端口连接好，端口就会处于激活状态。在配置时，只需要配置端口的 IP 地址即可。用同样的方法，把路由器 R2 和 R3 的端口配置规划好的 IP 地址。

完成上述操作后，可以在三个路由器的路由表中看到直连网络的路由。图 5-25 是 R1 路由器上路由表的信息，图中标出了 R1 的两条直连路由。

```
[R1]display ip routing-table
Route Flags: R - relay, D - download to fib
------------------------------------------------------------------------------
Routing Tables: Public
         Destinations : 11       Routes : 11

Destination/Mask    Proto   Pre  Cost      Flags NextHop         Interface

      127.0.0.0/8   Direct  0    0           D   127.0.0.1       InLoopBack0
      127.0.0.1/32  Direct  0    0           D   127.0.0.1       InLoopBack0
127.255.255.255/32  Direct  0    0           D   127.0.0.1       InLoopBack0
     172.16.1.0/24  Direct  0    0           D   172.16.1.1      Ethernet2/0/0
     172.16.1.1/32  Direct  0    0           D   127.0.0.1       Ethernet2/0/0
   172.16.1.255/32  Direct  0    0           D   127.0.0.1       Ethernet2/0/0
   192.168.12.0/30  Direct  0    0           D   192.168.12.1    Serial3/0/0
   192.168.12.1/32  Direct  0    0           D   127.0.0.1       Serial3/0/0
   192.168.12.2/32  Direct  0    0           D   192.168.12.2    Serial3/0/0
   192.168.12.3/32  Direct  0    0           D   127.0.0.1       Serial3/0/0
255.255.255.255/32  Direct  0    0           D   127.0.0.1       InLoopBack0
```

图 5-25　R1 直连路由

2．针对远程网络配置静态路由

以 PC1 为例，为了与处于不同网络的计算机 PC2 和 PC3 互通，PC1 在发送数据给 PC2 和 PC3 时，必须先把数据发给网关路由器 R1，然后由 R1 将数据转发到 R2，R2 可以将发给 PC2 的数据直接转发给计算机 PC2，而发送给 PC3 的数据需要路由器 R2 转发到路由器 R3，再由 R3 将数据直接交付给 PC3。

对于路由器 R1，网络 10.1.1.0/24 和 172.16.2.0/24 是其远程网络，因此路由器 R1 上需要配置到达这两个远程网络的静态路由，并指向下一个路由器 R2。使得发往这两个远程网络的数据包能够被 R1 转发出去，而且是转发给路由器 R2。下面是路由器 R1 上配置的两条静态路由。

```
[R1]ip route-static 10.1.1.0 255.255.255.0 Serial 3/0/0      // 使用出接口参数创建静态路由
[R1]ip route-static 172.16.2.0 24 192.168.12.2               // 使用下一跳参数创建静态路由
[R1]display ip routing-table                                 // 显示路由表
Route Flags: R - relay, D - download to fib
------------------------------------------------------------------------------
Routing Tables: Public
         Destinations : 13        Routes : 13

Destination/Mask    Proto   Pre  Cost      Flags NextHop         Interface

       10.1.1.0/24  Static  60   0           D   192.168.12.1    Serial3/0/0
      127.0.0.0/8   Direct  0    0           D   127.0.0.1       InLoopBack0
      127.0.0.1/32  Direct  0    0           D   127.0.0.1       InLoopBack0
127.255.255.255/32  Direct  0    0           D   127.0.0.1       InLoopBack0
     172.16.1.0/24  Direct  0    0           D   172.16.1.1      Ethernet2/0/0
     172.16.1.1/32  Direct  0    0           D   127.0.0.1       Ethernet2/0/0
   172.16.1.255/32  Direct  0    0           D   127.0.0.1       Ethernet2/0/0
     172.16.2.0/24  Static  60   0           RD  192.168.12.2    Serial3/0/0
   192.168.12.0/30  Direct  0    0           D   192.168.12.1    Serial3/0/0
   192.168.12.1/32  Direct  0    0           D   127.0.0.1       Serial3/0/0
   192.168.12.2/32  Direct  0    0           D   192.168.12.2    Serial3/0/0
   192.168.12.3/32  Direct  0    0           D   127.0.0.1       Serial3/0/0
255.255.255.255/32  Direct  0    0           D   127.0.0.1       InLoopBack0
```

这两条静态路由的配置，一个用指向出接口的方式配置，一个用指向下一跳的方式配置。从配置结果来看，两种配置方式得到的静态路由在路由表当中 Flags 的标识是有区别的，使用下一跳的静态路由多了一个“R”，表示迭代路由。说明设备需要根据下一跳 IP 地址进一步查找具体的出接口。另外，这两条静态路由的配置都没有定义路由优先级，所以可以在路由表中看到默认的静态路由优先级值是 60。

同样，路由器 R2 和 R3 也需要配置远程网络的路由，使得 R2 和 R3 也能够把发往远程网络的数据包转发到正确的路由设备上。路由器 R2 直连了三个网络，即三台计算机所属网络，其中 PC1 和 PC3 的网络 172.16.1.0/24 和 172.16.2.0/24 是路由器 R2 的远程网络。对于路由器 R3，PC1 和 PC2 所属网络 172.16.1.0/24 和 10.1.1.0/24 是其远程网络。在路由器 R2 和 R3 上分别做如下配置。

```
[R2]ip route-static 172.16.1.0 24 Serial 3/0/0
[R2]ip route-static 172.16.2.0 24 Serial 4/0/0
[R2]disp ip routing-table
Route Flags: R - relay, D - download to fib
------------------------------------------------------------------------------
Routing Tables: Public
         Destinations : 17        Routes : 17

Destination/Mask    Proto   Pre  Cost      Flags NextHop         Interface
```

```
         10.1.1.0/24  Direct  0   0       D   10.1.1.1        Ethernet2/0/0
         10.1.1.1/32  Direct  0   0       D   127.0.0.1       Ethernet2/0/0
       10.1.1.255/32  Direct  0   0       D   127.0.0.1       Ethernet2/0/0
         127.0.0.0/8  Direct  0   0       D   127.0.0.1       InLoopBack0
        127.0.0.1/32  Direct  0   0       D   127.0.0.1       InLoopBack0
  127.255.255.255/32  Direct  0   0       D   127.0.0.1       InLoopBack0
       172.16.1.0/24  Static  60  0       D   192.168.12.2    Serial3/0/0
       172.16.2.0/24  Static  60  0       D   192.168.23.2    Serial4/0/0
     192.168.12.0/30  Direct  0   0       D   192.168.12.2    Serial3/0/0
     192.168.12.1/32  Direct  0   0       D   192.168.12.1    Serial3/0/0
     192.168.12.2/32  Direct  0   0       D   127.0.0.1       Serial3/0/0
     192.168.12.3/32  Direct  0   0       D   127.0.0.1       Serial3/0/0
     192.168.23.0/30  Direct  0   0       D   192.168.23.2    Serial4/0/0
     192.168.23.1/32  Direct  0   0       D   192.168.23.1    Serial4/0/0
     192.168.23.2/32  Direct  0   0       D   127.0.0.1       Serial4/0/0
     192.168.23.3/32  Direct  0   0       D   127.0.0.1       Serial4/0/0
  255.255.255.255/32  Direct  0   0       D   127.0.0.1       InLoopBack0

[R3]ip route-static 172.16.1.0 255.255.255.0 Serial 4/0/0
[R3]ip route-static 10.1.1.0 24 192.168.23.2
[R3]display ip routing-table
Route Flags: R - relay, D - download to fib
------------------------------------------------------------------------------
Routing Tables: Public
         Destinations : 13        Routes : 13

Destination/Mask    Proto   Pre  Cost      Flags NextHop         Interface

         10.1.1.0/24  Static  60  0       RD  192.168.23.2    Serial4/0/0
         127.0.0.0/8  Direct  0   0       D   127.0.0.1       InLoopBack0
        127.0.0.1/32  Direct  0   0       D   127.0.0.1       InLoopBack0
  127.255.255.255/32  Direct  0   0       D   127.0.0.1       InLoopBack0
       172.16.1.0/24  Static  60  0       D   192.168.23.1    Serial4/0/0
       172.16.2.0/24  Direct  0   0       D   172.16.2.1      Ethernet2/0/0
       172.16.2.1/32  Direct  0   0       D   127.0.0.1       Ethernet2/0/0
     172.16.2.255/32  Direct  0   0       D   127.0.0.1       Ethernet2/0/0
     192.168.23.0/30  Direct  0   0       D   192.168.23.1    Serial4/0/0
     192.168.23.1/32  Direct  0   0       D   127.0.0.1       Serial4/0/0
     192.168.23.2/32  Direct  0   0       D   192.168.23.2    Serial4/0/0
     192.168.23.3/32  Direct  0   0       D   127.0.0.1       Serial4/0/0
  255.255.255.255/32  Direct  0   0       D   127.0.0.1       InLoopBack0
```

3．验证网络的连通性

在 PC1 的命令行界面中，尝试向 PC2 和 PC3 发送 ping 包，结果如图 5-26 所示。由此可以看出，在三台路由器上配置静态路由之后，PC1、PC2 和 PC3 之间可以互通。

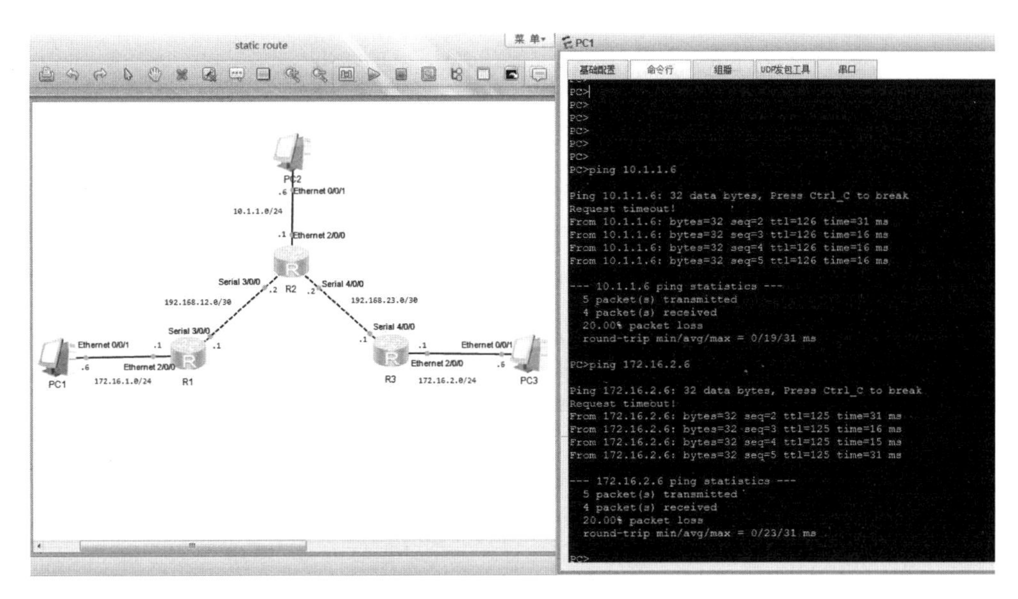

图 5-26　验证网络连通性

5.4.2　默认路由的配置

在图 5-27 所示的网络环境中，企业网络中的主机要把数据发到 Internet 上，就需要在企业的网关路由器上针对外部大量的未知远程网络配置静态路由，而这是很难做到的。如果不配置路由，就会影响网络通信。为此，引入一条默认路由来解决这个问题，即配置一条目的网络 IP 地址和子网掩码全为“0”的静态路由。默认路由的全“0”目标网络地址可以匹配接收数据包中的任意目的地址，从而使任何数据包都不会因为找不到匹配的路由而被丢弃。当接收数据包的目的地址在路由表中找不到可以匹配的路由时，才能使用默认路由来转发数据。

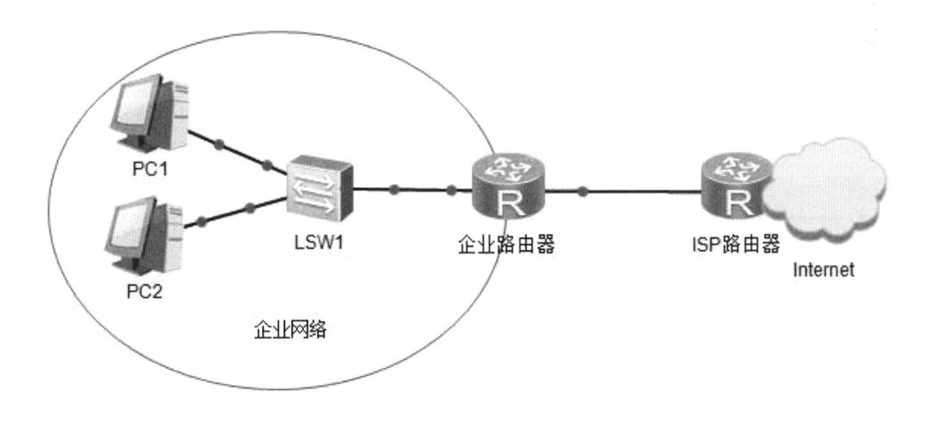

图 5-27　默认路由适用环境

作为一种特殊的静态路由，默认路由通常用于末梢网络，当网络只有一个外连出口时可以使用默认路由，并配置在边界路由器上。默认路由可以简化路由表，同时能够缩短路由表查找的时间，提高网络的性能。

仍以图 5-24 拓扑为例，网络 172.16.1.0/24 和 172.16.2.0/24 都只有一个外连的出口，分别由路由器 R1 和 R3 作为网关路由器。在 5.4.1 小节，为实现 PC1、PC2 和 PC3 的互通，在 R1 和 R3 上分别配置了两条静态路由。现在，可以在路由器 R1 和 R3 上分别用一条默认路由来替代原先的两条静态路由，同样可以实现 PC1、PC2 和 PC3 的互通。默认路由和静态路由使用一样的配置命令，下面是具体的配置过程。

```
[R1]undo ip route-static 10.1.1.0 255.255.255.0 Serial3/0/0   // 删除原有静态路由
[R1]undo ip route-static 172.16.2.0 255.255.255.0 192.168.12.2   // 删除原有静态路由
[R1]ip route-static 0.0.0.0 0.0.0.0 Serial 3/0/0   // 使用出接口参数创建的默认路由
[R1]display ip routing-table
Route Flags: R - relay, D - download to fib
------------------------------------------------------------------------------
Routing Tables: Public
         Destinations : 12         Routes : 12
Destination/Mask    Proto   Pre  Cost      Flags NextHop         Interface
        0.0.0.0/0   Static  60   0           D   192.168.12.1    Serial3/0/0
      127.0.0.0/8   Direct  0    0           D   127.0.0.1       InLoopBack0
     127.0.0.1/32   Direct  0    0           D   127.0.0.1       InLoopBack0
127.255.255.255/32  Direct  0    0           D   127.0.0.1       InLoopBack0
    172.16.1.0/24   Direct  0    0           D   172.16.1.1      Ethernet2/0/0
    172.16.1.1/32   Direct  0    0           D   127.0.0.1       Ethernet2/0/0
  172.16.1.255/32   Direct  0    0           D   127.0.0.1       Ethernet2/0/0
  192.168.12.0/30   Direct  0    0           D   192.168.12.1    Serial3/0/0
  192.168.12.1/32   Direct  0    0           D   127.0.0.1       Serial3/0/0
  192.168.12.2/32   Direct  0    0           D   192.168.12.2    Serial3/0/0
  192.168.12.3/32   Direct  0    0           D   127.0.0.1       Serial3/0/0
255.255.255.255/32  Direct  0    0           D   127.0.0.1       InLoopBack0

[R3]undo ip route-static 10.1.1.0 255.255.255.0 192.168.23.2   // 删除原有静态路由
[R3]undo ip route-static 172.16.1.0 255.255.255.0 Serial4/0/0   // 删除原有静态路由
[R3]ip route-static 0.0.0.0 0 192.168.23.2   // 使用下一跳参数创建的默认路由
[R3]display ip routing-table
Route Flags: R - relay, D - download to fib
------------------------------------------------------------------------------
Routing Tables: Public
         Destinations : 12         Routes : 12
Destination/Mask    Proto   Pre  Cost      Flags   NextHop         Interface
        0.0.0.0/0   Static  60   0           RD    192.168.23.2    Serial4/0/0
      127.0.0.0/8   Direct  0    0           D     127.0.0.1       InLoopBack0
     127.0.0.1/32   Direct  0    0           D     127.0.0.1       InLoopBack0
127.255.255.255/32  Direct  0    0           D     127.0.0.1       InLoopBack0
    172.16.2.0/24   Direct  0    0           D     172.16.2.1      Ethernet2/0/0
    172.16.2.1/32   Direct  0    0           D     127.0.0.1       Ethernet2/0/0
  172.16.2.255/32   Direct  0    0           D     127.0.0.1       Ethernet2/0/0
```

```
      192.168.23.0/30  Direct  0    0        D   192.168.23.1     Serial4/0/0
      192.168.23.1/32  Direct  0    0        D   127.0.0.1        Serial4/0/0
      192.168.23.2/32  Direct  0    0        D   192.168.23.2     Serial4/0/0
      192.168.23.3/32  Direct  0    0        D   127.0.0.1        Serial4/0/0
  255.255.255.255/32   Direct  0    0        D   127.0.0.1        InLoopBack0
```

从 R1 和 R3 的路由表可以看出，路由器 R1 和 R3 上的静态路由配置改为默认路由后，路由条目比修改前少了一条。通过在 PC 上进行连通性验证可知，PC1、PC2 和 PC3 的连通性正常。

5.4.3 浮动静态路由的配置

浮动静态路由是一种特殊的静态路由，其实质是备份路由，是静态路由的一种应用方式。因为路由优先级值越小，路由的可信度越高，浮动静态路由的备份功能是通过在配置静态路由时，设定一个比主用路由更大的路由优先级值来实现的。当主用路由故障时，作为备份路由的浮动静态路由就会被启用。

在图 5-24 所示网络拓扑的基础上，将 R1 和 R3 的串口连接在一起，如图 5-28 所示。

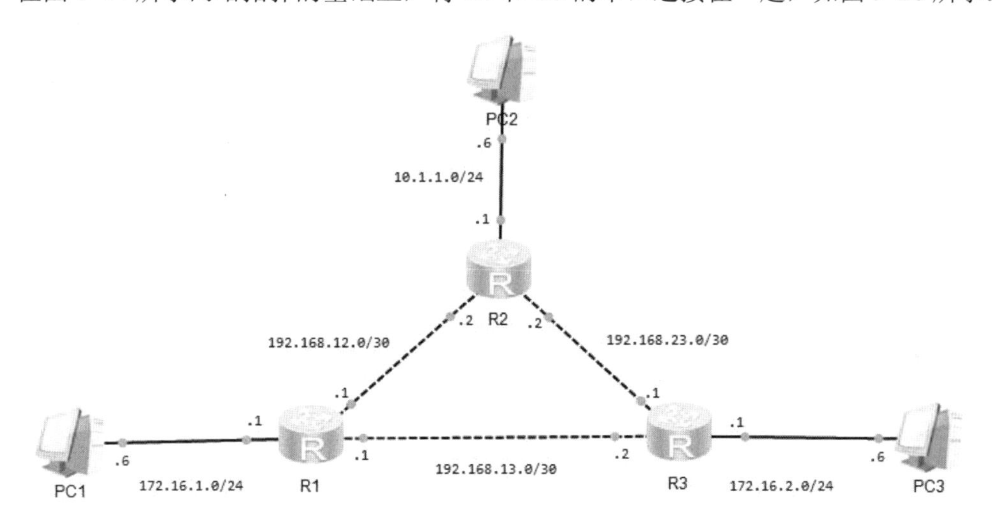

图 5-28　浮动静态路由配置

由图 5-28 可知，路由器 R1 转发数据到远程网络 172.16.2.0/24 有两条路径，一个是原来的路径，即转发到 R2；另一条新的路径，可以将数据转发到 R3。假设在路由器 R1 上，将原来指向 R2 的路由作为主用路由，而将指向 R3 的路由作为备份路由，即作为浮动静态路由来配置。由于主用路由配置时没有设置路由优先级，因此采用了静态路由默认值 60，则在路由器 R1 上配置浮动静态路由时，选择使用路由优先级值 70 进行配置。具体的配置如下。

```
[R1]ip route-static 172.16.2.0 24 192.168.13.2 preference 70
// 配置浮动静态路由，路由优先级值为 70

[R1]display ip routing-table
```

```
Route Flags: R - relay, D - download to fib
------------------------------------------------------------------------------
Routing Tables: Public
         Destinations : 16         Routes : 16

Destination/Mask    Proto   Pre  Cost      Flags NextHop         Interface

      10.1.1.0/24   Static  60   0           D   192.168.12.1    Serial3/0/0
     127.0.0.0/8    Direct  0    0           D   127.0.0.1       InLoopBack0
     127.0.0.1/32   Direct  0    0           D   127.0.0.1       InLoopBack0
127.255.255.255/32  Direct  0    0           D   127.0.0.1       InLoopBack0
    172.16.1.0/24   Direct  0    0           D   172.16.1.1      Ethernet2/0/0
    172.16.1.1/32   Direct  0    0           D   127.0.0.1       Ethernet2/0/0
  172.16.1.255/32   Direct  0    0           D   127.0.0.1       Ethernet2/0/0
    172.16.2.0/24   Static  60   0           RD  192.168.12.2    Serial3/0/0
  192.168.12.0/30   Direct  0    0           D   192.168.12.1    Serial3/0/0
  192.168.12.1/32   Direct  0    0           D   127.0.0.1       Serial3/0/0
  192.168.12.2/32   Direct  0    0           D   192.168.12.2    Serial3/0/0
  192.168.12.3/32   Direct  0    0           D   127.0.0.1       Serial3/0/0
  192.168.13.0/30   Direct  0    0           D   192.168.13.1    GigabitEthernet0/0/0
  192.168.13.1/32   Direct  0    0           D   127.0.0.1       GigabitEthernet0/0/0
  192.168.13.3/32   Direct  0    0           D   127.0.0.1       GigabitEthernet0/0/0
255.255.255.255/32  Direct  0    0           D   127.0.0.1       InLoopBack0

[R1]display ip routing-table protocol static
Route Flags: R - relay, D - download to fib
------------------------------------------------------------------------------
Public routing table : Static
         Destinations : 2          Routes : 3          Configured Routes : 3
Static routing table status : <Active>
         Destinations : 2          Routes : 2
Destination/Mask    Proto   Pre  Cost      Flags NextHop         Interface
      10.1.1.0/24   Static  60   0           D   192.168.12.1    Serial3/0/0
    172.16.2.0/24   Static  60   0           RD  192.168.12.2    Serial3/0/0
Static routing table status : <Inactive>
         Destinations : 1          Routes : 1
Destination/Mask    Proto   Pre  Cost      Flags NextHop         Interface
    172.16.2.0/24   Static  70   0           R   192.168.13.2    Serial4/0/1
```

从“display ip routing-table”命令的输出结果可以看到，路由表中有主用路由，但没有浮动静态路由。当使用命令“display ip routing-table protocol static”只查看静态路由时，根据路由状态，路由表被分成 Active 和 Inactive 两部分。在 Inactive 表中可以看到路由优先级为 70 的浮动静态路由，说明此时路由器 R1 中有这条路由，只是没有启用。并且浮动静态路由的 Flags 列中只有一个 R 标志，说明是迭代路由，没有 D 标志说明这条浮动静态路由没有加载到 FIB 表。

接下来测试浮动静态路由的备份功能。首先，需要将路由器 R1 的 S3/0/0 端口关闭，阻断主用路由，然后观察是否启用浮动路由。具体的操作如下。

```
[R1]interface Serial 3/0/0
[R1-Serial3/0/0]shutdown
Jan 15 2018 22:48:22-08:00 R1 %%01PPP/4/PHYSICALDOWN(l)[0]:On the interface Serial3/0/0, PPP link was closed because the status of the physical layer was Down.
Jan 15 2018 22:48:22-08:00 R1 %%01IFNET/4/LINK_STATE(l)[1]:The line protocol PPP on the interface Serial3/0/0 has entered the DOWN state.
Jan 15 2018 22:48:22-08:00 R1 %%01IFNET/4/LINK_STATE(l)[2]:The line protocol PPP IPCP on the interface Serial3/0/0 has entered the DOWN state.
Jan 15 2018 22:48:22-08:00 R1 %%01IFPDT/4/IF_STATE(l)[3]:Interface Serial3/0/0 has turned into DOWN state.
[R1-Serial3/0/0]display ip routing-table
Route Flags: R - relay, D - download to fib
------------------------------------------------------------------------------
Routing Tables: Public
         Destinations : 12        Routes : 12
Destination/Mask    Proto   Pre  Cost      Flags NextHop         Interface
      127.0.0.0/8   Direct  0    0           D   127.0.0.1       InLoopBack0
      127.0.0.1/32  Direct  0    0           D   127.0.0.1       InLoopBack0
127.255.255.255/32  Direct  0    0           D   127.0.0.1       InLoopBack0
     172.16.1.0/24  Direct  0    0           D   172.16.1.1      Ethernet2/0/0
     172.16.1.1/32  Direct  0    0           D   127.0.0.1       Ethernet2/0/0
   172.16.1.255/32  Direct  0    0           D   127.0.0.1       Ethernet2/0/0
     172.16.2.0/24  Static  70   0           RD  192.168.13.2    Serial4/0/1
   192.168.13.0/30  Direct  0    0           D   192.168.13.1    Serial4/0/1
   192.168.13.1/32  Direct  0    0           D   127.0.0.1       Serial4/0/1
   192.168.13.2/32  Direct  0    0           D   192.168.13.2    Serial4/0/1
   192.168.13.3/32  Direct  0    0           D   127.0.0.1       Serial4/0/1
255.255.255.255/32  Direct  0    0           D   127.0.0.1       InLoopBack0

[R1-Serial3/0/0]display ip routing-table protocol static
Route Flags: R - relay, D - download to fib
------------------------------------------------------------------------------
Public routing table : Static
         Destinations : 1         Routes : 2         Configured Routes : 3
Static routing table status : <Active>
         Destinations : 1         Routes : 1
Destination/Mask    Proto   Pre  Cost      Flags NextHop         Interface
     172.16.2.0/24  Static  70   0           RD  192.168.13.2    Serial4/0/1
Static routing table status : <Inactive>
         Destinations : 1         Routes : 1
Destination/Mask    Proto   Pre  Cost      Flags NextHop         Interface
     172.16.2.0/24  Static  60   0               192.168.12.2    Unknown
```

由以上的操作命令的输出结果可以看到，当主用路由的链路中断时，主用路由从路由表中消失，取而代之的是浮动静态路由。在显示静态路由条目的输出结果中，浮动静态路由状态为 Active，说明浮动静态路由被启用。原来的主用路由处于 Inactive 状态（即不可用），也就是主用路由没有被写入路由表的原因。

现在将关闭的端口 S3/0/0 重新激活，具体的操作如下。

```
[R1]interface Serial 3/0/0
[R1-Serial3/0/0]undo shutdown          // 激活端口
Jan 15 2018 22:50:11-08:00 R1 %%01IFPDT/4/IF_STATE(l)[4]:Interface Serial3/0/0 has turned into UP state.
Jan 15 2018 22:50:11-08:00 R1 %%01IFNET/4/LINK_STATE(l)[5]:The line protocol PPP on the interface Serial3/0/0 has entered the UP state.
Jan 15 2018 22:50:11-08:00 R1 %%01IFNET/4/LINK_STATE(l)[6]:The line protocol PPP IPCP on the interface Serial3/0/0 has entered the UP state.
[R1-Serial3/0/0]display ip routing-table
Route Flags: R - relay, D - download to fib
------------------------------------------------------------------------------
Routing Tables: Public
         Destinations : 17        Routes : 17

Destination/Mask    Proto   Pre  Cost      Flags NextHop         Interface

       10.1.1.0/24  Static  60   0           D   192.168.12.1    Serial3/0/0
      127.0.0.0/8   Direct  0    0           D   127.0.0.1       InLoopBack0
      127.0.0.1/32  Direct  0    0           D   127.0.0.1       InLoopBack0
127.255.255.255/32  Direct  0    0           D   127.0.0.1       InLoopBack0
     172.16.1.0/24  Direct  0    0           D   172.16.1.1      Ethernet2/0/0
     172.16.1.1/32  Direct  0    0           D   127.0.0.1       Ethernet2/0/0
   172.16.1.255/32  Direct  0    0           D   127.0.0.1       Ethernet2/0/0
     172.16.2.0/24  Static  60   0           RD  192.168.12.2    Serial3/0/0
   192.168.12.0/30  Direct  0    0           D   192.168.12.1    Serial3/0/0
   192.168.12.1/32  Direct  0    0           D   127.0.0.1       Serial3/0/0
   192.168.12.2/32  Direct  0    0           D   192.168.12.2    Serial3/0/0
   192.168.12.3/32  Direct  0    0           D   127.0.0.1       Serial3/0/0
   192.168.13.0/30  Direct  0    0           D   192.168.13.1    Serial4/0/1
   192.168.13.1/32  Direct  0    0           D   127.0.0.1       Serial4/0/1
   192.168.13.2/32  Direct  0    0           D   192.168.13.2    Serial4/0/1
   192.168.13.3/32  Direct  0    0           D   127.0.0.1       Serial4/0/1
255.255.255.255/32  Direct  0    0           D   127.0.0.1       InLoopBack0
[R1-Serial3/0/0]display ip routing-table protocol static
Route Flags: R - relay, D - download to fib
------------------------------------------------------------------------------
Public routing table : Static
         Destinations : 2         Routes : 3         Configured Routes : 3
Static routing table status : <Active>
         Destinations : 2         Routes : 2
Destination/Mask    Proto   Pre  Cost      Flags NextHop         Interface
       10.1.1.0/24  Static  60   0           D   192.168.12.1    Serial3/0/0
     172.16.2.0/24  Static  60   0           RD  192.168.12.2    Serial3/0/0
```

```
Static routing table status : <Inactive>
         Destinations : 1          Routes : 1
Destination/Mask    Proto   Pre  Cost      Flags NextHop         Interface
     172.16.2.0/24  Static  70   0           R   192.168.13.2    Serial4/0/1
```

从系统输出结果可以观察到，由于 R1 端口 S3/0/0 重新激活，主用路由重新出现在路由表中。浮动路由重新变成 Inactive 状态的路由。

下面将路由器 R1 中的浮动静态路由删除，重新创建一条静态路由，并使用默认路由优先级值。也就是说，去往同一目的网络 172.16.2.0/24 的静态路由有两条，而且都使用默认优先级。

```
[R1]undo ip route-static 172.16.2.0 255.255.255.0 192.168.13.2 preference 70
// 删除浮动静态路由
[R1]ip route-static 172.16.2.0 24 192.168.13.2     // 创建静态路由
[R1]display ip routing-table
Route Flags: R - relay, D - download to fib
------------------------------------------------------------------------------
Routing Tables: Public
         Destinations : 17         Routes : 18

Destination/Mask    Proto   Pre  Cost      Flags NextHop         Interface

        10.1.1.0/24  Static  60   0           D   192.168.12.1    Serial3/0/0
       127.0.0.0/8   Direct  0    0           D   127.0.0.1       InLoopBack0
       127.0.0.1/32  Direct  0    0           D   127.0.0.1       InLoopBack0
127.255.255.255/32   Direct  0    0           D   127.0.0.1       InLoopBack0
      172.16.1.0/24  Direct  0    0           D   172.16.1.1      Ethernet2/0/0
      172.16.1.1/32  Direct  0    0           D   127.0.0.1       Ethernet2/0/0
    172.16.1.255/32  Direct  0    0           D   127.0.0.1       Ethernet2/0/0
      172.16.2.0/24  Static  60   0           RD  192.168.12.2    Serial3/0/0
                     Static  60   0           RD  192.168.13.2    Serial4/0/1
    192.168.12.0/30  Direct  0    0           D   192.168.12.1    Serial3/0/0
    192.168.12.1/32  Direct  0    0           D   127.0.0.1       Serial3/0/0
    192.168.12.2/32  Direct  0    0           D   192.168.12.2    Serial3/0/0
    192.168.12.3/32  Direct  0    0           D   127.0.0.1       Serial3/0/0
    192.168.13.0/30  Direct  0    0           D   192.168.13.1    Serial4/0/1
    192.168.13.1/32  Direct  0    0           D   127.0.0.1       Serial4/0/1
    192.168.13.2/32  Direct  0    0           D   192.168.13.2    Serial4/0/1
    192.168.13.3/32  Direct  0    0           D   127.0.0.1       Serial4/0/1
255.255.255.255/32   Direct  0    0           D   127.0.0.1       InLoopBack0

[R1]display ip routing-table protocol static
Route Flags: R - relay, D - download to fib
------------------------------------------------------------------------------
Public routing table : Static
         Destinations : 2          Routes : 3          Configured Routes : 3
```

```
Static routing table status : <Active>
         Destinations : 2          Routes : 3
Destination/Mask    Proto   Pre  Cost      Flags NextHop         Interface
      10.1.1.0/24   Static  60   0           D   192.168.12.1    Serial3/0/0
    172.16.2.0/24   Static  60   0           RD  192.168.12.2    Serial3/0/0
                    Static  60   0           RD  192.168.13.2    Serial4/0/1
Static routing table status : <Inactive>
         Destinations : 0          Routes : 0
```

从路由表可以看到，到目标网络 172.16.2.0/24 有两条静态路由，且路由优先级值都为 60。在只包含静态路由的路由表中，这两条静态路由的状态都是 Active，说明这两条路由都可用于转发数据。在路由器 R1 上发往目标网络 172.16.2.0/24 的数据包，会通过这两条静态路由实现负载均衡，如图 5-29 所示。所以，静态路由既可用作备份路由，也可以实现负载均衡。

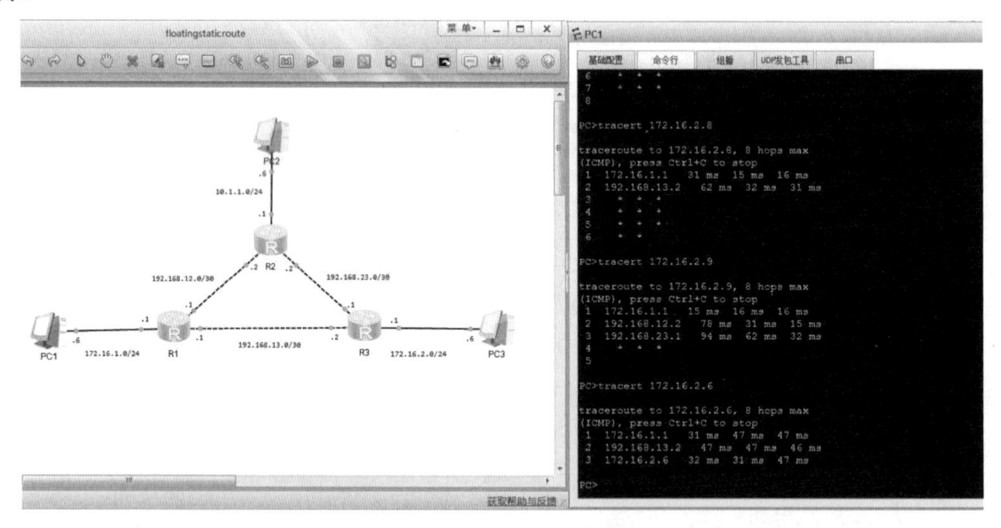

图 5-29 静态路由的负载均衡

5.5 课后实验

实验 1 静态路由的配置

实验目的：

- 掌握网络连接方式。
- 掌握主机地址及网关配置方法。
- 掌握路由器端口配置方法。
- 掌握静态路由配置命令。

实验拓扑：

本实验网络拓扑如图 5-30 所示。

其中，路由器为 AR2200 系列路由器，交换机采用 S3700 系列交换机。图中已经标示出所使用的地址段及端口 IP 地址。

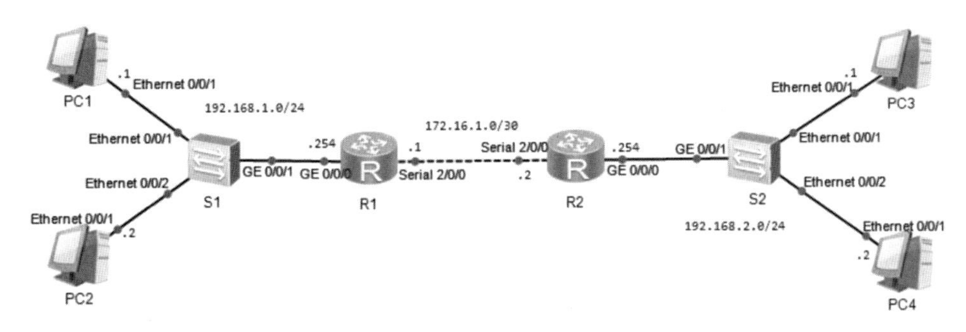

图 5-30　实验 1 网络拓扑

实验内容：

1）根据网络拓扑图中给定地址段分配端口地址。

2）配置计算机 IP 地址参数。

3）路由器端口地址。

4）配置静态路由实现 PC 间的网络互通。

5）验证网络连通性。

6）如果网络连通性有问题，排除故障解决问题。

7）查看配置文件信息。

8）保存配置文件。

9）保存 eNSP 文件。

实验 2　静态路由的应用

实验目的：

- 理解静态路由的基本原理。
- 掌握浮动静态路由、默认路由的概念。
- 掌握浮动静态路由、默认路由的配置方法。
- 掌握静态路由配置命令。

实验拓扑：

本实验网络拓扑如图 5-31 所示。

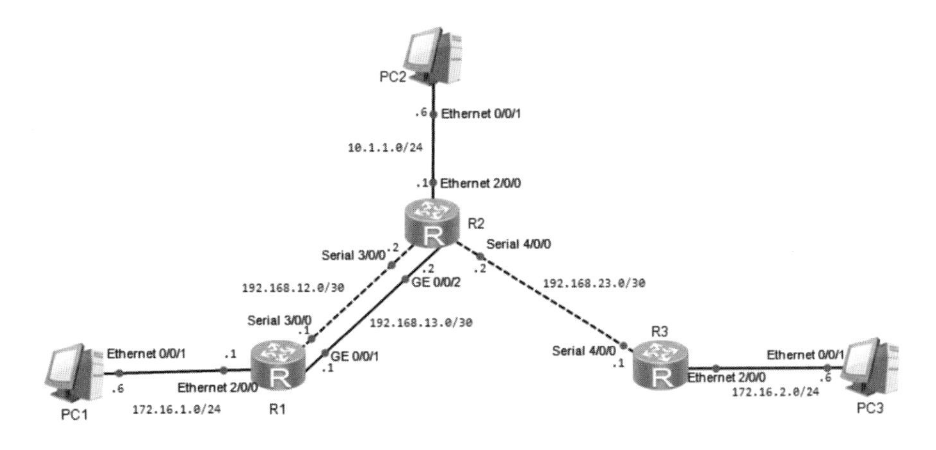

图 5-31　实验 2 网络拓扑

其中，路由器为 AR2200 系列路由器。拓扑中已经标示出所使用的地址段及端口 IP 地址。

实验内容：

1）配置计算机 IP 地址参数及网关地址。

2）配置路由器端口地址。

3）在 R1 上，配置到 10.1.1.0/24 网段的主用路由的出接口为 Serial3/0/0，备份路由的下一跳地址为 192.168.13.2；配置到 172.16.2.0/24 网段的主用路由下一跳地址为 192.168.13.2，备份路由下一跳地址为 192.168.12.2。

4）在 R2 上，配置到 172.16.1.0/24 网段的两条静态路由，分别指向出接口 Serial3/0/0 和 GE0/0/2；配置到 172.16.2.0/24 网段的静态路由指向出接口 Serial4/0/0。

5）在 R3 上，配置一条默认路由指向下一跳地址 192.168.23.2。

6）测试 PC 之间的连通性。如有问题，请检查前述步骤。

7）查看配置文件信息并保存配置文件。

8）保存 eNSP 文件。

第 6 章　利用 RIP 实现网络互联

本章要点

- 掌握 RIP 的基础知识
- 掌握 RIP 路由的基本配置命令

6.1　RIP 简介

动态路由器上的路由表项是通过相互连接的路由器彼此交换信息，然后根据一定的算法运算出来的。路由表信息在一定时间段内不断更新，以适应不断变化的网络，随时获得最优的路径。为了实现 IP 分组的高效寻路，IETF 制定了多种寻路协议，其中用于自治系统（AS）的内部网关协议（Interior Gateway Protocol，IGP）有路由信息协议（Routing Information Protocol，RIP）和开放式最短路径优先（Open Shortest Path First，OSPF）协议。还有用于自治系统之间的边界网关协议（Border Gateway Protocol，BGP）等。本书主要介绍路由信息协议（RIP）和开放式最短路径优先协议（OSPF）。

RIP 是应用较早、使用较普遍的内部网关协议，适用于小型同类网络的一个自治系统内的路由信息的传递。RIP 基于距离矢量算法（Distance Vector Algorithm，DVA），使用“跳数”，即 metric 来衡量到达目标网络的路由距离。

RIP 的特征如下。

- RIP 采用距离矢量算法，即路由器根据距离选择路由，所以也称为距离矢量协议。
- 路由器收集所有可到达目的地的不同路径，并只保存到达每个目的地经过的站点数最少的路径信息（最佳路径），同时把路由信息发布给其他路由器。
- RIP 只适用于小型的同构网络，因为它的最大允许跳数为 15，超过最大允许跳数即不可到达。
- RIP 每隔 30s 一次的路由信息广播容易造成广播风暴。

目前 RIP 共有三个版本，分别是 RIPv1、RIPv2 和 RIPng，其中 RIPv1 和 RIPv2 是用在 IPv4 的网络环境里，RIPng 是用在 IPv6 的网络环境里。由于 RIPv1 版本限制较多，基本已被淘汰。RIPv1 和 RIPv2 这两个版本的区别如表 6-1 所示。

表 6-1　RIPv1 和 RIPv2 两个版本的区别

功　能	RIPv1	RIPv2
VLSM 和 CIDR	不支持	支持
更新方式	广播	组播
IP 地址类别	有类别路由协议	无类别路由协议
认证	不支持	明文或 MD5 认证
更新中是否带子网信息	不带	带

1．RIP 的度量值

RIP 使用跳数作为度量值来衡量到达目的网络的距离。在 RIP 中，路由器到与它直接相连网络的跳数为 0，每经过一个路由器跳数加 1。为限制收敛时间，RIP 规定跳数的取值范围为 0～15 之间的整数，大于 15 的跳数被定义为无穷大，即目的网络或主机不可达。

路由器从某一邻居路由器收到路由更新报文时，根据以下原则更新本路由器的 RIP 路由表。

1）对于本路由表中已有的路由项，当该路由项的下一跳是该邻居路由器时，不论度量值将增大或是减少，都更新该路由项。

2）当该路由项的下一跳不是该邻居路由器时，如果度量值将减少，则更新该路由项。

3）对于本路由表中不存在的路由项，且度量值小于 16，则在路由表中增加该路由项。

若某路由项的度量值大于 15，该路由会在 Response 报文中发布 4 次（120s），然后从路由表中清除。

2．RIPv1 的报文结构

RIPv1 为有类别路由协议，由表 6-1 所知，RIPv1 不支持 VLSM 和 CIDR，使用广播发送报文，不支持认证功能。RIP 通过 UDP 交换路由信息，端口号为 520。RIPv1 以广播形式发送路由信息，目的 IP 地址为广播地址 255.255.255.255。RIPv1 报文格式如图 6-1 所示。

图 6-1 为 RIPv1 报文格式，其中每个字段的值和作用如下。

- Command：表示该报文是请求报文还是响应报文，只能取 1 或者 2。1 表示该报文是请求报文，2 表示该报文是响应报文。
- Version：表示 RIP 的版本信息。对于 RIPv1，该字段的值为 1。
- Address Family Identifier（AFI）：表示地址标识信息，对于 IP，其值为 2。
- IP Address：表示该路由条目的目的 IP 地址。
- Metric：标识该路由条目的度量值，取值范围为 1～16。
- Must be Zero：表示内容必须为 0。

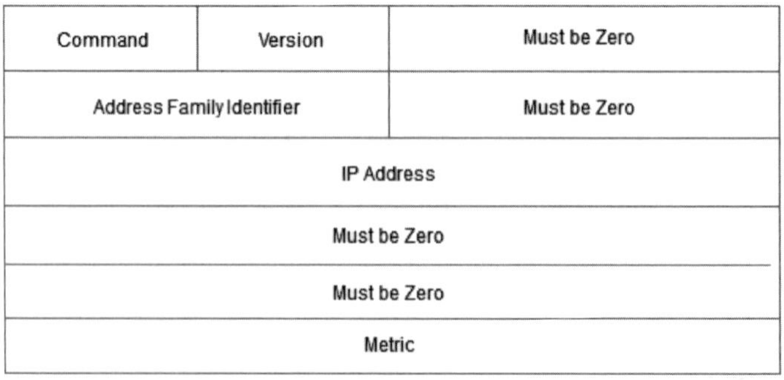

<table>
<tr><td>Command</td><td>Version</td><td>Must be Zero</td></tr>
<tr><td colspan="2">Address Family Identifier</td><td>Must be Zero</td></tr>
<tr><td colspan="3">IP Address</td></tr>
<tr><td colspan="3">Must be Zero</td></tr>
<tr><td colspan="3">Must be Zero</td></tr>
<tr><td colspan="3">Metric</td></tr>
</table>

图 6-1　RIPv1 报文格式

一个 RIP 路由更新消息中最多可包含 25 条路由表项，每个路由表项都携带了目的网络的地址和度量值。整个 RIP 报文大小限制为不超过 504B。如果整个路由表的更新消息超过 504B，需要发送多个 RIPv1 报文。

3．RIPv2 的报文结构

RIPv2 为无类别路由协议，支持 VLSM，支持路由聚合与 CIDR。RIPv2 有两种发送方式：广播方式和组播方式，默认是组播方式。RIPv2 的组播地址为 224.0.0.9。RIPv2 支持明文认证和 MD5 密文认证。

图 6-2 为 RIPv2 报文格式，部分字段与 RIPv1 相同，不同字段的值和作用如下。

- Address Family Identifier（AFI）：地址族标识除了表示支持的协议类型外，还可以用来描述认证信息。
- Route Tag：用于标记外部路由。
- Subnet Mask：指定 IP 地址的子网掩码，定义 IP 地址的网络或子网部分。
- Next Hop：指定通往目的地址的下一跳 IP 地址。

<table>
<tr><td>Command</td><td>Version</td><td>Unused</td></tr>
<tr><td colspan="2">Address Family Identifier</td><td>Route Tag</td></tr>
<tr><td colspan="3">IP Address</td></tr>
<tr><td colspan="3">Subnet Mask</td></tr>
<tr><td colspan="3">Next Hop</td></tr>
<tr><td colspan="3">Metric</td></tr>
</table>

图 6-2　RIPv2 报文格式

4．RIP 的问题

在维护路由表信息时，拓扑发生改变会引起网络收敛缓慢，产生不协调或者矛盾的路由选择条目，就会发生路由环路的问题。路由器没有及时处理无法到达的网络路由，导致用户的数据包不停地在网络上循环发送，最终造成网络资源的严重浪费。

路由环路一般都是由距离矢量路由协议引起的，目前消除路由环路的主要方法有：最大度量值、水平分割、毒性逆转、控制更新时间、触发更新等。

6.2　RIP 应用

虽然在 IPv4 的环境中 RIP 有两个版本，但 RIPv1 由于不包含子网掩码信息，在实际使用中受限较多，目前已使用较少。下面的内容以 RIPv2 版本为主进行介绍。

1．学习情境

院系合并使得计算机系的网络规模扩大，因此利用三台华为 AR2220 路由器运行 RIP 保证全系网络互通，并且需要计算机系网络能够访问校园网。在如图 6-3 所示的网络拓扑中，三台计算机用于最后的测试，分别位于三个部门的网络中。

表 6-2 为计算机和路由器端口的网络参数。

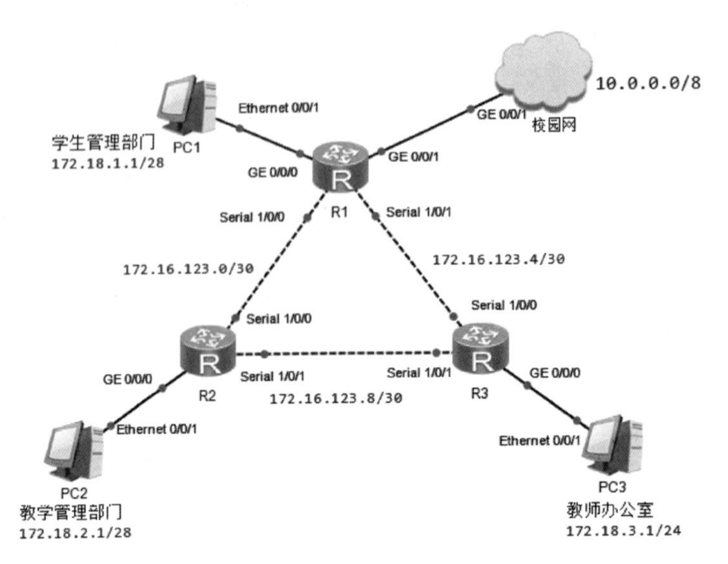

图 6-3　网络拓扑

表 6-2　网络参数

设 备 名 称	接 口 名 称	IP 地址	网　　关
PC1	网卡	172.18.1.1/28	172.18.1.2/28
PC2	网卡	172.18.2.1/28	172.18.2.2/28
PC3	网卡	172.18.3.1/24	172.18.3.2/24
R1	GE0/0/0	172.18.1.2/28	无
	GE0/0/1	10.1.1.1/30	无
	S1/0/0	172.16.123.1/30	无
	S1/0/1	172.16.123.6/30	无
R2	GE0/0/0	172.18.2.2/28	无
	S1/0/0	172.16.123.2/30	无
	S1/0/1	172.16.123.9/30	无
R3	GE0/0/0	172.18.3.2/24	无
	S1/0/1	172.16.123.10/30	无
	S1/0/0	172.16.123.5/30	无
校园网	GE0/0/1	10.1.1.2/30	无

2．配置网络参数

根据表 6-2 配置相关网络参数，计算机的网络参数请读者自行配置。对于路由器，主要是配置路由器端口的 IP 地址，配置命令如下。

（1）配置 R1 的网络参数

```
[R1] interface GigabitEthernet 0/0/0
[R1-GigabitEthernet0/0/0] ip address 172.18.1.2 28
[R1] interface Serial 1/0/0
```

```
[R1-Serial1/0/0] ip address 172.16.123.1 30
[R1] interface Serial 1/0/1
[R1-Serial1/0/1] ip address 172.16.123.6 30
```

（2）配置 R2 的网络参数

```
[R2] interface GigabitEthernet 0/0/0
[R2-GigabitEthernet0/0/0] ip address 172.18.2.2 28
[R2] interface Serial 1/0/0
[R2-Serial1/0/0] ip address 172.16.123.2 30
[R2] interface Serial 1/0/1
[R2-Serial1/0/1] ip address 172.16.123.9 30
```

（3）配置 R3 的网络参数

```
[R3] interface GigabitEthernet 0/0/0
[R3-GigabitEthernet0/0/0] ip address 172.18.3.2 24
[R3] interface Serial 1/0/0
[R3-Serial1/0/0] ip address 172.16.123.5 30
[R3] interface Serial 1/0/1
[R3-Serial1/0/1] ip address 172.16.123.10 30
```

（4）检查配置内容

通过 ping 命令测试每台设备与所连设备的通信情况，或在路由器上查看配置信息。下面是使用命令“display ip interface brief”查看路由器端口的配置。

```
[R1] display ip interface brief
*down: administratively down
^down: standby
(l): loopback
(s): spoofing
The number of interface that is UP in Physical is 4
The number of interface that is DOWN in Physical is 2
The number of interface that is UP in Protocol is 4
The number of interface that is DOWN in Protocol is 2
Interface                    IP Address/Mask      Physical   Protocol
GigabitEthernet0/0/0         172.18.1.2/28        up         up
GigabitEthernet0/0/1         unassigned           down       down
GigabitEthernet0/0/2         unassigned           down       down
NULL0                        unassigned           up         up(s)
Serial1/0/0                  172.16.123.1/30      up         up
Serial1/0/1                  172.16.123.6/30      up         up
```

由上面黑体字标注的内容可看到路由器 R1 端口配置的网络参数，其他路由器的网络参数可自行查看。

3．启用 RIPv2

通过网络参数可知 IP 地址进行了子网分割，因此路由信息中需要有子网掩码，而 RIPv1 协议不支持子网掩码，所以这里使用 RIPv2 协议进行配置。

（1）在三台路由器上开启 RIPv2

```
[R1]rip                     //开启 RIP 进程，默认进程号为 1
[R1-rip-1]version 2         //配置版本为 RIPv2，默认版本为 RIPv1
[R2]rip
[R2-rip-1]version 2
[R3]rip
[R3-rip-1]version 2
```

（2）宣告网段信息

需要利用 network 命令将路由器各个端口的直连网段信息发布出去，注意网段需要使用标准的 A、B、C 三类地址表示方法，无须考虑子网的情况。从表 6-1 可以看出，每台路由器都只须宣告 171.16.0.0 和 172.18.0.0 这两个网段信息。

```
[R1-rip-1]network 172.18.0.0          //宣告 172.18.0.0 网段
[R1-rip-1]network 172.16.0.0          //宣告 172.16.0.0 网段
[R2-rip-1]network 172.18.0.0
[R2-rip-1]network 172.16.0.0
[R3-rip-1]network 172.18.0.0
[R3-rip-1]network 172.16.0.0
```

（3）查看路由器的路由信息

在配置完成后可以利用“display ip routing-table”命令查看路由器的路由表来判断路由信息是否正确。下面以路由器 R1 为例进行介绍。

```
[R1]display ip routing-table
Route Flags: R - relay, D - download to fib
------------------------------------------------------------------------------
Routing Tables: Public
         Destinations : 18          Routes : 19
Destination/Mask    Proto   Pre  Cost      Flags NextHop         Interface
      127.0.0.0/8   Direct  0    0           D   127.0.0.1       InLoopBack0
      127.0.0.1/32  Direct  0    0           D   127.0.0.1       InLoopBack0
127.255.255.255/32  Direct  0    0           D   127.0.0.1       InLoopBack0
   172.16.123.0/30  Direct  0    0           D   172.16.123.1    Serial1/0/0
   172.16.123.1/32  Direct  0    0           D   127.0.0.1       Serial1/0/0
   172.16.123.2/32  Direct  0    0           D   172.16.123.2    Serial1/0/0
   172.16.123.3/32  Direct  0    0           D   127.0.0.1       Serial1/0/0
   172.16.123.4/30  Direct  0    0           D   172.16.123.6    Serial1/0/1
   172.16.123.5/32  Direct  0    0           D   172.16.123.5    Serial1/0/1
   172.16.123.6/32  Direct  0    0           D   127.0.0.1       Serial1/0/1
   172.16.123.7/32  Direct  0    0           D   127.0.0.1       Serial1/0/1
   172.16.123.8/30  RIP     100  1           D   172.16.123.2    Serial1/0/0
                    RIP     100  1           D   172.16.123.5    Serial1/0/1
    172.18.1.0/28   Direct  0    0           D   172.18.1.2      GigabitEthernet0/0/0
    172.18.1.2/32   Direct  0    0           D   127.0.0.1       GigabitEthernet0/0/0
    172.18.1.15/32  Direct  0    0           D   127.0.0.1       GigabitEthernet0/0/0
```

```
172.18.2.0/28  RIP     100  1        D   172.16.123.2    Serial1/0/0
172.18.3.0/24  RIP     100  1        D   172.16.123.5    Serial1/0/1
255.255.255.255/32  Direct  0   0    D   127.0.0.1       InLoopBack0
```

上面显示的内容为路由器 R1 中当前可用的路由（路由器认为的最佳路由），每条路由都表示去往一个网络的路径。从上面黑体字标注的内容可以看到，路由器利用 RIP 已经学习到了路由，并且 RIP 路由计算出的去往 172.16.123.8/30 网段的路由有两条。

（4）在计算机上利用 ping 命令进行测试

查看路由器上的路由表后，利用 ping 命令测试计算机之间能否正常通信，能够通信则表明路由表的信息有效。测试过程不再赘述。

上面的操作已经能够保证 RIP 路由正常运行并计算出正确的路由信息，用户仍然可以根据网络环境对 RIP 的运行进行适当的优化。

4．使用 RIPv2 认证

RIPv2 采用认证的方式防止非法接入干扰路由信息的正常更新，可避免攻击者利用非法接入的路由器发送错误信息，使 RIP 产生的路由记录指向错误的网络，从而使攻击者捕获到数据包。RIPv2 可通过路由更新消息中包含的密码来认证所接收的路由信息的合法性，认证方式有简单认证和 MD5 认证两种方式，下面分别进行介绍。

（1）RIPv2 的简单认证

简单认证是指密码在传输过程中以明文的方式传送，认证配置是在路由器的发送和接收路由信息的接口上完成的。下面先配置路由器 R1 的认证，认证密码为 huawei。

1）在 R1 上开启简单认证。

```
[R1]interface Serial 1/0/0
[R1-Serial1/0/0]rip authentication-mode simple huawei   //配置简单认证，密码为 huawei
[R1]interface Serial 1/0/1
[R1-Serial1/0/1]rip authentication-mode simple huawei
```

在路由器 R1 与其他路由相连的两个 Serial 端口上开启简单认证。

2）查看路由器 R1 的路由表。

为了检查 RIP 认证的有效性，配置完 R1 上的简单认证后可等待一段时间，然后查看 R1 的路由表信息，并与前面所查看的路由表进行比较。

```
[R1]display ip routing-table
Route Flags: R - relay, D - download to fib
------------------------------------------------------------------------------
Routing Tables: Public
         Destinations : 15        Routes : 15
Destination/Mask    Proto   Pre  Cost      Flags NextHop         Interface
      127.0.0.0/8   Direct  0    0           D   127.0.0.1       InLoopBack0
      127.0.0.1/32  Direct  0    0           D   127.0.0.1       InLoopBack0
127.255.255.255/32  Direct  0    0           D   127.0.0.1       InLoopBack0
   172.16.123.0/30  Direct  0    0           D   172.16.123.1    Serial1/0/0
   172.16.123.1/32  Direct  0    0           D   127.0.0.1       Serial1/0/0
   172.16.123.2/32  Direct  0    0           D   172.16.123.2    Serial1/0/0
```

```
   172.16.123.3/32  Direct  0    0          D    127.0.0.1        Serial1/0/0
   172.16.123.4/30  Direct  0    0          D    172.16.123.6     Serial1/0/1
   172.16.123.5/32  Direct  0    0          D    172.16.123.5     Serial1/0/1
   172.16.123.6/32  Direct  0    0          D    127.0.0.1        Serial1/0/1
   172.16.123.7/32  Direct  0    0          D    127.0.0.1        Serial1/0/1
     172.18.1.0/28  Direct  0    0          D    172.18.1.2       GigabitEthernet
0/0/0
     172.18.1.2/32  Direct  0    0          D    127.0.0.1        GigabitEthernet
0/0/0
    172.18.1.15/32  Direct  0    0          D    127.0.0.1        GigabitEthernet
0/0/0
255.255.255.255/32  Direct  0    0          D    127.0.0.1        InLoopBack0
```

从上面显示的内容可以发现，路由表中已经没有 RIP 路由信息。原因是 R1 开启了简单认证，而 R1 所连接的对端路由器 R2 和 R3 的对应端口都未开启简单认证，所以 R1 不会接受 R2 和 R3 发送过来的 RIP 更新报文。经过一段时间后，R1 路由表中的 RIP 路由被认为是无效路由而被删除。

3）在 R2 和 R3 上开启简单认证。

为了进行比较，只在 R2、R3 与 R1 连接的端口上开启简单认证。注意：开启认证的路由器，相连路由器端口的密码必须保持一致，否则会导致认证失败，所以密码都设置为 huawei。

```
[R2]interface Serial 1/0/0
[R2-Serial1/0/0]rip authentication-mode simple huawei   //配置简单认证，密码为 huawei
[R3]interface Serial 1/0/0
[R3-Serial1/0/0]rip authentication-mode simple huawei   //配置简单认证，密码为 huawei
```

4）查看 R1 的路由表。

在 R2 和 R3 相应端口开启简单认证后，再次查看 R1 的路由表，会发现 RIP 路由重新出现在表中。

```
[R1]display ip routing-table
Route Flags: R - relay, D - download to fib
------------------------------------------------------------------------------
Routing Tables: Public
         Destinations : 18        Routes : 19
Destination/Mask    Proto   Pre  Cost       Flags NextHop         Interface
       127.0.0.0/8  Direct  0    0          D    127.0.0.1        InLoopBack0
      127.0.0.1/32  Direct  0    0          D    127.0.0.1        InLoopBack0
127.255.255.255/32  Direct  0    0          D    127.0.0.1        InLoopBack0
   172.16.123.0/30  Direct  0    0          D    172.16.123.1     Serial1/0/0
   172.16.123.1/32  Direct  0    0          D    127.0.0.1        Serial1/0/0
   172.16.123.2/32  Direct  0    0          D    172.16.123.2     Serial1/0/0
   172.16.123.3/32  Direct  0    0          D    127.0.0.1        Serial1/0/0
   172.16.123.4/30  Direct  0    0          D    172.16.123.6     Serial1/0/1
   172.16.123.5/32  Direct  0    0          D    172.16.123.5     Serial1/0/1
   172.16.123.6/32  Direct  0    0          D    127.0.0.1        Serial1/0/1
```

```
    172.16.123.7/32  Direct  0    0         D   127.0.0.1       Serial1/0/1
    172.16.123.8/30  RIP     100  1         D   172.16.123.2    Serial1/0/0
                     RIP     100  1         D   172.16.123.5    Serial1/0/1
    172.18.1.0/28    Direct  0    0         D   172.18.1.2      GigabitEthernet0/0/0
    172.18.1.2/32    Direct  0    0         D   127.0.0.1       GigabitEthernet0/0/0
    172.18.1.15/32   Direct  0    0         D   127.0.0.1       GigabitEthernet0/0/0
    172.18.2.0/28    RIP     100  1         D   172.16.123.2    Serial1/0/0
    172.18.3.0/24    RIP     100  1         D   172.16.123.5    Serial1/0/1
 255.255.255.255/32  Direct  0    0         D   127.0.0.1       InLoopBack0
```

此时如果查看 R2 和 R3 上的路由表，可以发现此时路由表是完整的。需要说明的是，R2 和 R3 之间并没有配置认证，但并不影响两者之间 RIP 更新报文的传递，所以 RIP 认证是基于端口而不是整个路由器的。

5）抓包查看认证信息。

利用 eNSP 软件的抓包工具 Wireshark，可查看 RIP 报文中的认证信息。在 R1 的 Serial1/0/0 端口上抓包，结果如图 6-4 所示。可看到在 R1 和 R2 之间的 RIP 报文中，“Authentication”项中显示了认证方式为“Simple Password”，并且密码为“huawei”。

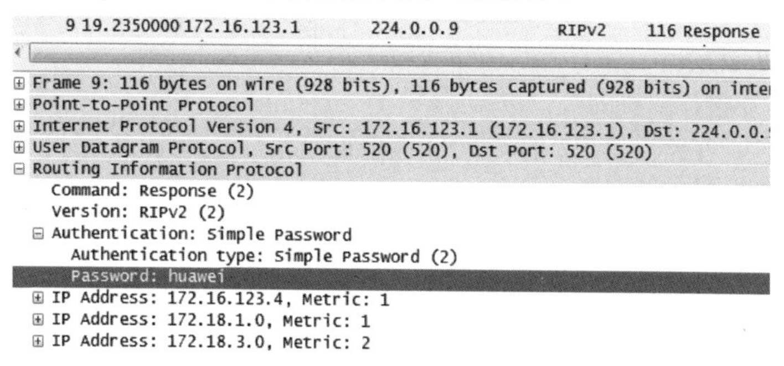

图 6-4　抓包结果

（2）RIPv2 的 MD5 认证

简单认证最大的问题就是密码以明文方式进行传输，使用抓包工具能够很容易地获得认证密码，所以简单认证安全性较差。因此，通常使用 MD5 密码方式进行 RIP 认证。

在上面的操作中，R2 和 R3 之间没有使用任何认证，下面在这两个路由器之间开启 MD5 认证。

```
[R2]interface Serial 1/0/1
[R2-Serial1/0/1] rip authentication-mode md5 nonstandard huawei 128
//设置 MD5 加密，密码为 huawei，加密位数为 128 位
[R3]interface Serial 1/0/1
[R3-Serial1/0/1] rip authentication-mode md5 nonstandard huawei 128
```

在配置 MD5 认证方式时需要选择报文格式，其中 usual 参数表示使用通用格式，nonstandard 参数表示使用非标准格式（IETF 标准）。无论选择哪种格式都必须保证两端的报文格式一致。这里选用的是非标准格式，并且选择 128 位加密。

从路由器 R2 的 Serial1/0/1 端口抓包查看 RIP 报文，如图 6-5 所示，可发现已经无

法看到配置的认证密码，而是一个 128 位的 hash 值，此值不容易破解，可以保证网络的安全。

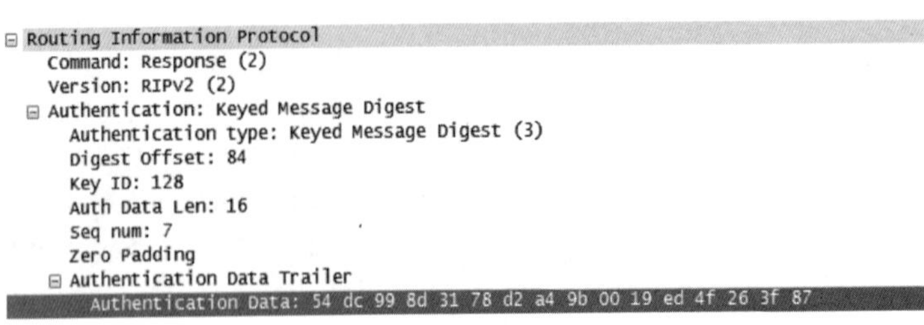

图 6-5　抓包结果

5．控制路由器端口对 RIP 更新报文的操作

（1）配置路由器端口发送 RIP 更新报文

默认情况下，路由器将 RIP 更新报文从所有与宣告网段有关的端口发送出去，也从此端口接收更新报文，而对于连接计算机的端口就没有必要发送 RIP 报文。这里可以通过配置端口抑制来实现。

可以使用 silent-interface 命令配置抑制端口，使其只接收 RIP 报文，更新自己的路由表，但不发送 RIP 报文。

1）抓包查看连接计算机的端口数据。

使用抓包软件，在路由器 R3 的 G0/0/0 端口抓包，可看到此端口在不断地向计算机 PC3 发送 RIP 更新报文，如图 6-6 所示。

```
1 0.00000000 172.18.3.2    224.0.0.9    RIPv2    166 Response
2 33.9930000 172.18.3.2    224.0.0.9    RIPv2    166 Response

Frame 2: 166 bytes on wire (1328 bits), 166 bytes captured (1328 bits) on interface 0
Ethernet II, Src: HuaweiTe_f4:69:80 (00:e0:fc:f4:69:80), Dst: IPv4mcast_09 (01:00:5e:00:00:09)
Internet Protocol Version 4, Src: 172.18.3.2 (172.18.3.2), Dst: 224.0.0.9 (224.0.0.9)
User Datagram Protocol, Src Port: 520 (520), Dst Port: 520 (520)
Routing Information Protocol
```

图 6-6　抓包结果

2）配置端口抑制。

以路由器 R3 为例，对 G0/0/0 端口配置端口抑制。

```
[R3]rip
[R3-rip-1] silent-interface GigabitEthernet 0/0/0
```

再次抓包可发现，此端口已经不再向计算机发送 RIP 更新报文。

（2）配置单播更新

默认情况下，RIPv1 用广播方式发送 RIP 路由更新信息，RIPv2 用目标地址为 224.0.0.9 的组播方式发送。在非广播-多路访问（Non-Broadcast Multiple Access，NBMA）网络中应用 RIP 时可以用单播方式进行更新，在路由器上使用 peer 命令指定邻居路由器就可以实现。下面配置 R1 与 R2 之间以单播方式进行路由更新。

```
[R1]rip
[R1-rip-1] peer 172.16.123.2        //在 R1 上设置 R2 为邻居
[R2]rip
```

```
[R2-rip-1] peer 172.16.123.1          //在 R2 上设置 R1 为邻居
```

在 R1 的 S1/0/0 端口抓包查看发送给 R2 的 RIP 更新信息，如图 6-7 所示，抓包结果表明 RIP 更新消息的目标地址不是 224.0.0.9，而是路由器 R2 的 S1/0/0 端口的 IP 地址 172.16.123.2。

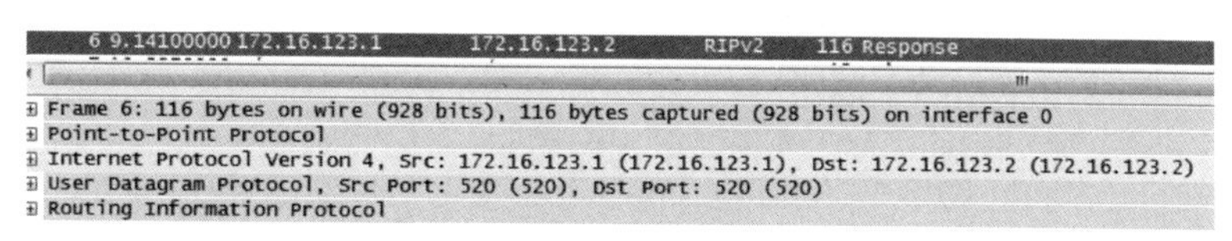
6 9.14100000 172.16.123.1 172.16.123.2 RIPv2 116 Response
Frame 6: 116 bytes on wire (928 bits), 116 bytes captured (928 bits) on interface 0
Point-to-Point Protocol
Internet Protocol Version 4, Src: 172.16.123.1 (172.16.123.1), Dst: 172.16.123.2 (172.16.123.2)
User Datagram Protocol, Src Port: 520 (520), Dst Port: 520 (520)
Routing Information Protocol

图 6-7　抓包结果

6．静态路由引入到 RIP

目前计算机系网络用户已经能够相互访问，但还无法访问校园网。为了实现这一目标，可以分别在三台路由器上配置静态路由指向校园网的 10.0.0.0/8 网络，但这种方法操作麻烦。这里采用在 R1 上配置一条指向校园网的静态路由，然后通过 RIP 利用 import-route 命令将此静态路由更新到另外两台路由器上。

（1）在 R1 上配置静态路由

```
[R1]ip route-static 10.0.0.0 8 GigabitEthernet 0/0/1
```

（2）将静态路由引入到 RIP

```
[R1] rip
[R1-rip-1] import-route      static   //将静态路由引入 RIP
```

（3）查看路由表

以 R2 为例，查看路由表中是否有 R1 配置的静态路由。

```
[R2]display ip routing-table
Route Flags: R - relay, D - download to fib
------------------------------------------------------------------------------
Routing Tables: Public
         Destinations : 19          Routes : 20
Destination/Mask    Proto   Pre  Cost      Flags NextHop         Interface
      10.0.0.0/8    RIP     100  1           D   172.16.123.1    Serial1/0/0
      127.0.0.0/8   Direct  0    0           D   127.0.0.1       InLoopBack0
```

从上面黑体字标注的内容可以看到 10.0.0.0/8 的路由已经在路由器 R2 的路由表中了，这也说明静态路由被 R1 以 RIP 更新报文的方式发送给了 R2。关于 R3 的路由表的操作这里就不再重复。

上面的过程还可以使用默认路由的方式实现，在 R1 上配置去校园网的默认路由，然后利用“default-route originate”命令将默认路由引入到 RIP 中。

（4）通过抓包查看路由更新信息

在 R1 的 S1/0/0 端口抓包以查看 RIP 路由更新信息中是否包含 10.0.0.0 的路由信息。抓包结果如图 6-8 所示。

从图 6-8 中可看到 10.0.0.0 路由以 RIP 更新报文的方式发送出来。

```
149 312.548000 172.16.123.1        224.0.0.9          RIPv2      136 Response
⊞ Frame 149: 136 bytes on wire (1088 bits), 136 bytes captured (1088 bits) on interface 0
⊞ Point-to-Point Protocol
⊞ Internet Protocol Version 4, Src: 172.16.123.1 (172.16.123.1), Dst: 224.0.0.9 (224.0.0.9)
⊞ User Datagram Protocol, Src Port: 520 (520), Dst Port: 520 (520)
⊟ Routing Information Protocol
    Command: Response (2)
    Version: RIPv2 (2)
  ⊞ Authentication: Simple Password
  ⊞ IP Address: 10.0.0.0, Metric: 1
  ⊞ IP Address: 172.16.123.4, Metric: 1
  ⊞ IP Address: 172.18.1.0, Metric: 1
  ⊞ IP Address: 172.18.3.0, Metric: 2
```

图 6-8　抓包结果

6.3　项目演示：核心网络性能优化

1．项目任务

为计算机系网络中心组建新网络，主要有以下几点要求。

- 配置 RIP 路由，实现办公区的用户能够访问学校的服务器。
- 配置合适的路由以保证用户能够利用 ISP 路由器访问互联网。
- 对路由的运行进行优化。

2．项目拓扑

图 6-9 所示为本项目演示的网络拓扑，可在 eNSP 上自行创建。

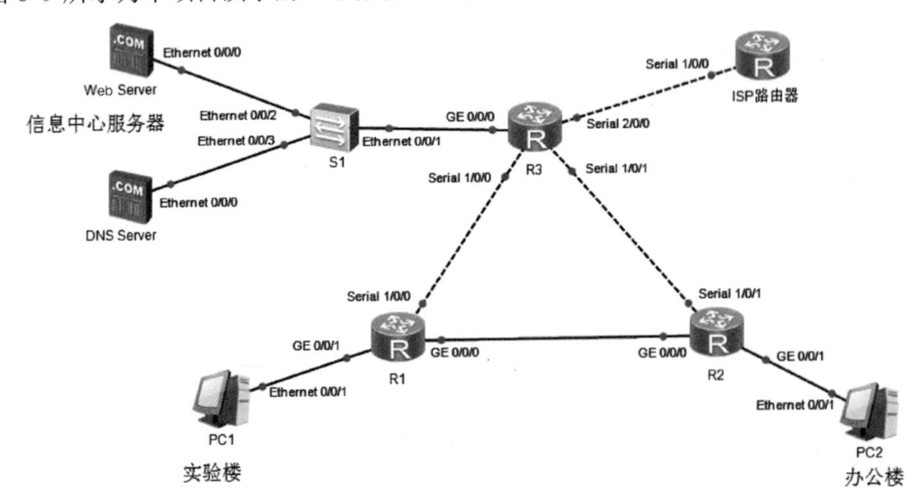

图 6-9　网络拓扑

3．设备网络参数

表 6-3 和 6-4 所示为对应设备的网络参数规划表。

表 6-3　计算机网络参数规划表

设 备 名 称	IP 地址	网　　关	DNS 地址
PC1	192.168.11.1/24	192.168.11.254	192.168.23.253
PC2	192.168.14.1/24	192.168.14.254	192.168.23.253
Web Server	192.168.23.1/24	192.168.23.254	192.168.23.253
DNS Server	192.168.23.253/24	192.168.23.254	192.168.23.253

表 6-4　路由器端口网络参数规划表

设 备 名 称	端 口 名 称	IP 地址
路由器 R1	GE0/0/0	192.168.0.9/30
	GE0/0/1	192.168.11.254/24
	S1/0/0	192.168.0.6/30
路由器 R2	GE0/0/0	192.168.0.10/30
	GE0/0/1	192.168.14.254/24
	S1/0/1	192.168.0.14/30
路由器 R3	GE0/0/0	192.168.23.254/24
	S1/0/0	192.168.0.5/30
	S1/0/1	192.168.0.13/30
	S2/0/0	200.10.10.2/30
ISP 路由器	S1/0/0	200.10.10.1/30

4．配置过程

（1）配置计算机和服务器的 IP 地址参数

请读者根据表 6-3 自行配置计算机和服务器的 IP 地址参数。

（2）配置路由器端口的 IP 地址

以 R1 为例，配置路由器端口的 IP 地址如下。

```
[R1]interface GigabitEthernet 0/0/0
[R1-GigabitEthernet0/0/0]ip address 192.168.0.9 30
[R1]interface GigabitEthernet 0/0/1
[R1-GigabitEthernet0/0/1]ip address 192.168.11.254 24
[R1]interface Serial 1/0/0
[R1-Serial1/0/0]ip address 192.168.0.6 30
```

配置完成后在不同的设备上利用 ping 命令测试与直连设备的连通性。其他路由器的端口配置可参照进行。

（3）在 R1、R2 和 R3 上启用 RIP 路由

在这三台路由器上启用 RIP 路由，实现内部网络的通信，这里使用 RIPv2。

1）配置 R1。

```
[R1]rip
[R1-rip-1]version 2
[R1-rip-1]network 192.168.0.0
[R1-rip-1]network 192.168.11.0
```

2）配置 R2。

```
[R2]rip
[R2-rip-1]version 2
[R2-rip-1]network 192.168.0.0
[R2-rip-1]network 192.168.14.0
```

3）配置 R3。

```
[R3]rip
[R3-rip-1]version 2
[R3-rip-1]network 192.168.0.0
[R3-rip-1]network 192.168.23.0
```

4）查看路由表。

以 R1 为例进行查看。

```
[R1]display ip routing-table
Route Flags: R - relay, D - download to fib
------------------------------------------------------------------------------
Routing Tables: Public
         Destinations : 17          Routes : 18
Destination/Mask     Proto    Pre  Cost       Flags NextHop          Interface
......省略部分内容
   192.168.0.11/32   Direct   0    0            D    127.0.0.1        GigabitEthernet
0/0/0
   192.168.0.12/30   RIP      100  1            D    192.168.0.10     GigabitEthernet
0/0/0
                     RIP      100  1            D    192.168.0.5      Serial1/0/0
   192.168.11.0/24   Direct   0    0            D    192.168.11.254   GigabitEthernet
0/0/1
  192.168.11.254/32  Direct   0    0            D    127.0.0.1        GigabitEthernet
0/0/1
  192.168.11.255/32  Direct   0    0            D    127.0.0.1        GigabitEthernet
0/0/1
   192.168.14.0/24   RIP      100  1            D    192.168.0.10     GigabitEthernet
0/0/0
   192.168.23.0/24   RIP      100  1            D    192.168.0.5      Serial1/0/0
255.255.255.255/32   Direct   0    0            D    127.0.0.1        InLoopBack0
```

上面显示内容表明已经有了 4 条 RIP 路由。

5）对每台计算机进行测试。

在不同的计算机上用 ping 命令分别测试与其他计算机的连通性，如果所有计算机都能够相互通信，则表示内网的连通性已经解决。这里就不再演示此过程，请读者自行测试。

（4）实现内网访问互联网

在网络拓扑中，ISP 路由器模拟运营商的路由器，内网用户必须通过此路由器才能实现对互联网的访问。

1）在 R3 上配置默认路由。

R3 和 ISP 之间无须运行动态路由，通常都在内网边界路由器上配置一条指向外网路由器的路由条目即可。在 R3 上配置一条默认路由指向 ISP，如下所示。

```
[R3] ip route-static   0.0.0.0   0.0.0.0   200.10.10.1
```

为了测试，需要在 ISP 上也配置一条默认路由指向 R3。

2）实现内网到ISP的连通性。

在PC1和PC2上用ping命令进行与ISP的通信测试发现，此时PC1和PC2无法与ISP通信。进一步测试发现，目前只有服务器能与ISP通信。造成这一现象的原因是上文配置的指向ISP的默认路由没有传递给R1和R2，所以这两台路由器的路由表中没有去往ISP的路由条目，因而PC1和PC2发送的数据无法到达ISP路由器。下面的配置可以将默认路由引入到RIP路由中。

```
[R3]rip
[R3-rip-1] default-route originate          //将默认路由引入到RIP路由中
```

再次测试可发现PC1和PC2都可以连通ISP路由器。

（5）优化配置

1）对连接终端的端口配置端口抑制。

通过配置端口抑制可以不再向计算机发送RIP更新报文。

```
[R1]rip
[R1-rip-1] silent-interface GigabitEthernet 0/0/0
[R2]rip
[R2-rip-1] silent-interface GigabitEthernet 0/0/1
[R3]rip
[R3-rip-1] silent-interface GigabitEthernet 0/0/1
```

2）R1、R2和R3之间使用单播更新。

```
[R1]rip
[R1-rip-1] peer 192.168.0.10
[R1]rip
[R1-rip-1] peer 192.168.0.5
[R2]rip
[R2-rip-1] peer 192.168.0.13
[R2]rip
[R2-rip-1] peer 192.168.0.9
[R3]rip
[R3-rip-1] peer 192.168.0.14
[R3]rip
[R3-rip-1] peer 192.168.0.6
```

3）测试终端之间的连通性。

至此所有配置都已完成，读者可再次测试终端之间的连通性确保上述配置有效，此过程就不再赘述。

6.4 课后实验

实验1 RIP应用

实验目的：

- 掌握RIP路由的配置方法。

● 掌握RIP路由的信息查询方法。

实验拓扑：

本实验网络拓扑如图6-10所示。

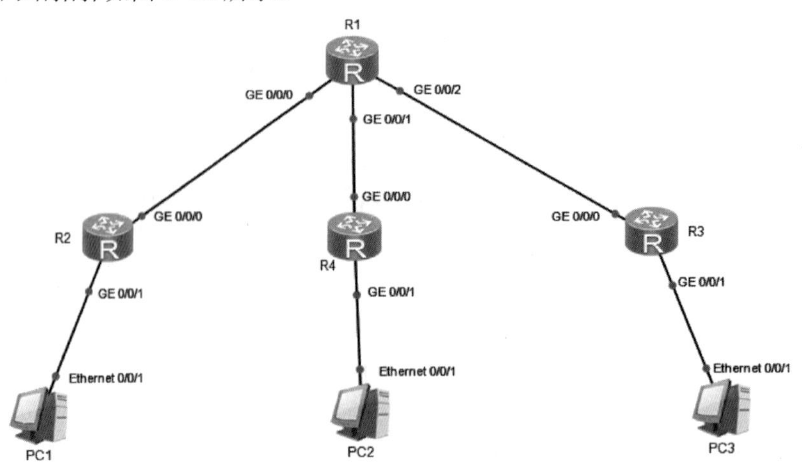

图6-10　实验1网络拓扑

实验内容：

1）规划设备的IP地址见表6-5。

表6-5　规划设备的IP地址

设备名称	端口	IP地址
PC1	网卡	10.2.0.2/16
PC2	网卡	192.168.2.2/24
PC3	网卡	172.16.3.2/24
R1	GE0/0/0	172.16.4.2/24
	GE0/0/1	192.168.1.1/24
	GE0/0/2	10.3.0.1/16
R2	GE0/0/0	172.16.4.1/24
	GE0/0/1	10.2.0.1/16
R3	GE0/0/0	10.3.0.2/16
	GE0/0/1	172.16.3.1/24
R4	GE0/0/0	192.168.1.2/24
	GE0/0/1	192.168.2.1/24

2）本实验分别用RIPv1和RIPv2进行配置，查看两者的不同之处。后面的操作要求请读者根据两种不同的版本自行选择配置。

3）配置RIP路由实现全网互通。

4）路由器与终端之间配置端口抑制。

5）路由器之间配置单播更新。

6）查看路由信息并测试互通性。

实验 2　配置 RIPv2

实验目的：

- 掌握 RIPv2 路由的配置方法。
- 掌握 RIPv2 引入默认路由的方法。
- 掌握 RIPv2 的认证配置方法。
- 掌握 RIP 路由的信息查看。

实验拓扑：

本实验网络拓扑如图 6-11 所示。

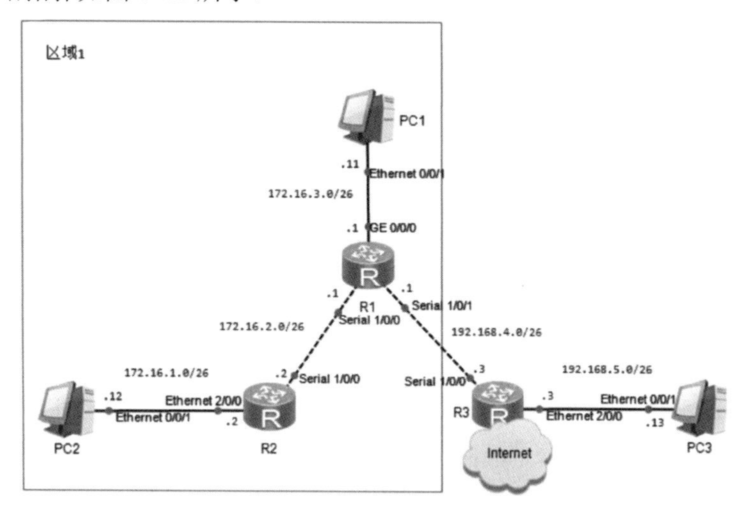

图 6-11　实验 2 网络拓扑

区域 1 中启用 RIPv2 实现网络互通，路由器 R3 连接到 Internet。

实验内容：

1）在 R1 上配置一条默认路由指向区域 1 之外的网络。

2）在 R3 上配置一条静态路由指向区域 1。

3）在区域 1 中的两个路由器 R1 和 R2 上启用 RIPv2。

4）在区域 1 中配置 RIPv2 引入默认路由。

5）在 R1 与 R2 之间启用 MD5 认证。

6）测试网络的互通性。

第 7 章　利用 OSPF 协议实现网络互联

本章要点

- 掌握 OSPF 协议的基本术语
- 掌握 OSPF 路由配置的基本方法
- 能够根据需求对网络进行 OSPF 路由配置

7.1　OSPF 协议简介

RIP 存在着收敛慢、易产生路由环路、可扩展性差等问题，目前已逐步被 OSPF（Open Shortest Path First，开放最短路径优先）协议所取代。OSPF 也是一个内部网关协议，用于在单一自治系统内决策路由，是一种链路状态路由协议，采用著名的 Dijkstra 算法计算最短路径树。OSPF 协议有如下特点。

- OSPF 协议不再采用“跳数”的概念，而是根据端口的吞吐率、拥塞状况、可靠性等实际链路的负载能力确定路由，选择其中的最优路由，同时允许保持到达同一目标地址可有多条路由，实现链路负载均衡。
- OSPF 协议支持不同服务类型，从而实现不同 QoS 的路由服务。
- OSPF 路由器不交换路由表，而是同步各路由器对网络状态的认识，即链路状态数据库，然后通过 SPF（Shortest Path First，最短路径优先）算法计算出网络中各目的地址的最优路径。因此 OSPF 路由器间不需要定期地交换大量数据，而只在链路状态发生变化时，才通过组播方式对这一变化作出反应，这样不但减轻了设备负荷也加快了路由收敛。

1．OSPF 协议原理

OSPF 协议要求每台运行 OSPF 路由器都了解整个网络的链路状态信息，以此计算出到达目的地的最优路径。OSPF 协议的收敛过程由 LSA（Link State Advertisement，链路状态广播）泛洪开始，LSA 中包含了路由器已知的端口 IP 地址、掩码、开销和网络类型等信息。收到 LSA 的路由器都可以根据 LSA 提供的信息建立自己的 LSDB（Link State Database，链路状态数据库），并在 LSDB 的基础上使用 SPF 算法进行运算，建立起到达每个网络的最短路径树。最后，通过最短路径树得出到达目的网络的最优路由，并将其加入到 IP 路由表中。

2．关于 OSPF 协议的几个常用术语

（1）Router-ID

每一个 OSPF 路由器都需要定义一个身份，就像人需要名字，这就是 Router ID。并且 Router ID 在网络中具有唯一性，否则若路由器收到链路状态后无法确定发起者的身份，也就无法通过链路状态信息确定网络位置。OSPF 路由器发出的链路状态都会写上自己的 Router-ID，可以将其理解为该链路状态的签名。不同路由器产生的链路状态的 Router-ID 不会相同。

（2）Cost

OSPF 协议是依据 Cost 值在多条路由中选择一条合适路由的。OSPF 协议使用端口的带宽来计算 Cost 值，如果路由器要经过两个端口才能到达目标网络，那么要将这两个端口的 Cost 值累加起来，所以到达目标网络的 Cost 值是沿途中所有端口的 Cost 值的总和。在累加过程中，只计算出端口，不计算进端口。带宽越高，Cost 值越小，则相应的路径越被优先选择。OSPF 协议会自动计算端口上的 Cost 值，也可以通过手工指定该端口的 Cost 值。手工指定的值优先于自动计算的值。通过 Cost 值，可以执行负载均衡，可以同时为 6 条链路执行负载均衡。

（3）链路状态

链路状态（Link-State，LSA）是 OSPF 端口上的描述信息，例如端口上的 IP 地址、子网掩码、网络类型、Cost 值等。OSPF 路由器之间交换的并不是路由表，而是链路状态。OSPF 协议通过获得网络中所有的链路状态信息，计算出到达每个目标精确的网络路径。OSPF 路由器会将自己所有的链路状态毫不保留地全部发给邻居路由器，邻居路由器将收到的链路状态全部放入链路状态数据库，再发给自己的所有邻居路由器。经过上述过程后，网络中所有的 OSPF 路由器都拥有网络的链路状态。路由器通过链路状态能描绘出相同的网络拓扑。

（4）OSPF 区域

因为 OSPF 路由器之间相互交换所有的链路状态，所以当网络规模达到一定程度时，LSA 将形成一个庞大的数据库，给 OSPF 计算带来巨大的压力。为了降低 OSPF 计算的复杂程度，OSPF 协议采用分区域计算，将网络中所有 OSPF 路由器划分成不同的区域，每个区域负责各自区域精确的 LSA 传递与路由计算，然后将一个区域的 LSA 简化和汇总之后转发到另外一个区域。因此在区域内部，相互交换所有的 LSA，而在不同区域之间，则传递简化的 LSA。注意：在划分区域时，“0”区域作为骨干区域是必须创建的。

（5）OSPF 网络类型

根据路由器连接的物理网络不同，OSPF 协议将网络划分为四种类型：广播多路访问型（Broadcast Multiple Access，简称广播型）、非广播多路访问型（None-Broadcast Multiple Access，NBMA）、点到点型（Point-to-Point，P2P）、点到多点型（Point-to-MultiPoint，P2MP）。

（6）DR 和 BDR

在多路访问网络上可能存在多个路由器，为了避免路由器之间建立完全相邻关系而引起的大量开销，OSPF 要求在区域中选举一个 DR（Designated Router，指定路由器），每个路由器都与之建立完全相邻关系。DR 负责收集所有的链路状态信息，并发布给其他路由器。选举 DR 的同时也选举出一个 BDR（Backup Designated Router，备份指定路由器），在 DR 失效的时候，BDR 担负起 DR 的职责。

3．OSPF 报文类型

OSPF 有五种报文类型，每种报文都使用相同的 OSPF 报文头。

（1）Hello 报文

Hello 报文是最常用的一种报文，用于发现和维护邻居关系，并在广播型和 NBMA 型的网络中选举 DR 和 BDR。

（2）DD 报文

两台路由器进行 LSDB 同步时，用 DD 报文来描述自己的 LSDB。DD 报文的内容包括 LSDB 中每一条 LSA 的头部（LSA 的头部可以唯一标识一条 LSA）。LSA 头部只占一整条

LSA 的数据量的一小部分，因此可以减少路由器之间的协议报文流量。

（3）LSR 报文

两台路由器互相交换过 DD 报文之后，知道对端的路由器有哪些 LSA 是本地 LSDB 所缺少的，这时需要发送 LSR 报文向对方请求缺少的 LSA，LSR 只包含所需要的 LSA 的摘要信息。

（4）LSU 报文

LSU 报文用来向对端路由器发送所需要的 LSA。

（5）LSACK 报文

LSACK 报文用来确认接收到的 LSU 报文。

4．邻居和邻接

OSPF 路由器启动后，便会通过 OSPF 端口向外发送 Hello 报文以便发现邻居。收到 Hello 报文的 OSPF 路由器会检查报文中所定义的参数。如果双方的参数一致，彼此形成邻居（Neighbor）关系。形成邻居关系的双方不一定都能形成邻接（Adjacency）关系，这要根据网络类型而定，只有当双方成功交换 DD 报文，并能交换 LSA 之后，才形成真正意义上的邻接关系。

邻接关系的目的是减少以太网中需要交互的链路状态数据的数量，只有 DR 和 BDR 才会向其他路由器发送链路状态数据和路由信息。

邻居和邻接关系建立的过程如下。

1）Down：这是邻居的初始状态，表示没有从邻居收到任何信息。

2）Attempt：此状态只在 NBMA 网络上存在，表示没有收到邻居的任何信息，但是已经周期性地向邻居发送报文，发送间隔为 HelloInterval。如果 RouterDeadInterval 间隔内未收到邻居的 Hello 报文，则转为 Down 状态。

3）Init：在此状态下，路由器已经从邻居收到了 Hello 报文，但是自己不在所收到的 Hello 报文的邻居列表中，尚未与邻居建立双向通信关系。

4）2-Way：在此状态下，双向通信已经建立，但是没有与邻居建立邻接关系。这是建立邻接关系以前的最高级状态。

5）ExStart：这是形成邻接关系的第一步，邻居状态变成此状态以后，路由器开始向邻居发送 DD 报文。主从关系是在此状态下形成的，初始 DD 序列号也是在此状态下决定的。在此状态下发送的 DD 报文不包含链路状态描述。

6）Exchange：此状态下路由器相互发送包含链路状态信息摘要的 DD 报文，描述本地 LSDB 的内容。

7）Loading：相互发送 LSR 报文请求 LSA，发送 LSU 报文通告 LSA。

8）Full：路由器的 LSDB 已经同步。

到达 2-Way 状态就表示路由器之间形成了邻居关系，到达 Full 状态就表示路由器之间形成了邻接关系。

7.2 OSPF 协议应用

1．学习情境

院系合并使得计算机系的网络规模扩大，并且计算机系网络需要访问校园网，因此利用华为 AR2220 路由器运行 OSPF 协议保证全系网络互通，如图 7-1 所示。配置细节如下。

- 所有路由器的 Loopback 0 端口的 IP 地址作为路由器的 Router ID。
- 路由器 R5 为 DR，路由器 R2 为 BDR。
- 路由器 R2 的 GE0/0/3 端口属于区域 2，路由器 R3 的 GE0/0/2 端口属于区域 1。
- 在区域 1 中，R2 与 R1 之间的链路为主链路，R3 与 R1 之间的链路为备份链路。
- 在区域 2 中，R3 与 R4 之间的链路为主链路，R2 与 R4 之间的链路为备份链路。
- 路由器 R5 与校园网之间配置默认路由，并将此路由引入计算机系网络。
- 为了避免非法路由器的接入，要求路由器之间进行验证。
- 路由器 R1 和 R4 上的 Loopback1 端口的地址用来模拟两个计算机楼的网络。

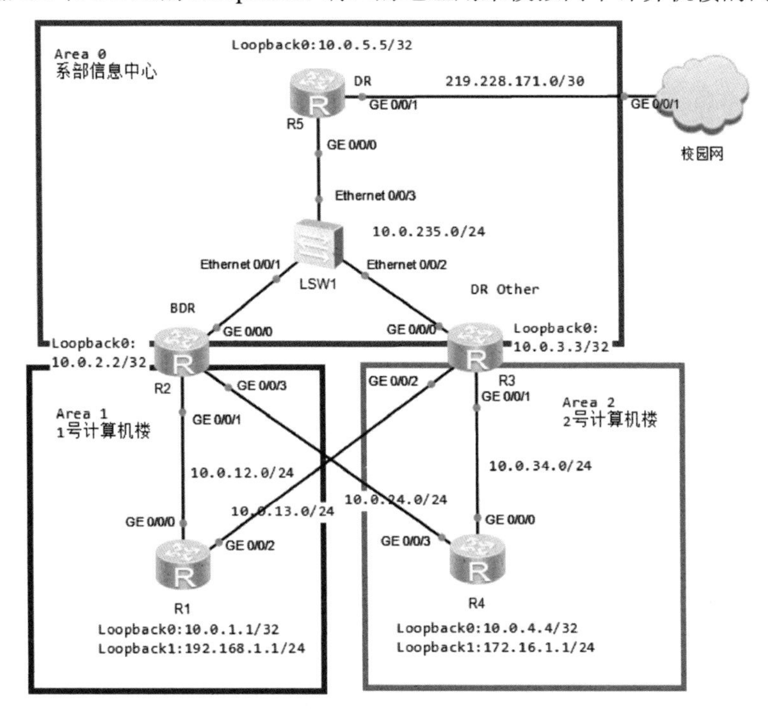

图 7-1 实验拓扑

表 7-1 为计算机和路由器的网络参数。

表 7-1 网络参数

设备名称	端口名称	IP 地址	网关
R1	GE0/0/0	10.0.12.1/24	N/A
	GE0/0/2	10.0.13.1/24	N/A
	Loopback0	10.0.1.1/32	N/A
	Loopback1	192.168.1.1/24	N/A
R2	GE0/0/0	10.0.235.2/24	N/A
	GE0/0/1	10.0.12.2/24	N/A
	GE0/0/3	10.0.24.2/24	N/A
	Loopback0	10.0.2.2/32	N/A

（续）

设备名称	端口名称	IP 地址	网关
R3	GE0/0/0	10.0.235.3/24	N/A
	GE0/0/1	10.0.34.3/24	N/A
	GE0/0/2	10.0.13.3/24	N/A
	Loopback0	10.0.3.3/32	N/A
R4	GE0/0/0	10.0.34.4/24	N/A
	GE0/0/3	10.0.24.4/24	N/A
	Loopback0	10.0.4.4/32	N/A
	Loopback1	172.16.1.1/24	N/A
R5	GE0/0/0	10.0.235.5/24	N/A
	GE0/0/1	219.228.171.1/30	219.228.171.2
	Loopback0	10.0.5.5/32	N/A

2．配置网络参数

根据表 7-1 配置相关路由器端口的网络参数，配置命令如下。

（1）配置 R1 的网络参数

```
[R1] interface GigabitEthernet0/0/0
[R1- GigabitEthernet0/0/0] ip address 10.0.12.1 24
[R1] interface GigabitEthernet0/0/2
[R1- GigabitEthernet0/0/2] ip address 10.0.13.1 24
[R1] interface LoopBack 0
[R1- LoopBack 0] ip address 10.0.1.1 32
[R1] interface LoopBack 1
[R1- LoopBack 1] ip address 192.168.1.1 24
```

（2）配置 R2 的网络参数

```
[R2] interface GigabitEthernet0/0/0
[R2- GigabitEthernet0/0/0] ip address 10.0.235.2 24
[R2] interface GigabitEthernet0/0/1
[R2- GigabitEthernet0/0/1] ip address 10.0.12.2 24
[R2] interface GigabitEthernet0/0/3
[R2- GigabitEthernet0/0/3] ip address 10.0.24.2 24
[R2] interface LoopBack 0
[R2- LoopBack 0] ip address 10.0.2.2 32
```

（3）配置 R3 的网络参数

```
[R3] interface GigabitEthernet0/0/0
[R3- GigabitEthernet0/0/0] ip address 10.0.235.3 24
[R3] interface GigabitEthernet0/0/1
[R3- GigabitEthernet0/0/1] ip address 10.0.34.3 24
[R3] interface GigabitEthernet0/0/2
[R3- GigabitEthernet0/0/2] ip address 10.0.13.3 24
[R3] interface LoopBack 0
```

```
[R3- LoopBack 0] ip address 10.0.3.3 32
```

（4）配置 R4 的网络参数

```
[R4] interface GigabitEthernet0/0/0
[R4- GigabitEthernet0/0/0] ip address 10.0.34.4 24
[R4] interface GigabitEthernet0/0/3
[R4- GigabitEthernet0/0/3] ip address 10.0.24.4 24
[R4] interface LoopBack 0
[R4- LoopBack 0] ip address 10.0.4.4 32
[R4] interface LoopBack 1
[R4- LoopBack 1] ip address 172.16.1.1 24
```

（5）配置 R5 的网络参数

```
[R5] interface GigabitEthernet0/0/0
[R5- GigabitEthernet0/0/0] ip address 10.0.235.5 24
[R5] interface GigabitEthernet0/0/1
[R5- GigabitEthernet0/0/1] ip address 219.228.171.1 30
[R5] interface LoopBack 0
[R5- LoopBack 0] ip address 10.0.5.5 32
```

3．OSPF 的基本配置

（1）系部信息中心的 OSPF 配置

从网络拓扑图可以看到系部信息中心所在区域为 0 区域，涉及 R2、R3 和 R5 这三台路由器。R2 和 R3 还属于 1 号计算机楼和 2 号计算机楼所在的区域，所以 R2 和 R3 路由器称为区域边界路由器（Area Border Router，ABR）。路由器 R5 还负责连接校园网络，如果利用静态路由进行互通，则 R5 可以看作是自治系统边界路由器（Autonomous System Boundy Router，ASBR）。

1）配置 R2 路由器。

```
[R2] router id 10.0.2.2  //设置 routerID
[R2] ospf 1          //开启 OSPF 进程，进程号为 1
[R2-ospf-1] area 0//进入区域 0 配置界面
[R2-ospf-1-area-0.0.0.0] network 10.0.2.2 0.0.0.0        //指定运行 OSPF 协议的端口
[R2-ospf-1-area-0.0.0.0] network 10.0.235.0 0.0.0.255  //指定运行 OSPF 协议的端口
```

第一句命令是用于设置 RouterID。前面已经介绍过，在运行 OSPF 协议的网络中，每台路由器都有一个 Router ID，而且必须唯一。如果不设置此参数，则路由器会根据端口的配置自行配置。如果设置了 Loopback 端口的 IP 地址，就使用此地址作为 Router ID；如果没有设置 Loopback 端口，就使用配置的物理端口中最大的 IP 地址作为 Router ID。建议使用 Loopback 端口的 IP 地址配置 Router ID。

除了上面的配置命令，还可以在开启 OSPF 进程时设置 Router ID，例如“ospf 1 router-id 10.0.2.2”命令。

第二句命令是开启 OSPF 进程，进程号可以不写，默认为 1。此进程只对本路由器起作用，不会影响其他路由器。

第三句命令为进入区域 0，区域的数值也可以写成点分十进制，如 0.0.0.0。

最后两句都是指定运行 OSPF 协议的端口，参数中包含反掩码。反掩码中，“0”表示此位必须严格匹配，“1”表示该二进制位可以为任意值。

2）配置 R3 路由器。

```
[R3] router id 10.0.3.3
[R3] ospf 1
[R3-ospf-1] area 0
[R3-ospf-1-area-0.0.0.0] network 10.0.3.3 0.0.0.0
[R3-ospf-1-area-0.0.0.0] network 10.0.235.0 0.0.0.255
```

3）配置 R5 路由器。

```
[R5] router id 10.0.5.5
[R5] ospf 1
[R5-ospf-1] area 0
[R5-ospf-1-area-0.0.0.0] network 10.0.5.5 0.0.0.0
[R5-ospf-1-area-0.0.0.0] network 10.0.235.0 0.0.0.255
```

在路由器 R5 中，GE0/0/1 端口也配置了 IP 地址，但此端口连接的是校园网，不参与 OSPF 协议的运行，所以命令中没有指定此端口。

（2）1 号计算机楼的 OSPF 配置

根据网络拓扑图可以看到 1 号计算机楼涉及 R1、R2 和 R3 三台路由器，属于区域 1（与 R1 路由器连接的 R3 路由器的 GE0/0/2 端口是属于区域 1 的）。

1）配置 R1 路由器。

```
[R1] router id 10.0.1.1
[R1] ospf 1
[R1-ospf-1] area 1
[R1-ospf-1-area-0.0.0.1] network 10.0.1.1 0.0.0.0
[R1-ospf-1-area-0.0.0.1] network 192.168.1.0 0.0.0.255
[R1-ospf-1-area-0.0.0.1] network 10.0.12.0 0.0.0.255
[R1-ospf-1-area-0.0.0.1] network 10.0.13.0 0.0.0.255
```

2）配置 R2 路由器。

```
[R2] ospf 1
[R2-ospf-1] area 1
[R2-ospf-1-area-0.0.0.1] network 10.0.12.0 0.0.0.255
```

3）配置 R3 路由器。

```
[R3] ospf 1
[R3-ospf-1] area 1
[R3-ospf-1-area-0.0.0.1] network 10.0.13.0 0.0.0.255
```

（3）2 号计算机楼的 OSPF 配置

根据网络拓扑图可以看到 2 号计算机楼涉及 R2、R3 和 R4 三台路由器，属于 OSPF 的区域 2（与 R4 路由器连接的 R2 路由器的 G0/0/3 端口是属于区域 2 的）。

1）配置 R2 路由器。

```
[R2] ospf 1
[R2-ospf-1] area 2
[R2-ospf-1-area-0.0.0.2] network 10.0.24.0 0.0.0.255
```

2）配置 R3 路由器。

```
[R3] ospf 1
[R3-ospf-1] area 2
[R3-ospf-1-area-0.0.0.2] network 10.0.34.0 0.0.0.255
```

3）配置 R4 路由器。

```
[R4] router id 10.0.4.4
[R4] ospf 1
[R4-ospf-1] area 2
[R4-ospf-1-area-0.0.0.2] network 10.0.4.4 0.0.0.0
[R4-ospf-1-area-0.0.0.2] network 172.16.1.0 0.0.0.255
[R4-ospf-1-area-0.0.0.2] network 10.0.34.0 0.0.0.255
[R4-ospf-1-area-0.0.0.2] network 10.0.24.0 0.0.0.255
```

（4）测试配置的正确性

1）查看路由信息。

上面的命令已经将计算机系内部的 OSPF 协议配置完成，下面以路由器 R1 为例，介绍通过路由表来检查配置内容是否正确。

```
<R1> display ip routing-table protocol ospf
Route Flags: R - relay, D - download to fib
------------------------------------------------------------------------------
Public routing table : OSPF
         Destinations : 8            Routes : 12
OSPF routing table status : <Active>
         Destinations : 8            Routes : 12
Destination/Mask    Proto   Pre  Cost       Flags NextHop         Interface

        10.0.2.2/32  OSPF    10   1           D   10.0.12.2       GigabitEthernet
0/0/0
        10.0.3.3/32  OSPF    10   1           D   10.0.13.3       GigabitEthernet
0/0/2
        10.0.4.4/32  OSPF    10   2           D   10.0.13.3       GigabitEthernet
0/0/2
                     OSPF    10   2           D   10.0.12.2       GigabitEthernet
0/0/0
        10.0.5.5/32  OSPF    10   2           D   10.0.12.2       GigabitEthernet
0/0/0
                     OSPF    10   2           D   10.0.13.3       GigabitEthernet
0/0/2
```

```
        10.0.24.0/24   OSPF     10    2          D    10.0.12.2        GigabitEthernet
0/0/0
        10.0.34.0/24   OSPF     10    2          D    10.0.13.3        GigabitEthernet
0/0/2
       10.0.235.0/24   OSPF     10    2          D    10.0.12.2        GigabitEthernet
0/0/0
                       OSPF     10    2          D    10.0.13.3        GigabitEthernet
0/0/2
       172.16.1.1/32   OSPF     10    2          D    10.0.12.2        GigabitEthernet
0/0/0
                       OSPF     10    2          D    10.0.13.3        GigabitEthernet
0/0/2
OSPF routing table status : <Inactive>
         Destinations : 0          Routes : 0
```

上面的命令是查看路由表中由 OSPF 协议产生的路由。

2）利用 ping 命令测试。

检查完路由信息后，还可以利用 ping 命令进一步检查配置（仍以 R1 路由器为例）。

```
<R1> ping -a 10.0.1.1 10.0.2.2
  PING 10.0.2.2: 56   data bytes, press CTRL_C to break
    Reply from 10.0.2.2: bytes=56 Sequence=1 ttl=255 time=30 ms
    Reply from 10.0.2.2: bytes=56 Sequence=2 ttl=255 time=30 ms
    Reply from 10.0.2.2: bytes=56 Sequence=3 ttl=255 time=60 ms
    Reply from 10.0.2.2: bytes=56 Sequence=4 ttl=255 time=30 ms
    Reply from 10.0.2.2: bytes=56 Sequence=5 ttl=255 time=60 ms
  --- 10.0.2.2 ping statistics ---
    5 packet(s) transmitted
    5 packet(s) received
    0.00% packet loss
    round-trip min/avg/max = 30/42/60 ms
```

上面的 ping 命令使用了参数“-a”，表示以 10.0.1.1 地址为源发送数据到地址 10.0.2.2。其他地址和路由器的测试请读者自行操作。

4．指定 OSPF 区域中的 DR 和 BDR

根据要求，在区域 0 中，DR 由路由器 R5 担任，BDR 由路由器 R2 担任。但受 DR 和 BDR 选举规则以及路由器自身的参数的影响，可能并不是管理员所希望的路由器来担任 DR 和 BDR，所以需要管理员进行适当配置，使 DR 和 BDR 由指定的路由器来担任。

（1）查看区域中的 DR 和 BDR

管理员可以通过查看邻居信息、相关的端口信息来判断当前的 DR 和 BDR。

1）通过邻居信息判断 DR 和 BDR。

下面通过在 R5 中查看邻居信息来判断区域中的 DR 和 BDR。

```
<R5> display ospf peer                //查看邻居的详细信息
      OSPF Process 1 with Router ID 10.0.5.5
            Neighbors
```

```
Area 0.0.0.0 interface 10.0.235.5(GigabitEthernet0/0/0)'s neighbors
Router ID: 10.0.2.2            Address: 10.0.235.2
  State: Full   Mode:Nbr is   Slave   Priority: 1
  DR: 10.0.235.2   BDR: 10.0.235.5   MTU: 0
  Dead timer due in 34   sec
  Retrans timer interval: 0
  Neighbor is up for 00:14:41
  Authentication Sequence: [ 0 ]
Router ID: 10.0.3.3            Address: 10.0.235.3
  State: Full   Mode:Nbr is   Slave   Priority: 1
  DR: 10.0.235.2   BDR: 10.0.235.5   MTU: 0
  Dead timer due in 33   sec
  Retrans timer interval: 4
  Neighbor is up for 00:14:42
  Authentication Sequence: [ 0 ]
```

上面显示的内容表明 R5 有两个邻居，根据 Router ID 可以判断是区域 0 中的 R2 和 R3。另外，根据 DR 和 BDR 的对应路由器在区域 0 中的端口地址以及网络拓扑可以分析出，DR 由 R2 担任，BDR 由 R5 担任。

还可以用下面的命令查看邻居的摘要信息。

```
<R5> display ospf peer brief              //查看邻居的摘要信息
      OSPF Process 1 with Router ID 10.0.5.5
             Peer Statistic Information
 ----------------------------------------------------------------------------
 Area Id          Interface                      Neighbor id      State
 0.0.0.0          GigabitEthernet0/0/0           10.0.2.2         Full
 0.0.0.0          GigabitEthernet0/0/0           10.0.3.3         Full
 ----------------------------------------------------------------------------
```

上面的信息表明，R5 与两个邻居的状态都是 Full。因为 R5 在区域中是 BDR，所以 R5 与其他两台路由器形成邻接状态，因此状态显示是 Full。这里要注意的是，DROther（非 DR 或 BDR）路由器之间形成的是邻居状态，状态显示为 2-way。

2）通过端口信息判断 DR 和 BDR。

除了利用邻居信息判断 DR 和 BDR，还可以通过查看相关运行 OSPF 协议的端口信息来查看 DR 和 BDR。以 R5 为例，通过网络拓扑图和前面的配置可以知道端口 GE0/0/0 属于区域 0，所以可以查看此端口在 OSPF 中的信息。

```
<R5> display ospf interface GigabitEthernet 0/0/0     //查看端口在 OSPF 中的信息
      OSPF Process 1 with Router ID 10.0.5.5
            Interfaces
 Interface: 10.0.235.5 (GigabitEthernet0/0/0)
 Cost: 1        State: BDR        Type: Broadcast     MTU: 1500
 Priority: 1
 Designated Router: 10.0.235.2
 Backup Designated Router: 10.0.235.5
 Timers: Hello 10 , Dead 40 , Poll   120 , Retransmit 5 , Transmit Delay 1
```

上面显示的内容表明，R5 就是 BDR，DR 由端口地址为 10.0.235.2 的路由器（即路由器 R2）担任，此端口在 OSPF 中的优先级为 1（Priority: 1）。

（2）DR 和 BDR 判断中的一些问题

DR 和 BDR 是以路由器端口为基础的，而不是以路由器为基础的，一台路由器既可以是 DR 或 BDR，也可以是 DROther（非 DR 或 BDR），例如下面显示的 R3，其邻居信息如下。

```
<R3> display ospf peer
       OSPF Process 1 with Router ID 10.0.3.3
             Neighbors
 Area 0.0.0.0 interface 10.0.235.3(GigabitEthernet0/0/0)'s neighbors
 Router ID: 10.0.2.2              Address: 10.0.235.2
   State: Full    Mode:Nbr is    Slave    Priority: 1
   DR: 10.0.235.5    BDR: 10.0.235.3    MTU: 0
   Dead timer due in 38    sec
   Retrans timer interval: 5
   Neighbor is up for 00:55:42
   Authentication Sequence: [ 0 ]
 Router ID: 10.0.5.5              Address: 10.0.235.5
   State: Full    Mode:Nbr is    Master    Priority: 1
   DR: 10.0.235.5    BDR: 10.0.235.3    MTU: 0
   Dead timer due in 30    sec
   Retrans timer interval: 4
   Neighbor is up for 00:03:07
   Authentication Sequence: [ 0 ]
             Neighbors
 Area 0.0.0.1 interface 10.0.13.3(GigabitEthernet0/0/2)'s neighbors
 Router ID: 10.0.1.1              Address: 10.0.13.1
   State: Full    Mode:Nbr is    Slave    Priority: 1
   DR: 10.0.13.3    BDR: 10.0.13.1    MTU: 0
   Dead timer due in 33    sec
   Retrans timer interval: 5
   Neighbor is up for 00:55:42
   Authentication Sequence: [ 0 ]
             Neighbors
 Area 0.0.0.2 interface 10.0.34.3(GigabitEthernet0/0/1)'s neighbors
 Router ID: 10.0.4.4              Address: 10.0.34.4
   State: Full    Mode:Nbr is    Master    Priority: 1
   DR: 10.0.34.4    BDR: 10.0.34.3    MTU: 0
   Dead timer due in 34    sec
   Retrans timer interval: 5
   Neighbor is up for 00:10:08
   Authentication Sequence: [ 0 ]
```

上面的显示信息表明，R3 在区域 0 中为 DROther，在区域 1 中为 DR，在区域 2 中为 BDR。路由器 R3 在不同的区域有不同的角色，这是因为 DR 和 BDR 与路由器端口所在区域有关。

（3）指定 DR 和 BDR

在广播型和 NBMA 型网络中，路由器会根据 OSPF 的每个端口的优先级进行 DR 选举。优先级取值范围为 0～255，值越大越优先。默认情况下，端口优先级为 1。如果一个端口优先级为 0，那么该端口将不会参与 DR 或者 BDR 的选举。如果优先级相同，则比较

Router ID，值越大越优先被选举为 DR。

根据上面的选举规则，在区域 0 中，由于 R5 的 Router ID 的值为 10.0.5.5，比 R2 和 R3 的 Router ID 值要大，因此在区域 0 中的端口优先级都为默认值 1 的情况下， R5 为 DR，R3 为 BDR。但根据上面的信息可以看出情况并不是如此，原因是 R5 的启动时间较晚。DR 和 BDR 不是抢夺性的，为了网络的稳定，DR 和 BDR 在确定后就不会再发生变化，除非路由器重启或相应端口重启，这点在后面的操作中可以观察到。

根据上面的分析，R2 在区域 0 中担任 BDR 的可能性不大，因为此路由器的 Router ID 最小，所以为了保证 R2 为 BDR 需要修改路由器在区域 0 中的端口优先级。由于修改了 R2 的参数，因此也需要修改 R5 上相应端口的优先级。

为了后续操作演示，先将 R5、R3、R2 同时加电启动，使 R5 成为 DR，R3 为 BDR。

1）修改路由器 R5 的端口优先级。

```
[R5] interface GigabitEthernet 0/0/0
[R5-GigabitEthernet0/0/0] ospf dr-priority 20          //设置端口的 OSPF 优先级为 20
```

2）修改路由器 R2 的端口优先级。

```
[R2] interface GigabitEthernet 0/0/0
[R2-GigabitEthernet0/0/0] ospf dr-priority 10          //设置端口的 OSPF 优先级为 10
```

3）查看邻居信息。

在 R5 上查看邻居信息。

```
<R5>display ospf peer
        OSPF Process 1 with Router ID 10.0.5.5
                Neighbors
 Area 0.0.0.0 interface 10.0.235.5(GigabitEthernet0/0/0)'s neighbors
 Router ID: 10.0.2.2              Address: 10.0.235.2
   State: Full    Mode:Nbr is    Slave    Priority: 10
   DR: 10.0.235.5    BDR: 10.0.235.3    MTU: 0
   Dead timer due in 35    sec
   Retrans timer interval: 5
   Neighbor is up for 00:31:16
   Authentication Sequence: [ 0 ]
......//省略
```

显示的信息表明，在调整了 R2 和 R5 的端口优先级后，DR 和 BDR 并没有发生变化，原因就是前面所说的 DR 和 BDR 不是抢夺性的，需要在配置完参数后重启路由或重启相应端口才能改变 DR 和 BDR，也可以重启 OSPF 进程。如果要验证路由器端口优先级的设置是否起使用，需要将 R2、R5 和 R3 三台路由器同时重启。目前，R3 是 BDR，如果让 R2 成为 BDR，对网络影响最小的是在一台路由器上重启 OSPF 进程。

4）重启 OSPF 进程。

由于 R5 已经为 DR，下面采用重启 R3 的 OSPF 进程的方式实现 BDR 的改变。

```
<R3> reset ospf 1 process    //在 R3 上重启 1 号 OSPF 进程
Warning: The OSPF process will be reset. Continue? [Y/N]:y
```

重启完成后再次在R5上查看邻居信息。

```
<R5>display ospf peer
        OSPF Process 1 with Router ID 10.0.5.5
                Neighbors
 Area 0.0.0.0 interface 10.0.235.5(GigabitEthernet0/0/0)'s neighbors
 Router ID: 10.0.2.2              Address: 10.0.235.2
   State: Full    Mode:Nbr is    Slave    Priority: 10
   DR: 10.0.235.5    BDR: 10.0.235.2    MTU: 0
   Dead timer due in 28    sec
   Retrans timer interval: 5
   Neighbor is up for 00:14:43
   Authentication Sequence: [ 0 ]
……//省略
```

显示的内容表明，当前 BDR 已经由 R3 转为 R2，至此区域 0 中的 DR 由 R5 担任，BDR 由 R2 担任，符合实验需求。

5. 配置备份路由

在网络拓扑图中可以看到，在 1 号计算机楼和 2 号计算机楼的区域 1 和区域 2 网络中，R1 和 R4 都有两条链路与系部信息中心的区域 0 连接，其中各有一条链路作为 R1 和 R4 到区域 0 的备份链路。查看 R1 和 R4 的 OSPF 路由可以发现这两台路由器上去某些网络时有两条等价链路可选。

```
<R1> display ip routing-table protocol ospf
……省略
10.0.4.4/32 OSPF        10     2              D      10.0.12.2          GigabitEthernet0/0/0
OSPF          10     2              D      10.0.13.3          GigabitEthernet0/0/2
10.0.5.5/32 OSPF        10     2              D      10.0.12.2          GigabitEthernet0/0/0
                   OSPF        10     2              D      10.0.13.3          GigabitEthernet0/0/2
172.16.1.1/32      OSPF        10     2              D      10.0.12.2          GigabitEthernet0/0/0
                  OSPF         10     2              D      10.0.13.3          GigabitEthernet0/0/2
……//省略
<R4> display ip routing-table protocol ospf
……//省略
10.0.1.1/32 OSPF        10     2              D      10.0.24.2          GigabitEthernet0/0/3
                   OSPF        10     2              D      10.0.34.3          GigabitEthernet0/0/0
10.0.5.5/32        OSPF        10     2              D      10.0.24.2          GigabitEthernet0/0/3
                   OSPF        10     2              D      10.0.34.3          GigabitEthernet0/0/0
192.168.1.1/32     OSPF        10     2              D      10.0.24.2          GigabitEthernet0/0/3
                   OSPF        10     2              D      10.0.34.3          GigabitEthernet0/0/0
……//省略
```

根据需求，在 R1 所连的链路中，R1 与 R2 之间的链路为主链路；在 R4 所连的链路中，R4 与 R3 之间的链路为主链路。以 R1 为例，如果希望 R1 与 R2 之间的链路为主链路，只要增加 R1 与 R3 这条链路的开销值，即增加 R1 的 GE0/0/2 端口的开销值，操作过程如下。

（1）查看端口的开销值

```
<R1> display ospf interface g0/0/2              //查看 R1 的 GE0/0/2 端口信息
      OSPF Process 1 with Router ID 10.0.1.1
            Interfaces
 Interface: 10.0.13.1 (GigabitEthernet0/0/2)
 Cost: 1          State: BDR        Type: Broadcast     MTU: 1500
 Priority: 1
 Designated Router: 10.0.13.3
 Backup Designated Router: 10.0.13.1
 Timers: Hello 10 , Dead 40 , Poll   120 , Retransmit 5 , Transmit Delay 1
```

可以看到，默认情况下 GE0/0/2 端口的开销为 1。

（2）修改端口开销

```
[R1]interface GigabitEthernet 0/0/2
[R1-GigabitEthernet0/0/2] ospf cost 10          //设置开销值为 10
```

（3）查看 OSPF 路由信息

在更改了开销值后，再次查看 R1 的 OSPF 路由表，与上面的路由表比较可以看到，R1 的 OSPF 路由下一跳地址都指向了 R2 路由器，而指向 R3 的路由项都消失了。

```
<R1> display ip routing-table protocol ospf
……省略
        10.0.4.4/32   OSPF     10    2           D    10.0.12.2        GigabitEthernet
0/0/0
        10.0.5.5/32   OSPF     10    2           D    10.0.12.2        GigabitEthernet
0/0/0
      172.16.1.1/32   OSPF     10    2           D    10.0.12.2        GigabitEthernet
0/0/0
……省略
```

在 R1 上利用命令“display ip routing-table”查看完整路由表，可以发现除了直连网络，去往其他网络的路由都通过 R2 路由器，去往 R3 的链路基本不起作用，只是作为一个备份链路。读者可以利用关闭 R1 的 GE0/0/0 端口的方式来测试备份链路是否起作用。

6．引入默认路由

根据实验要求，系部网络能够通过 R5 路由器访问学院网络，由于系部网络只有 R5 一个出口，因此只需要在 R5 上配置一条指向学院网络的默认路由，然后将此路由通过 OSPF 协议发布到其他路由器即可。

（1）配置默认路由并引入到 OSPF

R5 路由器配置如下。

```
[R5] ip route-static 0.0.0.0 0.0.0.0 219.228.171.2          //配置默认路由
[R5] ospf 1
[R5-ospf-1]default-route-advertise                          //将默认路由引入到 OSPF
```

（2）查看路由信息

查看 R1 等路由器的路由信息，检查 R5 的默认路由是否通过 OSPF 协议发布到其他路由器。下面以 R1 为例进行查看。

```
<R1>display ip routing-table
Route Flags: R - relay, D - download to fib
------------------------------------------------------------------------------
Routing Tables: Public
         Destinations : 18          Routes : 18
Destination/Mask    Proto    Pre  Cost      Flags NextHop          Interface
0.0.0.0/0    O_ASE          150   1          D     10.0.12.2       GigabitEthernet0/0/0
10.0.1.1/32  Direct    0     0           D    127.0.0.1       LoopBack0
10.0.2.2/32  OSPF           10    1          D     10.0.12.2       GigabitEthernet0/0/0
```

上面显示的内容中，黑体字标注的路由项即为通过 OSPF 协议引入的默认路由。

7. 配置 OSPF 认证

在 OSPF 中，可以利用区域认证实现路由器的认证，还可以利用链路认证来实现路由器认证。下面分别采用这两种方法来实现路由器之间认证。

（1）配置系部信息中心 OSPF 区域认证

根据设计，系部信息中心的区域 0 配置区域认证，采用 MD5 认证模式。在路由器 R2、R3 和 R5 上配置区域 0 的区域认证，验证密钥为 huawei。

1）配置路由器 R5。

```
[R5] ospf 1
[R5-ospf-1] area 0
[R5-ospf-1-area-0.0.0.0] authentication-mode md5 1 huawei
//配置验证密钥为 huawei，并以 MD5 加密
```

上面的黑体字内容就是配置命令，配置完成后查看 R5 的邻居信息。

```
[R5] display ospf peer brief
       OSPF Process 1 with Router ID 10.0.5.5
             Peer Statistic Information
 ----------------------------------------------------------------------------
 Area Id              Interface                          Neighbor id        State
 ----------------------------------------------------------------------------
```

上面显示的内容表明，此时 R5 没有一个邻居，这是因为 R5 在区域 0 中配置了验证，但 R2 和 R3 还没有配置，所以无法通过 R5 的验证，也就无法与 R5 无法形成邻居关系。

2）配置路由器 R2。

```
[R2] ospf 1
[R2-ospf-1] area 0
[R2-ospf-1-area-0.0.0.0] authentication-mode md5 1 huawei
```

3）配置路由器 R3。

```
[R3] ospf 1
[R3-ospf-1] area 0
[R3-ospf-1-area-0.0.0.0] authentication-mode md5 1 huawei
```

三台路由器都配置完成后，再次在 R5 上查看邻居信息，可发现此时邻居信息已经出

现，此过程不再重复。

（2）配置链路认证

根据设计，在 1 号计算机楼的区域 1 使用链路认证，并采用简单认证模式，密码以明文方式保存。

1）配置路由器 R1。

```
[R1]interface GigabitEthernet0/0/0
[R1-GigabitEthernet0/0/0] ospf authentication-mode simple plain huawei
//配置简单验证，密钥为 huawei
[R1]interface GigabitEthernet0/0/2
[R1-GigabitEthernet0/0/2] ospf authentication-mode simple plain huawei
```

上面的配置命令中的“plain”表示以明文方式保存在配置文件中。查看 R1 的邻居，可发现此时 R1 已经没有任何邻居信息，原因是端口所连链路的对端端口没有配置认证。

```
<R1> display ospf peer brief
      OSPF Process 1 with Router ID 10.0.1.1
            Peer Statistic Information
 ----------------------------------------------------------------------------
 Area Id          Interface                          Neighbor id       State
 ----------------------------------------------------------------------------
```

2）配置路由器 R2。

```
[R2]interface GigabitEthernet0/0/1
[R2-GigabitEthernet0/0/1] ospf authentication-mode simple plain huawei
```

3）配置路由器 R3。

```
[R3]interface GigabitEthernet0/0/2
[R3-GigabitEthernet0/0/2] ospf authentication-mode simple plain huawei
```

上面的配置过程表明，链路认证需要在同一 OSPF 的链路端口都配置认证命令，而采用区域认证只需要在 OSPF 进程下相应区域视图下配置一条命令即可。区域认证降低了配置工作量，所以一个区域中有多台路由器需要配置认证时，建议使用区域认证方式。

再次查看 R1 的邻居信息，可以发现此时邻居信息已经完整。

```
<R1> display ospf peer brief
      OSPF Process 1 with Router ID 10.0.1.1
            Peer Statistic Information
 ----------------------------------------------------------------------------
 Area Id          Interface                          Neighbor id       State
 0.0.0.1          GigabitEthernet0/0/0               10.0.2.2          Full
 0.0.0.1          GigabitEthernet0/0/2               10.0.3.3          Full
 ----------------------------------------------------------------------------
```

2 号计算机楼的网络，读者可按照上面的方法自行配置。至此，所有需求配置都已完成，可再次对整个网络进行测试，具体操作这里就不再赘述。

7.3 课后实验

实验 1　OSPF 应用

实验目的：

- 掌握 OSPF 路由的配置方法。
- 掌握 OSPF 路由的信息查看方法。

实验拓扑：

本实验网络拓扑如图 7-2 所示。

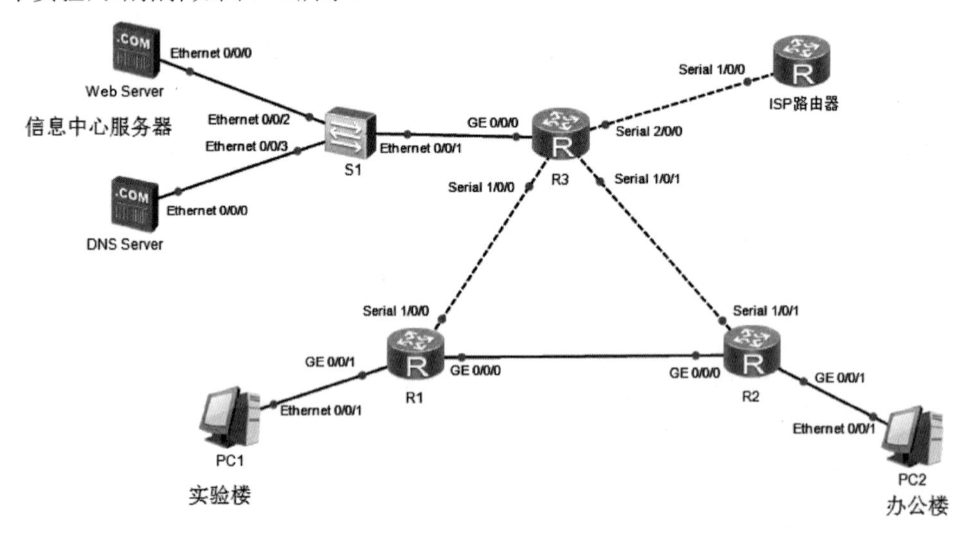

图 7-2　实验 1 网络拓扑

实验内容：

1）计算机和服务器的 IP 地址规划见表 7-2，路由器端口 IP 地址规划见表 7-3。

表 7-2　计算机和服务器的 IP 地址规划表

设 备 名 称	IP 地址	网　　关	DNS 地址
PC1	192.168.11.1/24	192.168.11.254	192.168.23.253
PC2	192.168.14.1/24	192.168.14.254	192.168.23.253
Web Server	192.168.23.1/24	192.168.23.254	192.168.23.253
DNS Server	192.168.23.253/24	192.168.23.254	192.168.23.253

表 7-3　路由器端口 IP 地址规划表

设 备 名 称	接 口 名 称	IP 地址
路由器 R1	GE0/0/0	192.168.0.9/30
	GE0/0/1	192.168.11.254/24
	S1/0/0	192.168.0.6/30
路由器 R2	GE0/0/0	192.168.0.10/30

（续）

设 备 名 称	接 口 名 称	IP 地址
路由器 R2	GE0/0/1	192.168.14.254/24
	S1/0/1	192.168.0.14/30
路由器 R3	GE0/0/0	192.168.23.254/24
	S1/0/0	192.168.0.5/30
	S1/0/1	192.168.0.13/30
	S2/0/0	200.10.10.2/30
ISP 路由器	S1/0/0	200.10.10.1/30

2）在 R1、R2 和 R3 上配置 OSPF 路由实现内网的互访，R1 的 Router ID 为 1.1.1.1，R2 的 Router ID 为 2.2.2.2，R3 的 Router ID 为 3.3.3.3。

3）R3 到 ISP 之间采用默认路由，并要保证内网能够访问 ISP 路由器。

4）R1、R2 和 R3 采用区域认证，模式为简单认证模式，密钥为 huawei。

5）查看 R1 和 R3 之间的邻居关系，并且判断网络中是否有 DR 和 BDR。

实验 2　OSPF 在多路访问网络中的应用

实验目的：

- 掌握 OSPF 路由的配置方法。
- 掌握 DR 选举的控制方法。

实验拓扑：

本实验网络拓扑中使用 Loopback 端口模拟相应网段。路由器 R1 的 Router ID 为 1.1.1.1，R2 的 Router ID 为 2.2.2.2，R3 的 Router ID 为 3.3.3.3，R4 的 Router ID 为 4.4.4.4，如图 7-3 所示。

实验内容：

1）启用 OSPF 协议实现网络内部的互通。

2）查看路由器之间的邻居关系，确定网络中的 DR 和 BDR 由哪台路由器担任。

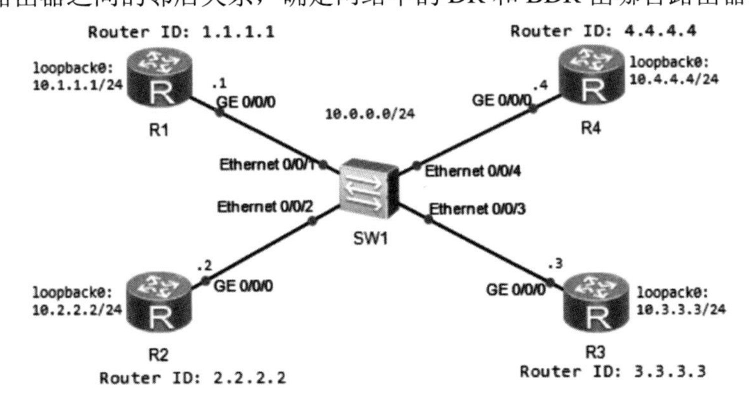

图 7-3　实验 2 网络拓扑

3）通过调整端口优先级值，使 R1 成为 DR，R2 成为 BDR。

4）重启所有网络设备，启动完成后查看路由器之间的邻居关系及 DR 和 BDR。

第 8 章　利用访问控制列表实现数据筛选

本章要点

- 掌握访问控制列表在企业网络中的应用
- 掌握访问控制列表的工作原理
- 掌握访问控制列表的配置

8.1　访问控制列表概述

8.1.1　简介

随着网络的不断扩大，如何进行有效的网络控制成为每个工程师所面临的挑战。访问控制列表（Access Control Lists，ACL）是一种使用三层技术进行数据控制的高效快速的手段，能从数据进入主要网络之前就对数据的源 IP 地址、目的 IP 地址、源端口号、目的端口号等进行匹配，根据网络管理人员定义的数据进行分类，将不应该出现的数据进行删除，从而达到访问控制的目的。初期，该技术只是对基于路由器的端口进行定义，现在部分三层与二层交换也使用这项技术。

访问控制列表技术主要有以下应用范围。

- 检查过滤数据包。
- 提供对路由流量的控制手段。
- 匹配需要进行网络地址转换的流量。
- 策略路由。

访问控制列表的配置十分灵活，所以在设计配置时一般按照以下规则考虑。

（1）自上而下按序处理

配置顺序按访问控制列表规则编号从小到大的顺序进行匹配。设备会在创建访问控制列表的过程中自动为每一条规则分配一个编号，规则编号决定了规则被匹配的顺序。例如，如果将步长设定为 5，则规则编号将按照 5、10、15……的规律自动分配。通过设置步长，使规则之间留有一定的空间，用户可以在两个规则之间插入新的规则。

（2）“深度优先”的匹配原则

所谓深度就是一条规则所限制范围的大小，限制范围越小，深度就越深。在深度匹配中最为重要的就是反掩码。

（3）访问控制列表放置位置

基本访问控制列表由于其能识别的数据特征有限，所以一般放置在距离目的节点较近的位置，以避免对其他数据流量产生影响。高级访问控制列表可以对数据进行更加精确的筛选，从优化网络的行为考虑应将其放置在离源节点较近的位置。

（4）应用方向

在端口位置放置的访问控制列表可应用于对入站数据流量的控制和对出站数据流量的控制。

（5）注意事项

在所有规则都不匹配的情况下，将根据不同的数据类型进行不同处理。如果是普通数据，则将被路由转发；如果是 Telnet 数据或路由过滤数据，则不允许被路由转发。所以，根据需求有效地设计语句是相当重要的。

8.1.2 反掩码的基本作用

定义一个基本 ACL 命令如下：

```
rule 5 permit 192.168.1.0 0.0.0.255
```

命令中网络地址后面的参数是一串与子网掩码相反的数字，这串数字称为反掩码。与子网掩码相比，反掩码中“1”所对应的位表示数据源地址与命令中网络地址的相应值可以不匹配，而“0”所对应的位必须完全匹配。IP 地址与反掩码都是 32 位，反掩码通过运算告诉路由器需要匹配的地址位。

根据网络号及其掩码可以确定网络地址段的范围。在这个范围内的用户都是在一个网段内的局域网用户，可以通过网关路由器与外部网络之间进行相互访问。而对于访问控制列表来说，如何精细地确定需要过滤的是哪一个用户，这就要使用反掩码，如表 8-1 所示。

表 8-1　反掩码示例

地　　址	192.168.1.0
掩码	255.255.255.0
反掩码	0.0.0.255
匹配地址段	192.168.1.0—192.168.1.255
二进制掩码	11111111.11111111.11111111.00000000
二进制反掩码	00000000.00000000.000000000.11111111

在大部分情况下，用掩码对应网络地址可以得到网络地址范围，而反掩码对应网络地址可以匹配出一个筛选地址范围。

8.1.3 访问控制列表分类

按照访问控制列表的能力，一般将访问控制列表分为：基本访问控制列表、高级访问控制列表和二层访问控制列表。这些访问控制列表在原理上基本相同。在功能上，基本访问控制列表可以使用报文的源 IP 地址、分片标记和时间段信息来匹配报文；高级访问控制列表可以使用报文的源/目的 IP 地址、源/目的端口号及协议类型等信息来匹配报文。高级访问控制列表可以定义比基本访问控制列表更准确、更丰富、更灵活的规则，因此高级访问控制列表可以更加精确地控制某一类型的数据；二层访问控制列表可以使用源/目的 MAC 地址及二层协议类型等二层信息来匹配报文。在配置命令中是通过数字标号来区分不同的访问控制列表的，如表 8-2 所示。

表 8-2　访问控制列表区别

访问控制列表类型	列　表　号
基本访问控制列表	2000～2999
高级访问控制列表	3000～3999
二层访问控制列表	4000～4999

8.2　基本访问控制列表应用

1．学习情境

系信息中心有一台数据服务器，只有数据管理员计算机 PC1 才能访问，而其他设备都不能访问此服务器；只有网络管理员计算机 PC3 才能通过 telnet 命令登录路由器 R1。因为 eNSP 模拟器模拟的 PC 不支持 telnet 命令，所以这里采用路由器来模拟计算机 PC3。网络拓扑如图 8-1 所示。

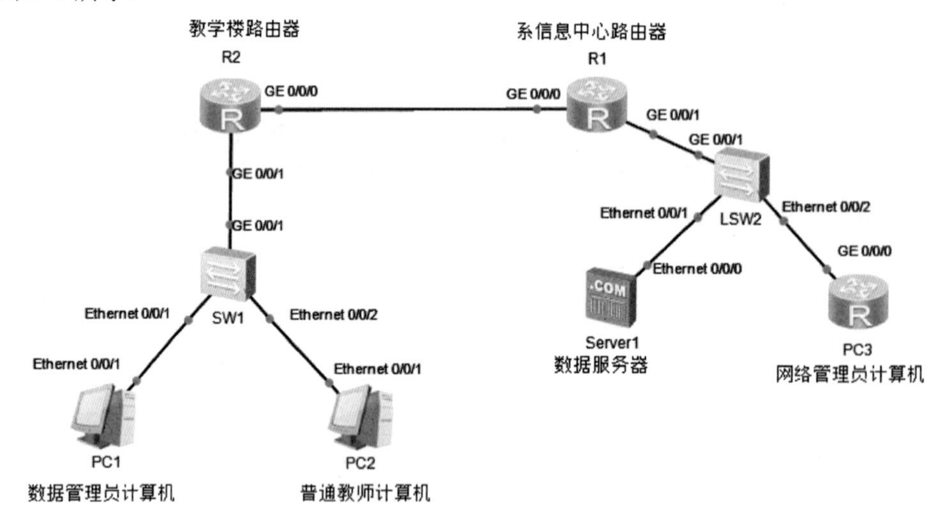

图 8-1　实验拓扑

表 8-3 为计算机和路由器端口的网络参数。

表 8-3　网络参数

设 备 名 称	接 口 名 称	IP 地址	网　关
R1	GE0/0/0	10.0.12.1/24	N/A
	GE0/0/1	10.0.1.1/24	N/A
R2	GE0/0/0	10.0.12.2/24	N/A
	GE0/0/1	10.0.2.1/24	N/A
PC1	Ethernet0/0/1	10.0.2.10/24	10.0.2.1
PC2	Ethernet0/0/1	10.0.2.20/24	10.0.2.1
PC3	GE0/0/0	10.0.1.20/24	10.0.1.1
Server1	Ethernet0/0/1	10.0.1.10/24	10.0.1.1

2．配置网络参数

根据表 8-3 配置路由器和计算机相关端口的网络参数。

（1）配置 R1、R2 和 PC3 的网络参数

```
[R1]interface GigabitEthernet 0/0/0
[R1-GigabitEthernet0/0/0]ip address 10.0.12.1 24
[R1]interface GigabitEthernet 0/0/1
[R1-GigabitEthernet0/0/1]ip address 10.0.1.1 24
[R1]interface LoopBack 0
[R1-LoopBack0]ip address 1.1.1.1 32

[R2]interface GigabitEthernet 0/0/0
[R2-GigabitEthernet0/0/0]ip address 10.0.12.2 24
[R2]interface GigabitEthernet 0/0/1
[R2-GigabitEthernet0/0/1]ip address 10.0.2.1 24
[R2]interface LoopBack 0
[R2-LoopBack0]ip address 2.2.2.2 32

[PC3]interface GigabitEthernet 0/0/0
[PC3-GigabitEthernet0/0/0]ip address 10.0.1.20 24
[PC3]interface LoopBack 0
[PC3-LoopBack0]ip address 3.3.3.3 32
```

（2）配置计算机和服务器的网络参数

服务器 Server1 的配置如图 8-2 所示，其他计算机的配置请读者自己操作。

图 8-2　服务器 Server1 的网络参数配置

3．配置静态路由

（1）在路由器上配置静态路由

在路由器 R1 和 R2 上配置静态路由，命令如下。

```
[R1] ip route-static 10.0.2.0 24 10.0.12.2

[R2] ip route-static 10.0.1.0 24 10.0.12.1
```

在 PC3 上配置默认路由，命令如下。

```
[PC3] ip route-static 0.0.0.0 0.0.0.0 10.0.1.1
```

（2）测试全网是否能够通信

在计算机或服务器上利用 ping 命令进行测试，此时所有设备之间都应该能够通信，测试过程请读者自行操作。

4．配置基本访问控制列表控制对数据服务器的访问

通过上面的配置可以发现，只要路由可达，所有用户都可以访问数据服务器，这显然是极不安全的。管理员可以利用标准访问控制列表来实现对访问的控制，禁止普通用户访问数据服务器。

根据前面所介绍的应用规则，基本访问控制列表可以针对数据包的源 IP 地址进行过滤，为了避免因过滤范围较大而造成不必要的数据过滤，应该把基本访问控制列表应用在靠近目的节点的位置。从网络拓扑图可以看出，应该在路由器 R1 上配置基本访问控制列表，并且将此 ACL 应用在 GE0/0/1 端口的出站方向，配置命令如下。

```
[R1] acl 2000              //创建基本访问控制列表
[R1-acl-basic-2000] rule 5 permit source 10.0.2.10 0        //允许 PC1 的数据通过
[R1-acl-basic-2000] rule 10 deny source any                 //禁止所有数据通过

[R1] interface GigabitEthernet 0/0/1
[R1-GigabitEthernet0/0/1] traffic-filter outbound acl 2000//将 ACL 应用在端口出去的方向
```

上面的命令中写了两条规则，其中第二条规则是禁止所有数据通过。由于是普通数据，默认所有不符合规则的数据都将允许通过，因此必须加上一条禁止所有数据的规则，否则此 ACL 将不起作用。

5．测试和查看信息

分别在 PC1 和 PC2 上利用 ping 命令测试与 Server1 的通信，可以发现此时 PC1 仍然可以与 Server1 通信，而 PC2 与 Server1 已无法通信。

利用命令“display acl all”可以查看当前配置的 ACL 内容，以及所匹配的数据包个数。

```
<R1> display acl all
 Total quantity of nonempty ACL number is 1
Basic ACL 2000, 2 rules
Acl's step is 5
 rule 5 permit source 10.0.2.10 0 (5 matches)          //此规则匹配了 5 个数据包
 rule 10 deny (5 matches)             //此规则匹配了 5 个数据包
```

6．配置基本访问控制列表控制登录 R1 的计算机

因为是对利用 telnet 命令登录 R1 的控制，所以此访问控制列表应该配置在 R1 上，并且应用在 R1 中 VTY 的入站方向。

（1）开启 VTY 并测试

1）在 R1 上开启 VTY。

```
[R1] user-interface vty 0 4
[R1-ui-vty0-4] authentication-mode password
Please configure the login password (maximum length 16):huawei
```

2）测试 Telnet 登录

VTY 开启后，分别在 R2 和 PC3 上测试能否利用 telnet 命令登录 R1。

```
<PC3>telnet 10.0.1.1
  Press CTRL_] to quit telnet mode
  Trying 10.0.1.1 ...
  Connected to 10.0.1.1 ...
Login authentication
Password:
<R1>
```

上面内容表明 PC3 可以成功登录 R1。

```
<R2>telnet 10.0.12.1
  Press CTRL_] to quit telnet mode
  Trying 10.0.12.1 ...
  Connected to 10.0.12.1 ...
Login authentication
Password:
<R1>
```

上面内容表明 R2 也可以成功登录 R1，下面配置基本访问控制列表，只允许 PC3 利用 telnet 命令登录 R1。

（2）配置访问控制列表

配置访问控制列表规则并应用到 VTY 上。

```
//配置基本访问控制列表规则
[R1] acl 2001
[R1-acl-basic-2001] rule 5 permit source 10.0.1.20 0
[R1-acl-basic-2001] rule 10 deny source any
//将 ACL 应用到 VTY 上
[R1] user-interface vty 0 4
[R1-ui-vty0-4] acl 2001 inbound
```

（3）测试

分别在 R2 和 PC3 上测试能否利用 telnet 命令登录 R1。

```
<PC3>telnet 10.0.1.1
  Press CTRL_] to quit telnet mode
  Trying 10.0.1.1 ...
  Connected to 10.0.1.1 ...
Login authentication
```

```
Password:
<R1>
```

上面内容表明 PC3 可以成功登录 R1。

```
<R2>telnet 10.0.12.1
  Press CTRL_] to quit telnet mode
  Trying 10.0.12.1 ...
  Error: Can't connect to the remote host
```

上面内容表明目前 R2 已经无法登录 R1，可证明配置生效。

8.3 高级访问控制列表应用

1. 学习情境

系信息中心有一台 Web 服务器，在日常维护中，Web 管理员通过 FTP 对 Web 内容进行更改。为了服务器数据的安全，要求只有计算机 PC1 才能利用 FTP 进行数据上传，而其他设备只能访问此服务器的 Web 服务。网络拓扑如图 8-3 所示。

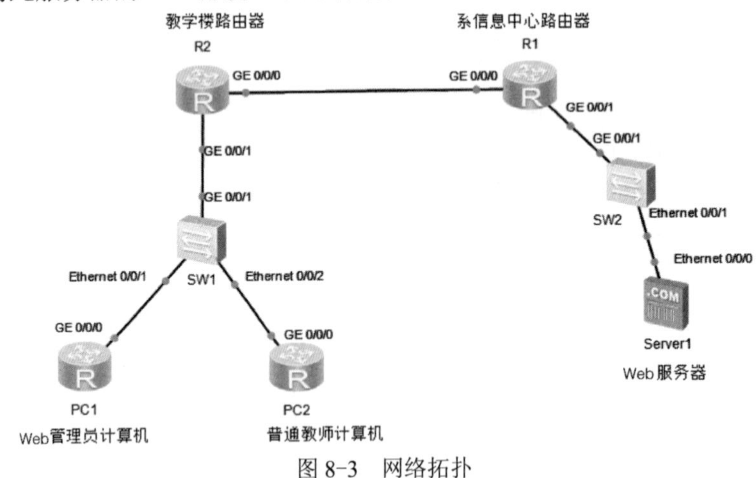

图 8-3　网络拓扑

表 8-4 为计算机和路由器端口的网络参数。

表 8-4　网络参数

设备名称	接口名称	IP 地址	网　关
R1	GE0/0/0	10.0.12.1/24	N/A
	GE0/0/1	10.0.1.1/24	N/A
R2	GE0/0/0	10.0.12.2/24	N/A
	GE0/0/1	10.0.2.1/24	N/A
PC1	GE0/0/0	10.0.2.10/24	10.0.2.1
PC2	GE0/0/0	10.0.2.20/24	10.0.2.1
Server1	Ethernet0/0/1	10.0.1.10/24	10.0.1.1

2. 网络基本配置

因为网络参数和路由的配置过程与上面介绍基本访问控制列表的内容一样，这里就不再重复，请读者自行根据图 8-3 和表 8-4 进行配置。

注意：因为 eNSP 模拟器模拟的 PC 不支持 ftp 命令，需要采用路由器来模拟计算机 PC1 和 PC2，所以在 PC1 和 PC2 上需要配置默认路由，指向网关地址 10.0.2.1。

配置完成后利用 ping 命令测试，保证所有设备都能够通信。

3．配置高级访问控制列表控制对 WEB 服务器的访问

根据前面所介绍的应用规则，高级访问控制列表可以利用数据包的源 IP 地址、目的 IP 地址、协议、端口号等参数作为过滤条件，因此可以比较精确地过滤某一种类型的数据。为了提高网络传输效率，避免造成不必要的资源浪费，应该把高级访问控制列表应用在靠近源节点的位置。根据网络拓扑图可以看出，应该在路由器 R2 上配置高级访问控制列表，并且将此访问控制列表应用在 GE0/0/1 端口的入站方向，配置命令如下。

```
[R2] acl 3000              //创建高级访问控制列表
[R2-acl-adv-3000] rule 5 permit tcp source 10.0.2.10 0 destination 10.0.1.10 0
destination-port eq ftp
[R2-acl-adv-3000] rule 10 permit tcp source 10.0.2.10 0 destination 10.0.1.10 0
destination-port eq ftp-data
//上面两条命令都是允许 PC1 以 FTP 方式访问 FTP 服务
[R2-acl-adv-3000] rule 15 deny tcp source any destination 10.0.1.10 0 destination-port eq ftp
[R2-acl-adv-3000] rule 20 deny tcp source any destination 10.0.1.10 0 destination-port eq   ftp-data
//上面两条命令都是不允许任何设备以 FTP 方式访问 FTP 服务
[R2-acl-adv-3000] rule 25 permit ip source any destination any
//允许任何设备发送的 IP 数据包访问任何目的地
[R2] interface GigabitEthernet 0/0/1
[R2-GigabitEthernet0/0/1] traffic-filter inbound acl 3000          //将 ACL 应用在端口入站方向
```

4．测试配置结果

配置完成后需要在 PC1 和 PC2 上进行访问测试，下面先介绍如何开启 eNSP 模拟器中的 FTP 服务。

（1）开启 FTP 服务

双击 Server1 的图标，在打开的“Server1”对话框中选择“服务器信息”标签，然后指定 FTP 服务器的主文件夹的位置和名称。注意主文件夹需要在运行 eNSP 模拟器的计算机上创建，最后单击“启动”按钮即可，如图 8-4 所示。

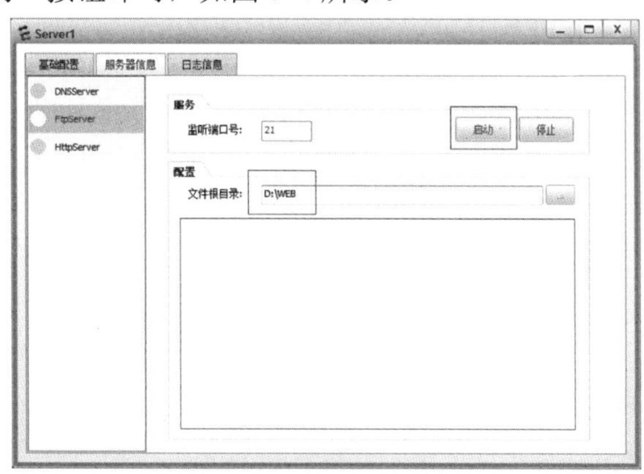

图 8-4　开启 FTP 服务

（2）进行访问测试

分别在 PC1 和 PC2 上进行访问测试，验证访问控制列表配置的有效性。

1）在 PC1 上利用 ftp 命令测试。

```
<PC1>ftp 10.0.1.10
Trying 10.0.1.10 ...
Press CTRL+K to abort
Connected to 10.0.1.10.
220 FtpServerTry FtpD for free
User(10.0.1.10:(none)):
331 Password required for   .
Enter password:
230 User   logged in , proceed
[PC1-ftp]
```

上面的内容表明 PC1 成功登录到 FTP 服务器。

2）在 PC2 上利用 ftp 命令测试。

```
<PC2>ftp 10.0.1.10
Trying 10.0.1.10 ...
Press CTRL+K to abort
Error: Failed to connect to the remote host.
```

上面的内容表明 PC2 无法登录到 FTP 服务器。

3）在 PC1 和 PC2 上利用 ping 命令测试。

```
<PC1>ping 10.0.1.10
  PING 10.0.1.10: 56   data bytes, press CTRL_C to break
    Reply from 10.0.1.10: bytes=56 Sequence=1 ttl=253 time=110 ms
    Reply from 10.0.1.10: bytes=56 Sequence=2 ttl=253 time=70 ms
    Reply from 10.0.1.10: bytes=56 Sequence=3 ttl=253 time=90 ms
  ……//省略
<PC2>ping 10.0.1.10
  PING 10.0.1.10: 56   data bytes, press CTRL_C to break
    Reply from 10.0.1.10: bytes=56 Sequence=1 ttl=253 time=260 ms
    Reply from 10.0.1.10: bytes=56 Sequence=2 ttl=253 time=200 ms
    Reply from 10.0.1.10: bytes=56 Sequence=3 ttl=253 time=210 ms
……//省略
```

上面的内容表明 PC1 和 PC2 都可以与 FTP 服务器通信，所以前面配置的高级访问控制列表符合要求。

8.4 课后实验

实验 1　配置基本访问控制列表

实验目的：

掌握基本访问控制列表的使用方法。

实验拓扑：

本实验网络拓扑如图 8-5 所示。

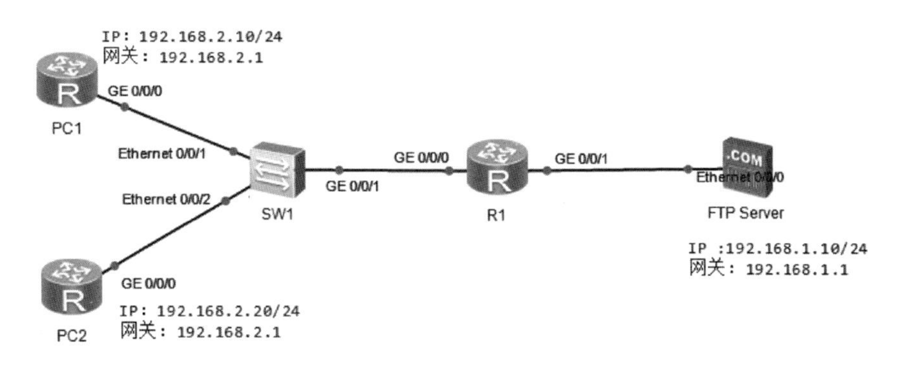

图 8-5　实验 1 网络拓扑

实验内容：

1）根据网络拓扑图在模拟器上搭建网络，FTP Server 须开启 FTP 服务。

2）根据网络拓扑图的参数配置路由器 R1，使 PC1 和 PC2 都能访问服务器的 FTP 站点。

3）在路由器上配置基本访问控制列表，允许 PC1 访问服务器，禁止 PC2 访问服务器。

4）测试配置效果。

实验 2　配置高级访问控制列表

实验目的：

掌握高级访问控制列表的使用方法。

实验拓扑：

本实验网络拓扑如图 8-6 所示。

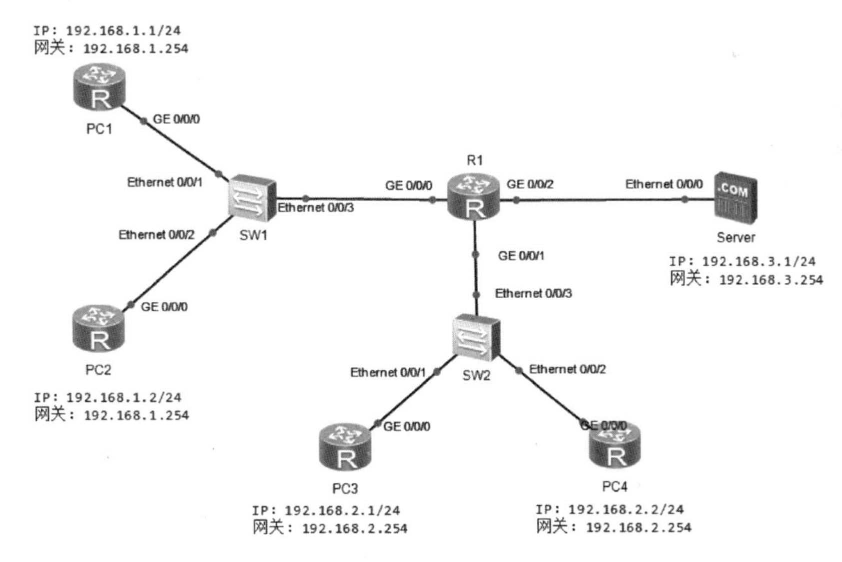

图 8-6　实验 2 网络拓扑

实验内容：

1）根据网络拓扑图在模拟器上搭建网络。

2）根据网络拓扑图的参数配置路由器 R1，使所有计算机都能与服务器通信。

3）在 Server 上开启 FTP 服务器，并配置 DNS 域名 ftp.test.com，对应的地址为 192.168.3.1。

4）在路由器上配置扩展访问控制列表，实现以下几个目标。

- PC1 可以访问服务器，禁止 PC2 访问。
- PC3 只能访问服务器的 FTP 服务，PC4 只能访问服务器的 DNS 服务。

5）测试配置效果。

第 9 章　利用网络地址转换实现互联网的访问

本章要点

- 掌握网络地址转换的原理
- 掌握网络地址转换的基本配置

9.1　网络地址转换概述

随着互联网的日益壮大，公网地址不断消耗，可供使用的公网地址越来越少。为了减缓公网地址的耗尽，在网络中使用了一个名为网络地址转换（Network Address Translation，NAT）的技术。是一个 IETF（Internet Engineering Task Force，Internet 工程任务组）标准，允许一个整体机构以一个公用 IP 地址出现在 Internet 上。

顾名思义，网络地址转换技术主要用于实现内部网络的主机访问外部网络的功能。当局域网内的主机需要访问外部网络时，通过网络地址转换技术可以将其私有 IP 地址转换为公有 IP 地址，并且多个内部网络用户可以共用一个公有 IP 地址，这样既可保证网络互通，又节省了公有 IP 地址。

9.1.1　网络地址转换简介

网络地址转换是将 IP 地址数据报报头中的 IP 地址转换为另一个 IP 地址的过程，主要用于实现内部网络（私有 IP 地址）访问外部网络（公有 IP 地址）的功能。网络地址转换一般部署在连接内网和外网的网关设备上。当收到的报文源地址为私有 IP 地址、目的地址为公有 IP 地址时，网络地址转换可以将私有 IP 地址转换成一个公有 IP 地址。这样公网目的地就能够收到报文，并作出响应。此外，网关上还会创建一个网络地址转换映射表，以便判断从公网收到的报文应该发往的私网目的地址。图 9-1 所示为网络地址转换基本应用场景。

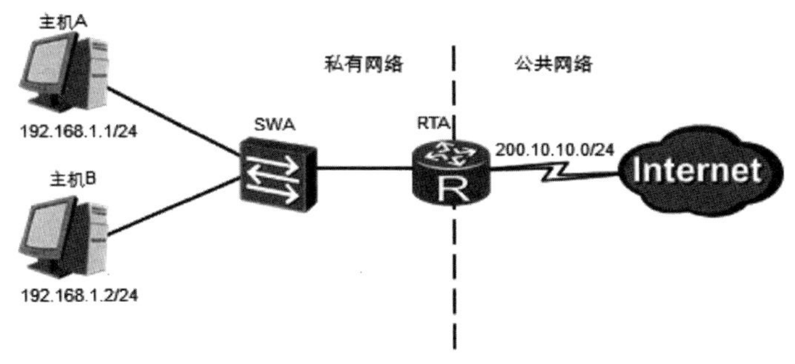

图 9-1　NAT 基本应用场景

在网络地址转换的应用中涉及 IP 地址转换，所以需要了解私有 IP 地址的概念。

根据 IPv4 地址的规划，在 A、B、C 类网段中分别划分了三段私有 IP 地址，私有 IP 地址是不能连接公共骨干网络内路由的 IP 地址。RFC 1918 为私有网络预留了一个 IP 地址块，如下。

A 类：10.0.0.0～10.255.255.255

B 类：172.16.0.0～172.31.255.255

C 类：192.168.0.0～192.168.255.255

上述三个范围内的地址不会在互联网上出现，因此不必向 ISP 或注册中心申请就可以在公司或企业内部自由使用。尽管有人预测 IPv4 地址即将耗尽并且全面推广 IPv6，但目前大量的公司的内部网络环境仍然为 IPv4 的架构，且互联网骨干网目前使用的大部分也还是 IPv4。

根据图 9-1 所示的环境，RTA 将网络划分为左右两个区域，左侧的私有网络区域称为 Inside 区域，右侧公共网络区域称为 Outside 区域。在默认情况下，Inside 区域的计算机是无法通过 RTA 直接访问 Outside 区域的，只有在 RTA 上启用了网络地址转换后才能让 Inside 区域的计算机访问 Outside 区域的设备。网络地址转换还能提高内网的安全性，因为使用网络地址转换后公网的设备不能直接访问内网的资源，这就提高了内网的安全系数。

9.1.2 网络地址转换的地址定义

在网络地址转换技术中对于地址转换所使用的地址，有着详细的描述及定义。这些定义有助于理解整个网络地址转换中各类私有 IP 地址与公有 IP 地址的转换方法及过程。将这些地址从整体上分为四类，如表 9-1 所示。

表 9-1 地址定义

术　语	定　义
内部本地（Inside Local）IP 地址	内部主机使用的私有 IP 地址，用于内部网络中的连通。通常这个地址为私有 IP 地址
内部全局（Inside Global）IP 地址	内部主机使用的公有 IP 地址，用于外部网络中的路由。通常这个地址是公有地址
外部本地（Outside Local）IP 地址	内部网络中的外部主机 IP 地址，用于内部网络中的路由。一般只有配置双向网络地址转换时才配置
外部全局（Outside Global）IP 地址	外部网络中的外部主机 IP 地址，用于外部网络中的路由。一般只有配置双向网络地址转换时才配置

9.1.3 网络地址转换的基本应用类型

1．静态网络地址转换

静态网络地址转换是指将内部网络的私有 IP 地址一对一地固定转换为公有 IP 地址。静态网络地址转换实现了私有 IP 地址和公有 IP 地址的一对一映射。如果希望一台计算机优先使用某个关联地址，或者想要外部网络使用一个指定的公有 IP 地址访问内部服务器，可以使用静态网络地址转换。但是在大型网络中，这种一对一的 IP 地址映射无法缓解地址短缺的问题。

2．动态网络地址转换

动态网络地址转换是指将内部网络的私有 IP 地址转换为公有 IP 地址时，转换的 IP 地址是不确定的，所有被授权访问 Internet 的私有 IP 地址可随机转换为任何一个指定的合法公有 IP 地址。也就是说，只要指定哪些内部地址可以进行转换，以及用哪些合法地址作为外部地址时，就可以进行动态转换。当申请的合法公网 IP 地址略少于网络内部的计算机数量时，可以采用动态网络地址转换的方式。

3．网络地址端口转换

在任意时刻，一个公有 IP 地址只能与一个私有 IP 地址进行转换，也就是说，当内网设备数量大于公有 IP 地址数时，也无法保证同一时刻所有设备都能够访问互联网。为了提高公有 IP 地址的应用效率，在动态网络地址转换的基础上加入了 TCP 或 UDP 端口号这一参数，这就是网络地址端口转换（Network Address Port Translation，NAPT）。网络地址端口转换的应用场景如图 9-2 所示。

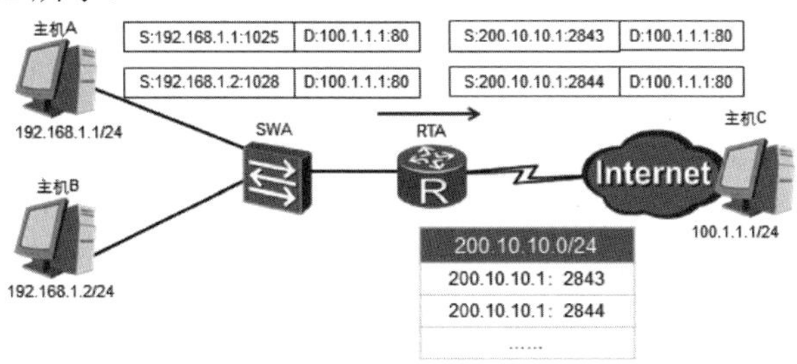

图 9-2　网络地址端口转换应用场景

图中，RTA 收到一个私网主机发送的报文，源 IP 地址是 192.168.1.1，源端口号是 1025，目的 IP 地址是 100.1.1.1，目的端口是 80。RTA 会从配置的公有 IP 地址池中选择一个空闲的公有 IP 地址和端口号，并建立相应的 NAPT 表项。这些 NAPT 表项指定了报文的私网 IP 地址和端口号与公有 IP 地址和端口号的映射关系。随后，RTA 将报文的源 IP 地址和端口号转换成公有地址 200.10.10.1 和端口号 2843，并转发报文到公网。当 RTA 收到回复报文后，会根据之前的映射表再次进行转换之后转发给主机 A。

网络地址端口转换可以最大限度地节约 IP 地址资源，同时又可隐藏网络内部的所有主机，有效避免来自外网的攻击。因此，目前网络中应用最多的就是网络地址端口转换方式。

9.2　静态网络地址转换应用

1. 学习情境

计算机系的内部网络要求教学计算机 PC1 能够访问外网，目前网络管理员决定利用公有 IP 地址 193.1.1.10，通过静态网络地址转换的方法实现这一目标。注意：由于 eNSP 模拟器的原因，使用路由器 AR2220 模拟计算机 PC1、PC2。网络拓扑如图 9-3 所示。

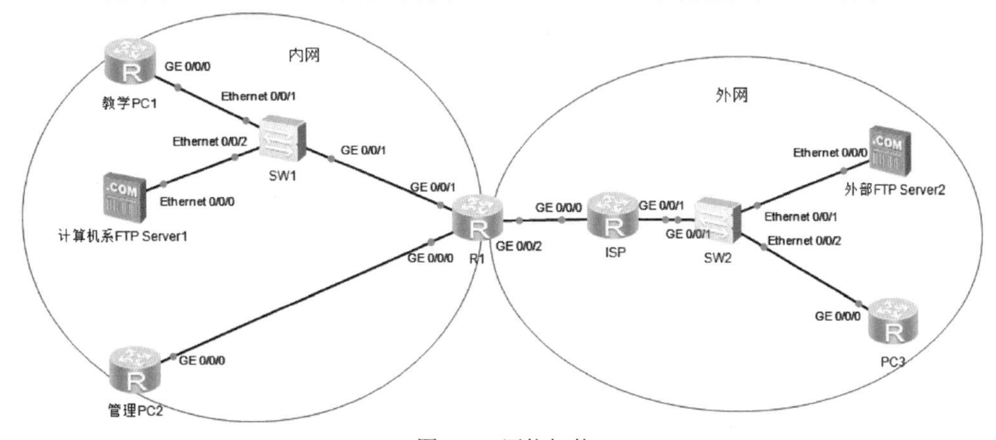

图 9-3　网络拓扑

表 9-2 为计算机和路由器端口的网络参数。

表 9-2 网络参数

设备名称	接口名称	IP 地址	网 关
R1	GE0/0/0	192.168.0.1/24	N/A
	GE0/0/1	192.168.1.1/24	N/A
	GE0/0/2	100.1.1.1/24	N/A
ISP	GE0/0/0	100.1.1.2/24	N/A
	GE0/0/1	200.1.1.1/24	N/A
PC1	GE0/0/0	192.168.1.20/24	192.168.1.1
PC2	GE0/0/0	192.168.0.20/24	192.168.0.1
PC3	GE0/0/0	200.1.1.20/24	200.1.1.1
FTP Server1	Ethernet0/0/0	192.168.1.30/24	192.168.1.1
FTP Server2	Ethernet0/0/0	200.1.1.30/24	200.1.1.1

2．配置网络参数

根据表 9-2 配置路由器和计算机相关端口的 IP 参数，配置完成后利用 ping 命令测试直连链路。

3．配置默认路由

由于使用了路由器模拟计算机，因此需要在这些路由器上配置默认路由指向相应的网关地址，配置命令如下。

```
[PC1] ip route-static 0.0.0.0 0.0.0.0 192.168.1.1
[PC2] ip route-static 0.0.0.0 0.0.0.0 192.168.0.1
[PC3]ip route-static 0.0.0.0 0.0.0.0 200.1.1.1
```

4．配置 R1 和 ISP 的路由

（1）R1 的配置

因为 R1 为计算机系的边界路由器，所以在 R1 上需要配置一条默认路由指向 ISP 路由器。

```
[R1] ip route-static 0.0.0.0 0.0.0.0 100.1.1.2
```

（2）ISP 的配置

在 ISP 路由器上需要配置一条指向 R1 路由器的静态路由。

```
[ISP] ip route-static 193.1.1.0 24 100.1.1.1
```

5．测试当前内外网之间的连通性

以 PC1 与 FTP Server2 为例，可以发现 PC1 无法与外网进行通信。原因是 ISP 路由器没有指向内网地址段的路由。

```
<PC1>ping 200.1.1.30
  PING 200.1.1.30: 56    data bytes, press CTRL_C to break
    Request time out
    Request time out
    Request time out
    Request time out
    Request time out
  --- 200.1.1.30 ping statistics ---
```

```
5 packet(s) transmitted
0 packet(s) received
100.00% packet loss
```

6．在 R1 上配置静态网络地址转换

网络地址转换需要配置在连接内外网的边界路由器上，从网络拓扑图可以看到 R1 的 GE0/0/2 为外网端口，GE0/0/0 和 GE0/0/1 为内网端口，所以需要在 GE0/0/2 端口配置静态网络地址转换。配置命令如下。

```
[R1] interface GigabitEthernet 0/0/2
[R1-GigabitEthernet0/0/2] nat static global 193.1.1.10 inside 192.168.1.20
```

上面的命令中 IP 地址 193.1.1.10 为申请的公有 IP 地址，IP 地址 192.168.1.20 为内网计算机 PC1 的私有 IP 地址。通过“nat static”命令实现两者之间的转换。

7．查看配置结果

```
R1]display nat static
  Static Nat Information:
  Interface    : GigabitEthernet0/0/2
    Global IP/Port         : 193.1.1.10/----
    Inside IP/Port         : 192.168.1.20/----
    Protocol : ----
    VPN instance-name    : ----
    Acl number                : ----
    Netmask    : 255.255.255.255
    Description : ----
  Total :       1
```

8．测试

此时分别利用内网的 PC1 和 PC2 测试与外网的通信，测试结果表明 PC1 此时可以与外网通信，而 PC2 不能与外网通信。

9.3 网络地址端口转换应用

1．学习情境

计算机系的内部网络要求所有教学计算机 PC 设备都能够利用公有 IP 地址 193.1.1.10 访问外网，管理员决定利用网络地址端口转换的方法实现这一目标。网络拓扑如图 9-3 所示，计算机和路由器端口的网络参数如表 9-2 所示。

2．在 R1 上配置网络地址端口转换

（1）配置公有 IP 地址池

```
[R1] nat address-group 1 193.1.1.10 193.1.1.10
```

上面的命令配置了只有一个 IP 地址的地址池，其中 1 为地址池的编号。

（2）配置基本访问控制列表

```
[R1] acl 2000
```

```
[R1-acl-basic-2000] rule permit source 192.168.0.0 0.0.255.255
```

（3）在外网端口配置网络地址端口转换

```
[R1-GigabitEthernet0/0/2] nat outbound 2000 address-group 1
```

3．查看配置结果

```
R1]display nat outbound
 NAT Outbound Information:
 ---------------------------------------------------------------------
 Interface                    Acl      Address-group/IP/Interface      Type
 ---------------------------------------------------------------------
 GigabitEthernet0/0/2         2000                              1         pat
 ---------------------------------------------------------------------
  Total : 1
```

4．测试

此时分别利用内网的设备测试与外网的通信，可以发现所有设备都可以与外网通信，测试过程请读者自行操作。

9.4　课后实验

实验　网络地址端口转换配置

实验目的：

掌握网络地址端口转换的使用方法。

实验拓扑：

本实验网络拓扑如图 9-4 所示。

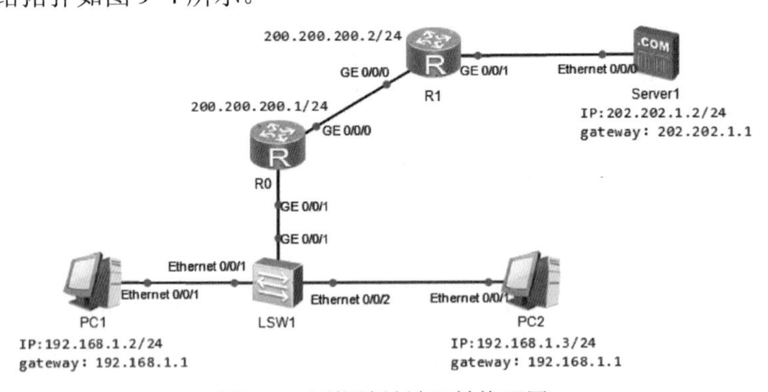

图 9-4　网络地址端口转换配置

实验内容：

1）根据网络拓扑图在模拟器上搭建网络。

2）根据网络拓扑图配置设备的 IP 地址参数。

3）配置路由器 R0 的路由。

4）在 R0 中配置网络地址端口转换，可以用于转换的公有 IP 地址为 200.200.200.6～200.200.200.10，实现内网都能访问外网。

第 10 章　网络设备的管理

本章要点

- 远程设备管理
- 文件管理

10.1　远程设备管理

网络设备是整个网络正常运行的基础，是决定网络质量的重要因素。网络设备的管理是日常网络设备运行维护中的主要工作内容。为了方便管理，需要对网络设备进行一些必要的设置。

网络设备通常分布于不同地理位置的机房里，在日常网络管理工作中，管理员常常通过网络远程连接到设备上进行管理和配置。通过远程登录来管理设备的方法有多种，前面章节中提到的 Telnet 是 TCP/IP 协议簇中的一个应用层协议，也是网络中最常用的一种远程管理设备的方法。由于 Telnet 协议的数据和认证口令都是以明文传送的，因此存在安全隐患，容易受到攻击。

目前，实际网络中多采用安全性较高的 SSH（Secure Shell，安全外壳）协议，协议端口号为 22。SSH 协议由 IETF 的网络工作小组制定。SSH 传输的数据经过压缩和加密处理，因此 SSH 协议能有效防止远程连接管理过程中的信息泄露问题。

华为的网络设备支持 RSA 认证和 Password 认证。RSA 是一种非对称密码算法。所谓非对称就是指该算法需要一对密钥，加密密钥和解密密钥，其中加密密钥即公开密钥，解密密钥即私有密钥。使用公开密钥加密后，需要用密钥对中的私有密钥才能解密。服务器必须检查用户是否是合法的 SSH 用户、公开密钥对于该用户是否合法、用户数字签名是否合法。若三者同时满足，则身份认证通过；若其中任何一项不能通过验证，均告验证失败，拒绝该用户的登录请求。Password 认证基于“用户名+口令”进行身份认证。在服务器端由 AAA 为用户分配一个登录时使用的身份验证口令，即在服务器端存在“用户名＋口令”的一一对应的关系。当某个用户请求登录时，服务器需要对用户名及其口令分别进行认证，其中任何一项不能通过验证均告验证失败，拒绝该用户的登录请求。

华为设备除了支持 Telnet 协议，也支持 SSH 协议的远程管理，连接设备的端口是 VTY 端口。VTY 端口不是物理端口，而是一种逻辑终端端口。Telnet 或者 SSH 协议都是通过 IP 网络，逻辑上通过 VTY 连接到设备上。因此，如果管理员要对网络设备实行远程管理，需要先进入网络设备上的 VTY 用户界面进行相应的配置。本节将主要讨论如何实现 SSH 协议远程管理设备。

搭建如图 10-1 所示的网络拓扑。SSH 协议和 Telnet 协议一样，都是客户端/服务器工作模式。图 10-1 中的 R1 作为 SSH 服务器，R2 作为 SSH 客户端。

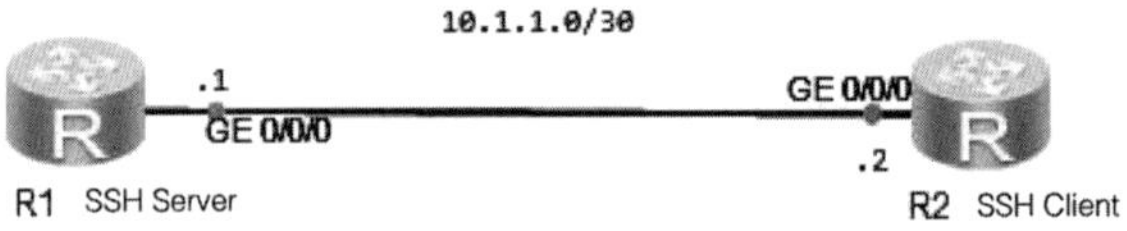

10.1.1.0/30

.1 GE 0/0/0 R1 SSH Server

GE 0/0/0 .2 R2 SSH Client

图 10-1　远程登录

由于远程连接管理都是基于 IP 网络实现的，因此 SSH 客户端和 SSH 服务器之间的网络互通是先决条件。图 10-1 中的两台互连路由器的端口均已配置好 IP 地址，并可以彼此互通。为了使 R2 能够利用 SSH 协议远程管理 R1，需要在路由器 R1 和 R2 上进行如下配置。

1．在 SSH 服务器 R1 上生成 RSA 密钥对

```
[R1]rsa local-key-pair create                // 创建 RSA 密钥对
The key name will be: Host
% RSA keys defined for Host already exist.
Confirm to replace them? (y/n)[n]:y
The range of public key size is (512 ~ 2048).
NOTES: If the key modulus is greater than 512,
        It will take a few minutes.
Input the bits in the modulus[default = 512]:
Generating keys...
.............++++++++++++
..++++++++++++
..++++++++
.++++++++
```

2．在 SSH 服务器 R1 上启用 SSH 服务器

```
[R1]stelnet server enable            // 启用 SSH 服务器
Info: Succeeded in starting the STELNET server.
```

接着配置访问认证，与 Telnet 一样，可以配置密码认证和 AAA 认证。下面以 AAA 认证为例介绍配置方法。

3．配置 SSH 服务器 R1 的 VTY 端口

VTY 端口由多个虚拟端口组成，每个虚拟端口都可以为一个用户提供远程连接。因此，根据需要配置 VTY 虚拟端口的数量。

```
[R1]user-interface vty 0 4                 // 配置 5 个 VTY 虚拟端口
[R1-ui-vty0-4]authentication-mode aaa      // VTY 虚拟端口认证模式设置为 aaa
[R1-ui-vty0-4]protocol inbound ssh         // VTY 虚拟端口设置为 SSH 协议
[R1-ui-vty0-4]user privilege level 1       // 经 VTY 虚拟端口的用户访问权限配置，根据需要配置相应
                                              的用户级别
```

4．配置 SSH 服务器 R1 的 aaa 参数

```
[R1]aaa
[R1-aaa]local-user test password cipher huawei     //设置远程登录用户名为 test，密码为 huawei
Info: Add a new user.
[R1-aaa]local-user test service-type ssh     //指定用户 test 服务类型为 SSH
```

```
[R1-aaa]quit
```

5．配置 SSH 服务器 R1 的 SSH 用户的认证类型

```
[R1]ssh user test authentication-type password   //设置 SSH 用户 test 认证类型为密码认证
 Authentication type setted, and will be in effect next time
```

6．在 SSH 客户端 R2 上启用 SSH 首次访问功能

```
[R2]ssh client first-time enable                  // 启用 SSH 首次访问功能
```

如果 SSH 客户端没有执行该条命令，那么服务器发给客户端的公开密钥就不能在客户端上保存，会导致 SSH 连接失败。

7．验证 SSH 的相关配置

```
<R1>display ssh server status            // 检查 SSH 服务器的状态
 SSH version                                :1.99
 SSH connection timeout                     :60 seconds
 SSH server key generating interval         :0 hours
 SSH Authentication retries                 :3 times
 SFTP Server                                :Disable
 Stelnet server                             :Enable
<R1>disp ssh user-information            // 查看 SSH 用户信息
 ----------------------------------------------------------------------
 Username          Auth-type          User-public-key-name
 ----------------------------------------------------------------------
 test              password           null
 ----------------------------------------------------------------------
[R2]stelnet 10.1.1.1                     //从 SSH 客户端 R2 向 SSH 服务器 R1 发起 SSH 连接
Please input the username:test           //输入 SSH 用户名
Trying 10.1.1.1 ...
Press CTRL+K to abort
Connected to 10.1.1.1 ...
Enter password:                          //输入 SSH 用户名 test 的密码，输入的密码被隐藏而不可见
  ----------------------------------------------------------------------
  User last login information:
  ----------------------------------------------------------------------
  Access Type: SSH
  IP-Address : 10.1.1.2 ssh
  Time        : 2018-01-18 22:25:29-08:00
  ----------------------------------------------------------------------
<R1>                                     //成功登录到 SSH 服务器 R1
<R1>display ssh server session           //在 SSH 服务器上查看已经建立的 SSH 会话
 ----------------------------------------------------------------
 Conn     Ver    Encry     State   Auth-type       Username
 ----------------------------------------------------------------
 VTY 0    2.0    AES       run     password        test
 ----------------------------------------------------------------
<R1>
```

由此可见，从 SSH 客户端 R2 能够远程连接到 SSH 服务器端 R1 上。建立连接之后，通过命令“display ssh server session”可以看到已经建立连接的会话信息。此时，安装有 SSH 客户端软件的管理员 PC 同样可以通过网络远程连接到 SSH 服务器端路由器上，并对路由器进行管理配置的操作。

10.2 文件管理

文件系统的管理主要涉及创建、删除、修改、复制、显示文件和目录等操作。这些文件和目录存放于外部存储器中。华为网络设备的外部存储器有闪存、CF 卡、SD 卡和 U 盘等。存放在外部存储器中的文件有配置文件、系统文件、License 文件、补丁文件等，其中最重要的是系统软件文件、VRP 操作系统文件。系统软件文件的扩展名为“.cc”，必须存放于外部存储设备的根目录下。设备启动后，系统软件文件的内容会被加载到内存运行。

10.2.1 文件和目录的管理

VRP 系统使用和 DOS 系统相似的命令对其文件系统进行管理。下面以图 10-2 所示的网络拓扑为例说明文件和目录的管理方法。

图 10-2 文件管理

1. 目录的管理

1）查看当前所在目录。

VRP 系统中目录的相关操作是在用户视图中执行的。VRP 系统的目录结构是分层次的，所以需要相应的人机指令显示当前路径。

```
<R1>pwd
flash:/dhcp
```

从命令 pwd 的执行结果可知，当前处于 flash 存储器的 dhcp 目录下。

2）查看当前目录中的文件。

如果需要显示目录下有哪些文件，需要在用户视图下执行 dir 命令。dir 命令同时也会显示当前所在的目录。

```
<R1>dir                                //显示当前所在目录下的文件
Directory of flash:/dhcp/
  Idx  Attr      Size(Byte)  Date              Time(LMT)   FileName
    0  -rw-              98  Jan 16 2018 02:15:48     dhcp-duid.txt
1,090,732 KB total (784,456 KB free)
<R1>dir flash:/dhcp/                   //显示 flash:/dhcp/目录下的文件
Directory of flash:/dhcp/
```

```
  Idx   Attr       Size(Byte)  Date            Time(LMT)  FileName
    0   -rw-               98   Jan 16 2018 02:15:48    dhcp-duid.txt
1,090,732 KB total (784,456 KB free)
<R1>dir /all                    //显示当前目录下的所有文件
Directory of flash:/dhcp/
  Idx   Attr       Size(Byte)  Date            Time(LMT)  FileName
    0   -rw-               98   Jan 16 2018 02:15:48    dhcp-duid.txt
1,090,732 KB total (784,456 KB free)
```

上述三条指令是 dir 指令的不同用法，在当前目录下执行命令的结果是一样的。

3）创建目录。

下面是创建目录的过程。

```
<R1>pwd
flash:
<R1>dir
Directory of flash:/
  Idx   Attr       Size(Byte)  Date            Time(LMT)  FileName
    0   drw-                -   Jan 16 2018 02:15:48    dhcp
    1   -rw-          121,802   May 26 2014 09:20:58    portalpage.zip
    2   -rw-            2,263   Jan 20 2018 02:38:02    statemach.efs
    3   -rw-          828,482   May 26 2014 09:20:58    sslvpn.zip
    4   -rw-              409   Jan 16 2018 03:05:21    private-data.txt
<R1>mkdir huawei            //创建名称为 huawei 的目录
Info: Create directory flash:/huawei......Done
<R1>mkdir abc               //创建名称为 abc 的目录
Info: Create directory flash:/abc......Done
<R1>dir
Directory of flash:/
  Idx   Attr       Size(Byte)  Date            Time(LMT)  FileName
    0   drw-                -   Jan 20 2018 03:18:34    abc
    1   drw-                -   Jan 16 2018 02:15:48    dhcp
    2   -rw-          121,802   May 26 2014 09:20:58    portalpage.zip
    3   -rw-            2,263   Jan 20 2018 02:38:02    statemach.efs
    4   -rw-          828,482   May 26 2014 09:20:58    sslvpn.zip
    5   -rw-              409   Jan 16 2018 03:05:21    private-data.txt
    6   drw-                -   Jan 20 2018 03:18:20    huawei
```

从 dir 命令执行的结果可以看出，有两个新建的目录。其中“Attr”（Attribute）列显示的是文件属性及权限，属性值“drw-”中的“d”表示是目录文件，即文件夹；属性值“-rw-”中的“r”表示可读（read），“w”表示可写（write）。

4）进入和退出目录。

如果想进入某个目录，可以使用命令 cd。

```
<R1>pwd           //查看当前目录
flash:
<R1>cd dhcp    //从 flash 根目录进入目录 dhcp
```

```
<R1>pwd           //查看当前目录
flash:/dhcp
<R1>dir           //查看当前目录中的文件
Directory of flash:/dhcp/
  Idx   Attr     Size(Byte)  Date          Time(LMT)   FileName
    0   -rw-             98   Jan 16 2018 02:15:48    dhcp-duid.txt
1,090,732 KB total (784,448 KB free)
<R1>cd ..         //退回到上一级目录
<R1>pwd           //查看当前目录
flash:
```

使用命令“cd ..”可以退回到上一级目录。也可以通过命令“cd /”直接退回到根目录，具体操作如下所示。

```
<R1>cd flash:/abc/123        //进入 flash 下的 abc/123 目录
<R1>pwd                      //显示当前路径
flash:/abc/123
<R1>dir                      //显示当前目录 123 中的文件
Directory of flash:/abc/123/
  Idx   Attr     Size(Byte)  Date          Time(LMT)   FileName
    0   -rw-             98   Jan 20 2018 03:46:06    b.txt
1,090,732 KB total (784,432 KB free)
<R1>cd /                     //退回到 flash 根目录
<R1>pwd
flash:
<R1>dir
Directory of flash:/
  Idx   Attr     Size(Byte)  Date          Time(LMT)   FileName
    0   drw-              -   Jan 20 2018 03:45:45    abc
    1   drw-              -   Jan 16 2018 02:15:48    dhcp
    2   -rw-        121,802   May 26 2014 09:20:58    portalpage.zip
    3   -rw-          2,263   Jan 20 2018 02:38:02    statemach.efs
    4   -rw-        828,482   May 26 2014 09:20:58    sslvpn.zip
    5   -rw-            409   Jan 16 2018 03:05:21    private-data.txt
    6   drw-              -   Jan 20 2018 03:18:20    huawei
1,090,732 KB total (784,436 KB free)
```

5）修改目录名称。

如果要给某个目录重命名，使用 rename 命令。操作过程中需要管理员确认。

```
<R1>dir
Directory of flash:/
  Idx   Attr     Size(Byte)  Date          Time(LMT)   FileName
    0   drw-              -   Jan 20 2018 03:45:45    abc
    1   drw-              -   Jan 16 2018 02:15:48    dhcp
    2   -rw-        121,802   May 26 2014 09:20:58    portalpage.zip
    3   -rw-          2,263   Jan 20 2018 06:43:03    statemach.efs
    4   -rw-        828,482   May 26 2014 09:20:58    sslvpn.zip
```

```
      5  -rw-              409  Jan 16 2018 03:05:21    private-data.txt
      6  drw-                -  Jan 20 2018 03:18:20    huawei
1,090,732 KB total (784,432 KB free)
<R1>rename abc abcdef        //将目录 abc 重命名为 abcdef
Rename flash:/abc to flash:/abcdef? (y/n)[n]:y    //系统要求确认是否将目录 abc 重命名为 abcdef
Info: Rename file flash:/abc to flash:/abcdef ......Done
<R1>dir
Directory of flash:/
   Idx  Attr     Size(Byte)  Date        Time(LMT)  FileName
      0  drw-                -  Jan 16 2018 02:15:48    dhcp
      1  -rw-          121,802  May 26 2014 09:20:58    portalpage.zip
      2  drw-                -  Jan 20 2018 03:45:45    abcdef
      3  -rw-            2,263  Jan 20 2018 06:43:03    statemach.efs
      4  -rw-          828,482  May 26 2014 09:20:58    sslvpn.zip
      5  -rw-              409  Jan 16 2018 03:05:21    private-data.txt
      6  drw-                -  Jan 20 2018 03:18:20    huawei
1,090,732 KB total (784,432 KB free):
```

rename 命令执行成功后，可以通过 dir 命令查看重命名后的目录。

6）删除目录。

VRP 系统只能删除没有包含任何文件的空目录。

```
<R1>dir
Directory of flash:/
   Idx  Attr     Size(Byte)  Date        Time(LMT)  FileName
      0  drw-                -  Jan 16 2018 02:15:48    dhcp
      1  -rw-          121,802  May 26 2014 09:20:58    portalpage.zip
      2  drw-                -  Jan 20 2018 03:45:45    abcdef
      3  -rw-            2,263  Jan 20 2018 06:43:03    statemach.efs
      4  -rw-          828,482  May 26 2014 09:20:58    sslvpn.zip
      5  -rw-              409  Jan 16 2018 03:05:21    private-data.txt
      6  drw-                -  Jan 20 2018 03:18:20    huawei
<R1>dir flash:/huawei/
Info: File can't be found in the directory
1,090,732 KB total (784,432 KB free)
<R1>rmdir flash:/huawei
Remove directory flash:/huawei? (y/n)[n]:y      //确认继续操作
%Removing directory flash:/huawei...Done!
<R1>dir
Directory of flash:/
   Idx  Attr     Size(Byte)  Date        Time(LMT)  FileName
      0  drw-                -  Jan 16 2018 02:15:48    dhcp
      1  -rw-          121,802  May 26 2014 09:20:58    portalpage.zip
      2  drw-                -  Jan 20 2018 03:45:45    abcdef
      3  -rw-            2,263  Jan 20 2018 06:43:03    statemach.efs
      4  -rw-          828,482  May 26 2014 09:20:58    sslvpn.zip
      5  -rw-              409  Jan 16 2018 03:05:21    private-data.txt
```

```
1,090,732 KB total (784,436 KB free)
```

确认删除目录 huawei 后，根据 dir 命令的执行结果，在 flash 根目录中没有目录 huawei 了，说明该目录已被删除。

2．文件的管理

1）生成配置文件。

VRP 系统的设备配置文件存放在外部存储器，配置文件格式为“.cfg”或“.zip”。初始情况下是没有配置文件的，当保存当前配置时，设备会将配置信息保存到名为“vrpcfg.zip”的配置文件中，并存放于设备的外部存储器的根目录下。

```
<R1>dir                         //显示当前目录下的文件
Directory of flash:/
  Idx   Attr        Size(Byte)   Date              Time(LMT)   FileName
    0   drw-                 -   Jan 16 2018 02:15:48   dhcp
    1   -rw-           121,802   May 26 2014 09:20:58   portalpage.zip
    2   drw-                 -   Jan 20 2018 03:45:45   abcdef
    3   -rw-             2,263   Jan 20 2018 06:43:03   statemach.efs
    4   -rw-           828,482   May 26 2014 09:20:58   sslvpn.zip
    5   -rw-               409   Jan 16 2018 03:05:21   private-data.txt
1,090,732 KB total (784,436 KB free)
<R1>save                        //保存当前配置
  The current configuration will be written to the device.
  Are you sure to continue? (y/n)[n]:y                //确认继续操作
  It will take several minutes to save configuration file, please wait............
  Configuration file had been saved successfully
  Note: The configuration file will take effect after being activated
<R1>dir
Directory of flash:/
  Idx   Attr        Size(Byte)   Date              Time(LMT)   FileName
    0   drw-                 -   Jan 16 2018 02:15:48   dhcp
    1   -rw-           121,802   May 26 2014 09:20:58   portalpage.zip
    2   drw-                 -   Jan 20 2018 03:45:45   abcdef
    3   -rw-             2,263   Jan 20 2018 06:43:03   statemach.efs
    4   -rw-           828,482   May 26 2014 09:20:58   sslvpn.zip
    5   -rw-               409   Jan 16 2018 03:05:21   private-data.txt
    6   -rw-               584   Jan 20 2018 07:23:32   vrpcfg.zip       //新生成的配置文件
1,090,732 KB total (784,428 KB free)
```

2）复制文件。

复制文件的命令是 copy，命令的格式如下。

```
copy  source-filename  destination-filename
```

下面先在 flash 根目录创建一个名字为 new 的新目录，然后将目录 abcdef 中的文件 a.txt 复制到 new 目录下，并且命名为 111.txt。

```
<R1>mkdir new                   //创建名称为 new 的新目录
```

```
Info: Create directory flash:/new......Done
<R1>dir
Directory of flash:/
  Idx  Attr      Size(Byte)  Date          Time(LMT)  FileName
    0  drw-               -  Jan 16 2018 02:15:48   dhcp
    1  -rw-         121,802  May 26 2014 09:20:58   portalpage.zip
    2  drw-               -  Jan 20 2018 03:45:45   abcdef
    3  -rw-           2,263  Jan 20 2018 06:43:03   statemach.efs
    4  -rw-         828,482  May 26 2014 09:20:58   sslvpn.zip
    5  -rw-             409  Jan 16 2018 03:05:21   private-data.txt
    6  drw-               -  Jan 20 2018 07:31:58   new
    7  -rw-             584  Jan 20 2018 07:23:32   vrpcfg.zip
1,090,732 KB total (784,428 KB free)
<R1>dir flash:/abcdef/
Directory of flash:/abcdef/
  Idx  Attr      Size(Byte)  Date          Time(LMT)  FileName
    0  drw-               -  Jan 20 2018 03:46:06   123
    1  -rw-              98  Jan 20 2018 03:45:46   a.txt
1,090,732 KB total (784,428 KB free)
<R1>copy flash:/abcdef/a.txt flash:/new/111.txt  //将 abcedf 目录下的文件 a.txt 复制到新建目录new 下，并命名为 111.txt
Copy flash:/abcdef/a.txt to flash:/new/111.txt? (y/n)[n]:y      //确认复制
100%  complete
Info: Copied file flash:/abcdef/a.txt to flash:/new/111.txt...Done
<R1>dir flash:/new/
Directory of flash:/new/
  Idx  Attr      Size(Byte)  Date          Time(LMT)  FileName
    0  -rw-              98  Jan 20 2018 07:37:14   111.txt
1,090,732 KB total (784,420 KB free)
```

3）移动文件。

move 命令可以将文件从一个目录移动到另一个目录。move 命的格式如下。

```
move  source-filename  destination-filename
```

下面将 flash 中 abcdef 目录下的文件 a.txt 移动到目录 new 中。

```
<R1>dir flash:/abcdef/
Directory of flash:/abcdef/
  Idx  Attr      Size(Byte)  Date          Time(LMT)  FileName
    0  drw-               -  Jan 20 2018 03:46:06   123
    1  -rw-              98  Jan 20 2018 03:45:46   a.txt
1,090,732 KB total (784,424 KB free)
<R1>dir flash:/new/
Directory of flash:/new/
  Idx  Attr      Size(Byte)  Date          Time(LMT)  FileName
    0  -rw-              98  Jan 20 2018 07:37:14   111.txt
1,090,732 KB total (784,424 KB free)
```

```
<R1>move flash:/abcdef/a.txt flash:/new/        //从目录 abcdef 中移动文件 a.txt 到目录 new 中
Move flash:/abcdef/a.txt to flash:/new/a.txt? (y/n)[n]:y        //确认移动
%Moved file flash:/abcdef/a.txt to flash:/new/a.txt.
<R1>dir flash:/new/
Directory of flash:/new/
  Idx  Attr     Size(Byte)  Date        Time(LMT)  FileName
    0  -rw-             98  Jan 20 2018 07:37:14   111.txt
    1  -rw-             98  Jan 20 2018 03:45:46   a.txt
1,090,732 KB total (784,424 KB free)
<R1>dir flash:/abcdef/
Directory of flash:/abcdef/
  Idx  Attr     Size(Byte)  Date        Time(LMT)  FileName
    0  drw-              -  Jan 20 2018 03:46:06   123
1,090,732 KB total (784,424 KB free)
```

成功移动文件 a.txt 后，a.txt 出现在 new 目录中，原目录 abcdef 中就没有该文件了。

4）重命名文件。

文件的重命名和目录重命名都使用 rename 命令。

```
<R1>cd new                                  //进入目录 new
<R1>pwd                                     //显示当前路径名
flash:/new
<R1>dir                                     //显示当前目录中的文件
Directory of flash:/new/
  Idx  Attr     Size(Byte)  Date        Time(LMT)  FileName
    0  -rw-             98  Jan 20 2018 07:37:14   111.txt
    1  -rw-             98  Jan 20 2018 03:45:46   a.txt
1,090,732 KB total (784,424 KB free)
<R1>rename a.txt 222.txt                    //将文件 a.txt 重命名为 222.txt
Rename flash:/new/a.txt to flash:/new/222.txt? (y/n)[n]:y        //确认重命名
Info: Rename file flash:/new/a.txt to flash:/new/222.txt ......Done
<R1>dir
Directory of flash:/new/
  Idx  Attr     Size(Byte)  Date        Time(LMT)  FileName
    0  -rw-             98  Jan 20 2018 03:45:46   222.txt
    1  -rw-             98  Jan 20 2018 07:37:14   111.txt
1,090,732 KB total (784,424 KB free)
```

上面的操作是将目录 new 中的 a.txt 文件更名为 222.txt。

5）文件的删除和恢复。

删除文件的命令是 delete，命令格式如下。

```
delete  [/unreserved]  [/force]  filename
```

如果 delete 命令不加关键字，文件被删除并放到回收站中。可以用 undelete 命令将删除并放到回收站的文件从回收站中恢复。

```
<R1>pwd
```

```
flash:/new
<R1>dir
Directory of flash:/new/
  Idx   Attr        Size(Byte)   Date              Time(LMT)   FileName
    0   -rw-                  98   Jan 20 2018 03:45:46     222.txt
    1   -rw-                  98   Jan 20 2018 07:37:14     111.txt
1,090,732 KB total (784,424 KB free)
<R1>delete 111.txt                                    //删除文件
Delete flash:/new/111.txt? (y/n)[n]:y                 //确认删除
Info: Deleting file flash:/new/111.txt...succeed.
<R1>dir
Directory of flash:/new/
  Idx   Attr        Size(Byte)   Date              Time(LMT)   FileName
    0   -rw-                  98   Jan 20 2018 03:45:46     222.txt
1,090,732 KB total (784,420 KB free)
<R1>undelete 111.txt                                  //恢复被删除的文件
Undelete flash:/new/111.txt? (y/n)[n]:y               //确认恢复
%Undeleted file flash:/new/111.txt.
<R1>dir
Directory of flash:/new/
  Idx   Attr        Size(Byte)   Date              Time(LMT)   FileName
    0   -rw-                  98   Jan 20 2018 03:45:46     222.txt
    1   -rw-                  98   Jan 20 2018 07:37:14     111.txt
1,090,732 KB total (784,420 KB free)
```

delete 命令后面加关键字“/force”，表示强制删除文件，系统不会提示确认信息。

```
<R1>dir
Directory of flash:/new/
  Idx   Attr        Size(Byte)   Date              Time(LMT)   FileName
    0   -rw-                  98   Jan 20 2018 03:45:46     222.txt
    1   -rw-                  98   Jan 20 2018 07:37:14     111.txt
1,090,732 KB total (784,420 KB free)
<R1>delete /force 111.txt                   //强制删除文件
Info: Deleting file flash:/new/111.txt...succeed.
<R1>dir
Directory of flash:/new/
  Idx   Attr        Size(Byte)   Date              Time(LMT)   FileName
    0   -rw-                  98   Jan 20 2018 03:45:46     222.txt
1,090,732 KB total (784,420 KB free)
<R1>undelete 111.txt                              //恢复被删除的文件
Undelete flash:/new/111.txt? (y/n)[n]:y    //确认恢复
%Undeleted file flash:/new/111.txt.
<R1>dir
Directory of flash:/new/
  Idx   Attr        Size(Byte)   Date              Time(LMT)   FileName
```

```
   0   -rw-           98   Jan 20 2018 03:45:46    222.txt
   1   -rw-           98   Jan 20 2018 07:37:14    111.txt
1,090,732 KB total (784,420 KB free)
```

上面的操作表明，delete 命令后面加关键字“/force”删除的文件也是删除到回收站的，因此删除后可以恢复。

delete 命令后面加关键字“/unreserved”，表示永久删除文件。

```
<R1>dir
Directory of flash:/new/
  Idx   Attr      Size(Byte)   Date              Time(LMT)   FileName
   0   -rw-           98   Jan 20 2018 03:45:46    222.txt
   1   -rw-           98   Jan 20 2018 07:37:14    111.txt
1,090,732 KB total (784,420 KB free)
<R1>delete /unreserved 111.txt            //删除文件
Warning: The contents of file flash:/new/111.txt cannot be recycled. Continue? (y/n)[n]:y
Info: Deleting file flash:/new/111.txt...                              //确认删除
Deleting file permanently from flash will take a long time if needed...succeed.
<R1>dir
Directory of flash:/new/
  Idx   Attr      Size(Byte)   Date              Time(LMT)   FileName
   0   -rw-           98   Jan 20 2018 03:45:46    222.txt
1,090,732 KB total (784,424 KB free)
<R1>undelete 111.txt          //恢复被删除的文件
Error: File can't be found
```

上面的操作在删除文件时使用了关键字“/unreserved”，使用此关键字删除的文件是无法恢复的，后面恢复文件的结果也说明文件被彻底删除了。除此以外，还可以使用清空回收站的命令“reset recycle-bin”实现文件的永久删除。

```
<R1>dir
Directory of flash:/new/
  Idx   Attr      Size(Byte)   Date              Time(LMT)   FileName
   0   -rw-           98   Jan 20 2018 03:45:46    222.txt
1,090,732 KB total (784,424 KB free)
<R1>delete 222.txt                         //删除文件
Delete flash:/new/222.txt? (y/n)[n]:y      //确认删除
Info: Deleting file flash:/new/222.txt...succeed.
<R1>reset recycle-bin             //清空回收站
Squeeze flash:/new/222.txt? (y/n)[n]:y
Clear file from flash will take a long time if needed...Done.
%Cleared file flash:/new/222.txt.
<R1>undelete 222.txt              //恢复被删除的文件
Error: File can't be found
```

可以看到清空回收站之后，已经删除的文件无法再恢复。

10.2.2 文件传输

为了防止系统出现问题而导致文件丢失，可将网络设备上的重要文件备份到外部 FTP 服务器上，待需要下载重要文件时，再将保存在 FTP 服务器上的文件回传到网络设备上。以图 10-2 为例，其中的 FTP 服务器配置如图 10-3 所示。

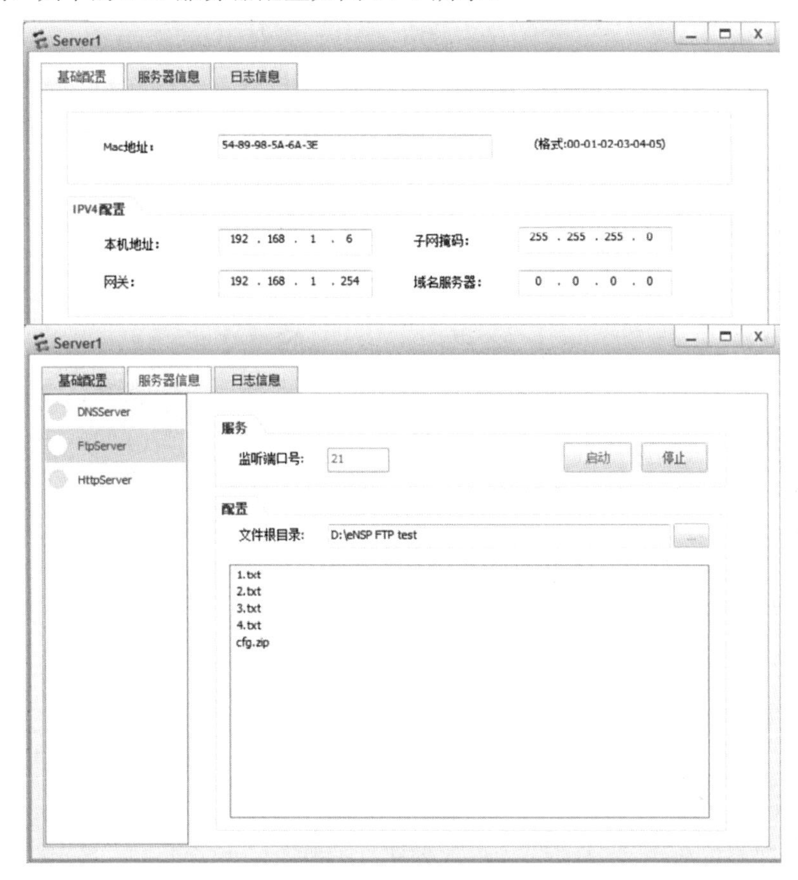

图 10-3　FTP Server 的配置

在 eNSP 模拟器的 FTP 服务器上，需要设置 IP 地址参数保证网络互通。另外，需要配置一个根目录，用于存放传送的文件，还要启动 FTP 服务。eNSP 的 FTP 服务器不需要配置 FTP 连接所需的用户名和密码。在实际应用当中，FTP 服务器可以用安装了 FTP 服务器软件的 PC 来实现，配置过程这里不再赘述。

路由器 R1 的端口要配置 IP 地址，这是路由器 R1 和 FTP 服务器之间能够互通并传输文件的前提条件。

1．连接到 FTP 服务器

要连接到 FTP 服务器，需要在用户视图中使用命令 ftp 实现连接。

```
<R1>ping 192.168.1.6                //验证与 FTP 服务器的连通性
  PING 192.168.1.6: 56    data bytes, press CTRL_C to break
    Reply from 192.168.1.6: bytes=56 Sequence=1 ttl=255 time=70 ms
    Reply from 192.168.1.6: bytes=56 Sequence=2 ttl=255 time=20 ms
```

```
    Reply from 192.168.1.6: bytes=56 Sequence=3 ttl=255 time=10 ms
    Reply from 192.168.1.6: bytes=56 Sequence=4 ttl=255 time=10 ms
  --- 192.168.1.6 ping statistics ---
    4 packet(s) transmitted
    4 packet(s) received
    0.00% packet loss
    round-trip min/avg/max = 10/27/70 ms
<R1>ftp 192.168.1.6                    //连接 FTP 服务器
Trying 192.168.1.6 ...

Press CTRL+K to abort
Connected to 192.168.1.6.
220 FtpServerTry FtpD for free
User(192.168.1.6:(none)):              //提示输入用户名，默认没有用户名，直接按〈Enter〉键
331 Password required for  .
Enter password:                        //提示输入密码，默认没有密码，直接按〈Enter〉键
230 User   logged in , proceed
[R1-ftp]                               //进入 FTP 视图
[R1-ftp]
```

当根据提示信息完成操作后，提示符变为“[R1-ftp]”，说明路由器 R1 已经和 FTP 服务器建立连接。在 FTP 视图中，可以使用相关命令进行文件的传输。

2．将文件上传到 FTP 服务器

在 FTP 视图中，使用 put 命令将文件上传到 FTP 服务器上。

```
[R1-ftp]put vrpcfg.zip          //将路由器 flash 根目录下的文件 vrpcfg.zip 上传到 FTP 服务器上
200 Port command okay.
150 Opening BINARY data connection for vrpcfg.zip
 100%
226 Transfer finished successfully. Data connection closed.
FTP: 611 byte(s) sent in 0.130 second(s) 4.70Kbyte(s)/sec.
[R1-ftp]dir                     //查看 FTP 服务器上的文件
200 Port command okay.
150 Opening ASCII NO-PRINT mode data connection for ls -l.
-rwxrwxrwx   1         nogroup          4 Jan 16   2018 1.txt
-rwxrwxrwx   1         nogroup          4 Jan 16   2018 2.txt
-rwxrwxrwx   1         nogroup          4 Jan 16   2018 3.txt
-rwxrwxrwx   1         nogroup          4 Jan 16   2018 4.txt
-rwxrwxrwx   1         nogroup        599 Jan 16   2018 cfg.zip
-rwxrwxrwx   1         nogroup        611 Jan 20   2018 vrpcfg.zip
226 Transfer finished successfully. Data connection closed.
FTP: 397 byte(s) received in 0.120 second(s) 3.30Kbyte(s)/sec.
```

通过命令 dir 可以看到被上传的文件已经存放在 FTP 服务器上。

3．从 FTP 服务器下载文件

在 FTP 视图中，使用 get 命令可以将 FTP 服务器上的文件下载到路由器上。

```
[R1-ftp]dir
200 Port command okay.
150 Opening ASCII NO-PRINT mode data connection for ls -l.
-rwxrwxrwx   1          nogroup          4 Jan 16   2018 1.txt
-rwxrwxrwx   1          nogroup          4 Jan 16   2018 2.txt
-rwxrwxrwx   1          nogroup          4 Jan 16   2018 3.txt
-rwxrwxrwx   1          nogroup          4 Jan 16   2018 4.txt
-rwxrwxrwx   1          nogroup        599 Jan 16   2018 cfg.zip
-rwxrwxrwx   1          nogroup        611 Jan 20   2018 vrpcfg.zip
226 Transfer finished successfully. Data connection closed.
FTP: 397 byte(s) received in 0.060 second(s) 6.61Kbyte(s)/sec.
[R1-ftp]get cfg.zip           //从 FTP 服务器下载文件到路由器上
200 Port command okay.
150 Sending cfg.zip (599 bytes). Mode STREAM Type BINARY
226 Transfer finished successfully. Data connection closed.
FTP: 599 byte(s) received in 0.190 second(s) 3.15Kbyte(s)/sec.
[R1-ftp]bye                   //退出 FTP 会话进程
221 Goodbye.
<R1>dir
Directory of flash:/
  Idx  Attr     Size(Byte)  Date         Time(LMT)  FileName
    0  drw-              -  Jan 16 2018 02:15:48   dhcp
    1  -rw-        121,802  May 26 2014 09:20:58   portalpage.zip
    2  drw-              -  Jan 20 2018 10:16:30   abcdef
    3  -rw-          2,263  Jan 20 2018 06:43:03   statemach.efs
    4  -rw-        828,482  May 26 2014 09:20:58   sslvpn.zip
    5  -rw-            409  Jan 16 2018 03:05:21   private-data.txt
    6  -rw-            599  Jan 20 2018 13:15:13   cfg.zip
    7  drw-              -  Jan 20 2018 11:42:55   new
    8  -rw-            611  Jan 20 2018 12:39:29   vrpcfg.zip
1,090,732 KB total (784,420 KB free)/sec.
```

在 VRP 系统升级的时候也会用到 FTP 服务器，因为需要升级的软件通常先存放在 FTP 服务器上，再将文件下载到需要升级的网络设备上，然后通过相应的配置使网络设备可以使用新下载的系统文件启动系统，从而实现 VRP 系统的软件更新。

10.3 课后实验

实验　远程设备管理和文件管理

实验目的：

- 掌握 FTP 服务器配置方法。
- 掌握文件管理方法。
- 掌握 SSH 远程设备管理。

实验拓扑：

本实验网络拓扑如图 10-4 所示。

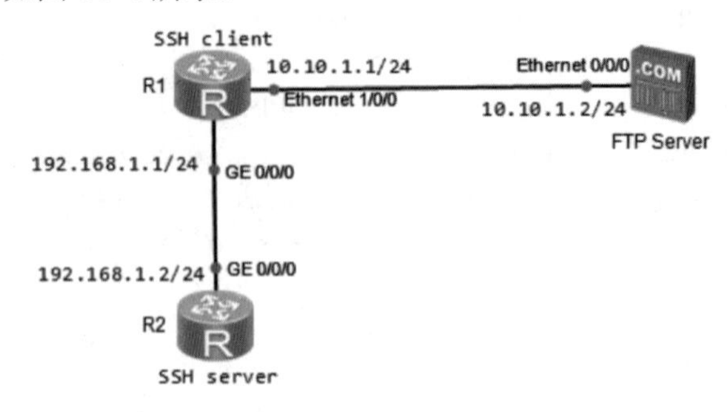

图 10-4　实验 1 网络拓扑

实验内容：

1）配置 FTP 服务器。

2）执行目录的创建、重命名、删除。

3）执行文件的上传。

4）执行文件的下载。

5）执行文件的复制、删除、恢复。

6）配置 SSH 服务器，用户名为 test，密码为 123。

7）配置 SSH 客户端。

8）验证 SSH 远程访问。

9）保存配置文件。

10）保存 eNSP 文件。